Inhaltsverzeichnis

73

Bekannte Kometen 137

Anhang 166

Kometen – Theorie

▲ **Markantestes Zeichen eines hellen Kometen** ist sein Schweif. Staub- und Plasmaschweif (in kräftigem Blau) sind anhand ihrer Farben deutlich unterscheidbar. Nicht immer sind Kometen so typisch ausgebildet wie C/1995 O1 (Hale-Bopp) im April 1997.

Kometen – Körper des Sonnensystems

Kometen sind Kleinkörper unseres Sonnensystems, die zumindest auf Teilen ihrer Bahn (meist in Sonnennähe) durch Emission von Gas und Staub eine charakteristische Morphologie entwickeln. Ein typischer aktiver Komet besteht aus

- Kern (dem von der Erde aus unsichtbaren, eigentlichen Himmelskörper)
- Koma (der Kometen-»Atmosphäre«)
- Schweif

Oft besitzt ein Komet zwei Schweife, einen Staub- und einen Plasmaschweif (auch Gas- oder Ionenschweif genannt). Um eine Koma auszubilden, muss der Kern leicht flüchtige Substanzen in gefrorenem Zustand enthalten. Diese werden unter Einfluss von Sonnenstrahlung und Sonnenwind sublimiert (vom festen in den gasförmigen Zustand gebracht). Umhüllt wird der Komet zudem von einer großen Wolke aus Wasserstoff.

Inaktive, erloschene oder »schlafende« Kometen ohne Koma sind kaum von Kleinplaneten zu unterscheiden. Einige Kleinkörper gelten als Übergangsobjekte und werden sowohl als Kometen als auch als Kleinplaneten angesehen.

Derzeit sind rund 3000 Kometen mit ihren Bahnen bekannt, jährlich werden etwa 100 bis 200 neu entdeckt. Dazu kommen bis jetzt etwa 2400 entdeckte sonnennahe Kleinstkometen, die nur vom Weltraum aus beobachtet wurden. Insgesamt werden in den Außenbereichen des Sonnensystems Milliarden von Kometen vermutet.

Burkhard Leitner, Uwe Pilz

Kometen

Eine Einführung für Hobby-Astronomen

interstellarum Astro-Praxis
Die Zeitschrift für praktische Astronomie

herausgegeben von Ronald Stoyan

Vorwort

Kometen haben die Menschen seit Jahrtausenden beschäftigt. Ihr Erscheinen galt als rätselhaft und lange Zeit wurden sie als Unheilsbringer gefürchtet. Auch heute sind helle Kometen mit ihren ungewöhnlichen Bahnen, der beispiellosen Form und der großen Ausdehnung am Himmel noch ein außergewöhnliches Ereignis. Besonders durch ihre Unberechenbarkeit haben Kometen ihre Faszination bis in die Neuzeit bewahrt. Das Auftreten eines hellen Kometen – wie für 2013 angekündigt – führt auch heute noch zu großem öffentlichem Interesse.

Kometen sind kleine Himmelskörper mit großer Bedeutung. Das Leben auf der Erde wurde wohl erst durch sie möglich, denn wahrscheinlich stammt das gesamte Wasser und ein Teil der Gashülle von unzähligen Kometeneinschlägen auf der jungen Erde. Nachdem sich das Leben entwickelt hatte, wurde es zum Teil durch solche Einschläge wieder ausgelöscht. Auf diese Weise trugen Kometen auch dazu bei, dass nur die anpassungsfähigsten Arten überlebten. Für die Astronomie entsteht die Wichtigkeit der Kometen vor allem aus ihrer Herkunft und Zusammensetzung: Sie stammen aus den äußersten Randbereichen des Sonnensystems und kommen aus großer Entfernung zu uns. Dabei bewahren sie Material auf, das weitgehend unverändert aus der Frühzeit unseres Sonnensystems stammt. Wenn sie der Sonne nahe kommen, wird einiges davon freigesetzt und kann untersucht werden. Seit der Erforschung durch Raumsonden ist das Wissen über Kometen zwar sprunghaft angestiegen, dennoch sind noch viele Fragen zu klären. Viele Antworten erhofft man sich durch die geplante Mission »Rosetta«, die 2014 erstmals eine Landung auf einem Kometen vorsieht.

Kometen sind ein dankbares Beobachtungsobjekt für Amateurastronomen. Zu praktisch jedem Zeitpunkt befinden sich einige Kometen in der Reichweite mittelgroßer Amateurteleskope. Im Verlauf fast jeden Jahres lassen sich Abschnitte finden, in denen für das Fernglas erreichbare Kometen am Himmel stehen, und alle ein bis zwei Jahre wird ein solches Objekt für das freie Auge sichtbar. Etwa einmal in der Dekade ist ein »großer«, auffallender Komet zu erwarten, der in seiner Pracht unübersehbar am Firmament steht.

Kometen sind rasch veränderlich. Jede Beobachtung, jedes Foto ist einzigartig und damit wertvoll. Von Woche zu Woche, mitunter von Nacht zu Nacht zeigt ein Schweifstern ein geändertes Erscheinungsbild. Die Kometenforschung ist ein Gebiet der Astronomie, für das Amateure wertvolle Beiträge leisten können und auch in beträchtlichem Umfang leisten. Erinnert sei hier an die Positionsmessungen zur Bahnverbesserung, fotografische und visuelle Helligkeitsbestimmungen und die – selten gewordenen – Entdeckungen.

Wir wenden uns mit diesem Buch in erster Linie an Amateurastronomen. Ziel des theoretischen Teils ist es, den aktuellen Stand der Kometenforschung darzustellen und allen Amateuren und

Astronomieinteressierten nahezubringen. Die Kometenkunde und ihre Untersuchungsmethoden vereinen Erkenntnisse, die zum Teil tief in Physik und Chemie verwurzelt sind. Es war uns ein Anliegen, diese Themen auch Lesern ohne Vorwissen nahe zu bringen. Parallel dazu sollen aber auch erfahrene Amateure neues Wissen entnehmen und vorhandenes vertiefen können. Im praktischen Teil gibt es eine umfangreiche Zusammenfassung der Beobachtungstechniken und der dazu notwendigen Hilfsmittel.

Wir hoffen unsere eigene Begeisterung für dieses Beobachtungsgebiet mit den Lesern teilen zu können. Das Buch ist ohne Spezialkenntnisse verständlich, Neulinge auf dem Gebiet der Sternkunde sollten jedoch ein einführendes Buch parallel zur Hand nehmen. Alle Zusammenhänge wurden durch Abbildungen verdeutlicht. Auf mathematische und physikalische Formeln haben wir fast völlig verzichtet. Sie wurden nur dort gegeben, wo wir den Lesern Kenntnisse für eigene Berechnungen vermitteln wollen. Sie können ohne Nachteil für den Gesamtzusammenhang überlesen werden.

Unser Dank gilt dem Oculum-Verlag, der uns die Möglichkeit gab, dieses Vorhaben zu verwirklichen. Hervorheben möchten wir das sachkundige Lektorat, die graphische Umsetzung unserer Illustrationen und die hochwertige Gesamtausführung des Buches. Wir danken allen Bildautoren, insbesondere der Fachgruppe Kometen in der VdS. Die prägnante und abwechslungsreiche Ausstattung mit Abbildungen wäre ohne ihre Mitwirkung nicht möglich gewesen: Nahezu jeder Aspekt einer Kometenerscheinung konnte mit einem Amateurbild illustriert werden.

Uwe Pilz und Burkhard Leitner

Dezember 2012

Nomenklatur

Jeder neu entdeckte Komet erhält eine Bezeichnung, die von der Internationalen Astronomischen Union vergeben wird. Seit 2003 gelten die folgenden Regeln:

- Erster Teil der Bezeichnung ist eine Buchstaben-Codierung. P steht für kurzperiodische Kometen, C für mittel- und langperiodische. Daneben existieren die Buchstaben D für verlorene oder zerfallene Kometen und X für Kometen mit nicht bekannter Bahn.
- Als Nächstes folgt das Entdeckungsjahr und ein weiterer Buchstabe. Er definiert den Halb-Monat der Entdeckung. A steht für 1. bis 15. Januar, B für 16. bis 31. Januar, C für 1. bis 15. Februar usw. Die Buchstaben I und Z werden nicht verwendet.
- Die folgende Ziffer gibt die Reihenfolge der Kometenentdeckungen pro betreffendem Halb-Monat an.
- Dann kommt der Familienname des Entdeckers. Sind es mehrere, so können bis zu drei Namen (durch Bindestriche getrennt) vergeben werden. Als Entdecker werden vielfach auch Projekt-Teams unter einer Bezeichnung zusammengefasst, z.B. LINEAR. Entdeckungen auf öffentlich zugänglichen Bildern (etwa der SOHO- oder SWAN-Bilder im Internet) bekommen nicht den Namen der Entdecker, sondern den Namen des Projekts (eben SOHO bzw. SWAN).
- Kurzperiodische Kometen erhalten nach ihrer zweiten beobachteten und bestätigten Sonnennähe eine permanente Nummer. Dahinter folgt nach einem Schrägstrich der Entdecker, in seltenen Fällen auch der Berechner der Bahn z.B. 1P/Halley, 2P/Encke oder 27P/Crommelin.
- Manchmal wird nach dem Entdeckernamen noch eine weitere Ziffer genannt, z.B. 81P/Wild 2 – dies bedeutet, es handelt sich um die zweite Entdeckung von Paul Wild. Diese Schreibweise entspricht aber nicht mehr der gültigen Nomenklatur und wurde zugunsten der Vereinfachung abgeschafft.

Häufig werden Kometen zunächst als Kleinplaneten entdeckt, man erkennt dies an einer Kleinplaneten-Kennung mit zwei Buchstaben, z.B. C/2000 WM1 (LINEAR). Wenn die kometare Natur erst nach längerer Zeit festgestellt wird und bereits eine feste Bezeichnung als Kleinplanet vergeben wurde, kommt es zu einer Doppelbenennung, beispielsweise 2060 Chiron und 95P/Chiron.

Kürzel der Kometen-Nomenklatur

P	Umlaufzeit < 30 Jahre (kurzperiodisch)
C	Umlaufzeit > 30 Jahre (mittel- und langperiodisch)
D	Komet ist verloren oder existiert nicht mehr
X	Bahn nicht bekannt

C/2008 C1 (Chen-Gao)

Umlaufzeit > 30 Jahre

Entdeckungsjahr

Erster entdeckter Komet zwischen 1. und 15. Februar

Entdecker

▲ **Aktuell gültige Namensgebung** von Kometen am Beispiel C/2008 C1 (Chen-Gao).

Herkunft

Unser Sonnensystem ist von zwei Typen von Kleinkörpern bevölkert, Kleinplaneten und Kometen. Sie entstanden wahrscheinlich gemeinsam aus dem Material, das bei der Planetenentstehung nicht verbraucht wurde. Das besondere Kennzeichen von Kometen ist die Bildung einer Koma und ggf. eines Schweifes bei Sonnenannäherung. Voraussetzung dafür ist, dass der Ursprungskörper flüchtige Substanzen enthält, also gefrorene Gase. Kleinplaneten hingegen bestehen aus Silikaten, Metallen und z.T. aus Kohlenstoff.

Wo konnten Kometenkerne entstehen?

Das Sonnensystem entstand aus einer staubreichen, aber von Gasen durchsetzten Scheibe um die junge Sonne. Durch Zusammenballung entstanden die Planetenkerne, welche durch Aggregation des Materials der Scheibe anschließend wuchsen. Nicht die gesamte Substanz ging in den Planeten auf, aus den Resten bildeten sich kleinere Körper. Im Innenbereich konnten dies nur Gesteinskörper sein, da es für die Kondensation von Gasen hier zu warm ist. Wassereis ist ab ca. 5AE beständig, erst außerhalb dieser Entfernung konnten sich gashaltige Körper bilden.

Die Trennung zwischen Kleinplaneten und Kometen ist nicht immer eindeutig möglich. Ein stets in Sonnenferne umlaufender Körper, der nie ausgast, kann dennoch flüchtiges Material enthalten, ohne dass man es bemerkt. Erst wenn er infolge einer Bahnänderung in das innere Sonnensystem gelangt, wird die kometare Natur offenbar.

▼ **Die Oortsche Wolke von Kometenkernen** erstreckt sich von ca. 10000AE bis 150000AE. Jenseits dieser Entfernung ist die gravitative Bindung an die Sonne zu schwach, so dass Kleinkörper von vorbeiziehenden Sternen oder kalten Molekülwolken aus der Bahn gebracht werden. Unterhalb von 10000AE verringert die Gravitation des Planeten Jupiter eine stabile Bahn. Schätzungen gehen von bis zu mehreren hundert Milliarden Kleinkörpern aus, deren typischer Abstand mehrere Millionen Kilometer beträgt.

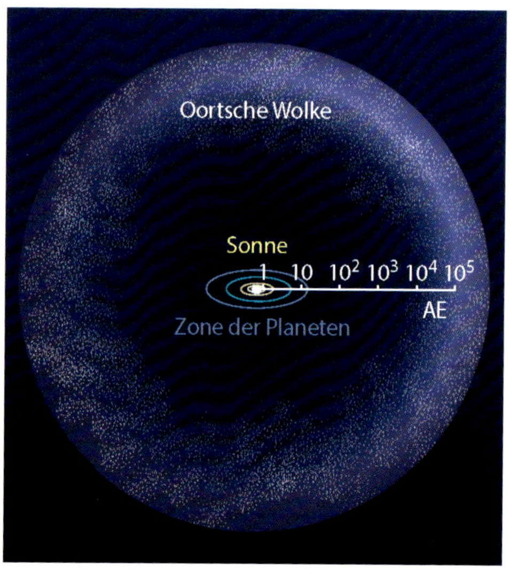

Oortsche Wolke

In den 1950er Jahren des vergangenen Jahrhunderts untersuchte Jan Hendrik Oort die Bahnen von Kometen, deren Bahnveränderung durch die großen Planeten eliminiert werden konnte. Der Ursprungsort dieser langperiodischen Kometen ist im Außenbereich des Sonnensystems zu suchen, die Apheldistanzen liegen zwischen 10000AE und 150000AE (mehr als 2 Lichtjahre). Zu einem Umlauf benötigen sie mehrere Millionen Jahre. Oort wies nach, dass sich die langperiodischen Kometenkerne mit der Sonne mitbewegen und keinesfalls aus dem interstellaren Raum kommen.

Die Oortsche Wolke kann nicht direkt beobachtet werden, dazu ist sie zu weit entfernt. Sie ist eine Hypothese, welche sich auf Bahnanalysen der Kometen stützt. Diese von weit außerhalb stammenden Kometen sind gravitativ nur schwach an die Sonne gebunden.

Es wird vermutet, dass die Körper der Oortschen Wolke viel weiter innen im Sonnensystem entstanden sind und durch Bahnstörungen durch die Planeten auf Zufallsbahnen verteilt wurden. Dies erklärt, dass langperiodische Kometen aus allen Richtungen kommen, also keine bevorzugte Bahnneigung aufweisen. Körper auf diesen neuen Bahnen konnten nur überleben, wenn sie den inneren Teil des Sonnensystems mieden, denn hier würden sie wiederum gestört und die Bahn könnte erneut geändert werden. Computersimulationen legen nahe, dass der Gravitationseinfluss von Sternen, denen die Sonne bei ihrem Umlauf um die Galaxis nahekommt, die Bahnen der Kometenkerne rundet, also die Exzentrizität vermindert. Dies stabilisiert die Wolke, da Bahnen durch die Innenbereiche des Sonnensystems weniger wahrscheinlich werden.

Bahnstörungen vorüberziehender Sterne oder Molekülwolken führen dazu, dass immer wieder Kleinkörper in die Innenbereiche des Sonnensystems gelangen. Sie werden zu wahrnehmbaren Kometen, wenn der Sonnenabstand gering genug ist, dass die flüchtigen Bestandteile sublimieren.

Kuipergürtel

Bei der Entstehung des Sonnensystems waren die Außenbereiche relativ gasreich, denn die Sonnenstrahlung hatte die leichten Elemente nach außen verdrängt. Deshalb entstanden hier die Gasplaneten Jupiter bis Neptun. Jenseits von Neptun war nicht mehr genügend Material vorhanden, um einen weiteren Planeten zu formen. Es entstand eine Vielzahl von Kleinkörpern, die zum großen Teil gasreich sind. Aus diesen Körpern bildete sich der Kuipergürtel, eine Ansammlung von Kometenkernen zwischen 15AE und 30AE Sonnenstand.

Numerische Simulationen lassen vermuten, dass die Distanzen im Sonnensystem bei seiner Entstehung geringer waren. Die Kometenkerne des heutigen Kuipergürtels entstanden in einem weiten Bereich zwischen 15AE und 30AE. Durch Bahnunverträglichkeiten wanderten die Planeten auf Spiralbahnen nach außen. Uranus und Neptun durchquerten dabei die Zone des jungen Kuipergürtels. Dadurch wurden die Kometenkerne aus ihren Bahnen verdrängt – entweder nach außen in den Bereich des heutigen Gürtels, oder sehr weit peripher, wo sie die Oortsche Wolken formten. Zum Teil gelangten die Kometen auch nach innen, wo sie ihre flüchtigen Bestandteile rasch verloren. Wahrscheinlich stammt der gesamte Wasservorrat bei uns auf der Erde von solchen Kometen.

Die Kometenkerne des Kuipergürtels laufen auf Bahnen, die nicht allzu stark gegen die Ekliptik geneigt sind. Durch Bahnstörungen oder Zusammenstöße werden immer wieder Körper in die inneren Bereiche des Sonnensystems gelenkt und werden zu »richtigen« Kometen. Eine

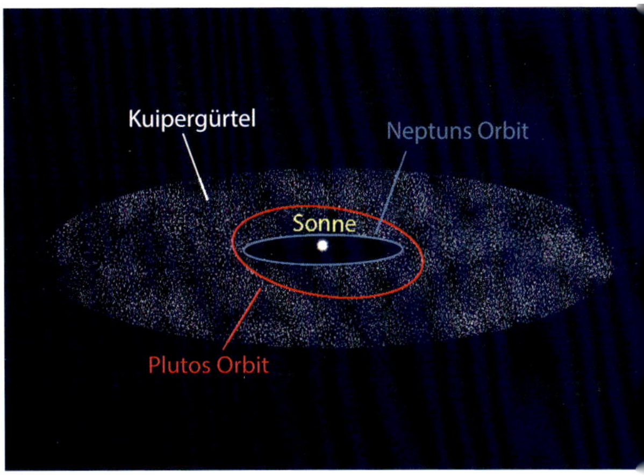

▲ **Jenseits der Neptunbahn** werden die Bahnen von Kleinkörpern nur noch schwach von den großen Planeten beeinflusst. Hier findet sich ein Reservoir an Kometenkernen und Kleinplaneten. Es erinnert eher an einen Torus als an einen schmalen Gürtel. Bislang konnten einige hundert Objekte diesem Bereich zugeordnet werden, wo sie sich auf stabilen Bahnen bewegen. Insgesamt werden dort mehr als eine Milliarde Kometen vermutet. Die Zusammensetzung der bislang entdeckten Körper ist kometenähnlich. Zur Ausgasung kommt es aber nicht, dazu sind diese Kometenkerne zu sonnenfern.

Bahnanalyse lässt die Herkunft aus dem Kuipergürtel erkennen. Die geringe Bahnneigung und eine Apheldistanz im Gürtelgebiet sind wichtige Indizien.

Es wird vermutet, dass der Kuipergürtel ca. 100 Mio. Kometenkerne birgt. Durch Resonanzen mit Neptun existieren mehrere Umlaufbahnen, die gehäuft mit Kuipergürtelobjekten besetzt sind. Außerhalb von ca. 50AE endet die Ansammlung von Kleinkörpern ziemlich abrupt, weiter außen ist deren Dichte wesentlich geringer. Ein Grund dafür ist nicht bekannt.

Kern

Größe

Die genaue Größe eines Kometenkernes ist schwierig zu bestimmen. In Sonnennähe befindet sich der Kern innerhalb der kaum zu

Albedo

Die Albedo (von lateinisch »Weißheit«) ist die Rückstrahlfähigkeit einer nicht selbstleuchtenden, diffus reflektierenden Oberfläche. Es ist das Verhältnis zwischen einfallendem und reflektiertem Licht und wird mit Werten zwischen 0 (keine Reflexion) und 1 (vollständige Reflexion) dargestellt. Entscheidend ist der Zusammenhang zwischen Oberflächenbeschaffenheit und Albedo. Der vollständig mit Eis bedeckte Saturnmond Enceladus weist eine Albedo von 0,99 auf, unser Mond nur 0,12. Kometenkerne besitzen eine Albedo rund um 0,04 und gehören damit zu den dunkelsten Körpern im Sonnensystem.

durchdringenden Koma und entzieht sich damit einer direkten erdgebundenen Untersuchung. Weit draußen im Sonnensystem ist der Kern extrem lichtschwach und damit ebenfalls fast nicht zu erforschen. In den letzten Jahrzehnten wurden dennoch vermehrt Versuche unternommen, Größenbestimmungen durchzuführen. Dabei wurden auch indirekte Methoden entwickelt, die Kerngröße etwa durch Schätzungen der Aktivität oder der Staub- und Wasserproduktion abzuleiten. Um die Größe eines Kometenkernes durch Beobachtungen zu bestimmen, muss zunächst die Albedo bekannt sein bzw. geschätzt werden. Dann kann aus der scheinbaren Helligkeit die Größe errechnet werden.

Spezielle Aufnahmetechniken mit dem Hubble Space Telescope ergaben bei einer Albedo von 0,04 für einige Kometenkerne Durchmesser zwischen 0,7km und 4,6km. Die auf diese Weise bestimmte Kerngröße für den Kometen 19P/Borrelly konnte 2001 beim Vorbeiflug der Sonde Deep Space 1 überprüft und trotz leichter Korrektur bestätigt werden. Ungenauigkeiten entstehen vor allem aus dem nicht exakt bekannten Albedowert.

Genauere Größenbestimmungen lassen sich an erdnahen Kometen mittels Radarmessungen durchführen. 1983 wurde damit bei C/1983 H1 (IRAS-Araki-Alcock) eine Kerngröße zwischen 2km und 8km ermittelt. 2010 gelang es am Arecibo-Observatorium, den Kern von 103P/Hartley mit 2,3km zu bestimmen – ein Wert, der sehr gut mit den Ergebnissen der EPOXI-Sonde übereinstimmt.

Am besten vermessen werden konnten die Kerne der fünf bisher von Raumsonden besuchten Kometen: 1P/Halley (15km × 8km × 8km), 19P/Borrelly (8km × 4km × 4km), 81P/Wild (5,5km × 4km × 3,3km), 9P/Tempel (7,6km × 6km × 4,9km) und 103P/Hartley (2,2km × 0,5km). Es gibt aber auch wesentlich größere Kometen. So wurde der Kern von Hale-Bopp ebenfalls mit dem Hubble Space Telescope untersucht und eine Kerngröße zwischen 27km und 42km ermittelt. Außergewöhnlich groß ist auch der Kern von 29P/Schwassmann-Wachmann mit ca. 20km Durchmesser. Die kleinsten bekannten Kometen sind die nur auf den Aufnahmen des Sonnenobservatoriums SOHO sichtbaren Mikrokometen, mit Kernen von weniger als 50m Durchmesser.

▼ **Der etwa 8km lange Kern** des Kometen 19P/Borrelly, aufgenommen 2001 durch Deep Space 1.

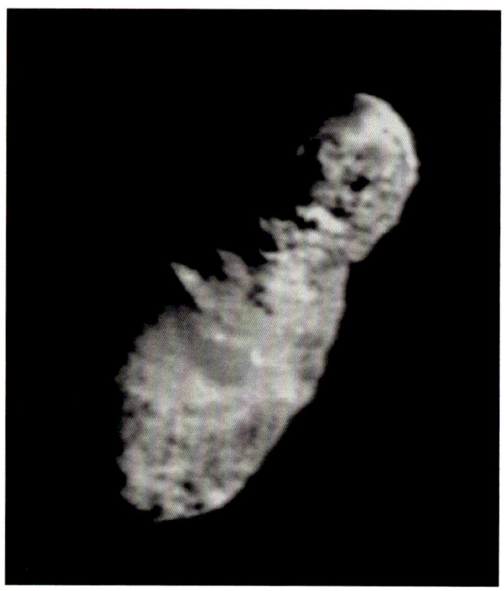

Form und Oberfläche

Kometenkerne sind meist länglich bis unregelmäßig geformte Körper, da die eigene Schwerkraft nicht ausreicht, eine annähernde Kugelform entstehen zu lassen. Unter den bisher gut untersuchten Kometen sind besonders 19P/Borrelly und 103P/Hartley mit ihrer Erdnussform hervorzuheben. Die Oberfläche der Kerne ist komplex strukturiert und weist viele Unregelmäßigkeiten auf. Geländeformen wie Hügel, Senken, Plateaus, Ebenen und Hochebenen (»Mesas«) sind ebenso vorhanden wie Krater. Insbesondere 9P/Tempel und 81P/Wild sind davon übersät. Ob es sich dabei tatsächlich um Einschlagkrater handelt, ist nicht vollständig geklärt.

Fest steht, dass auf der Oberfläche von Kometenkernen aktive und inaktive Zonen bestehen. Der Anteil der jeweiligen Zonen kann stark schwanken, typischerweise beträgt der aktive Bereich aber nur 10% bis 20%. In den inaktiven Gebieten sind die vorhandenen Eisschichten von auf die Oberfläche zurückgefallenem Material bedeckt. In den aktiven Gebieten ist diese Schicht entweder unterbrochen oder porös und durchlässig.

An der Oberflächenformung können verschiedene Prozesse beteiligt sein, etwa Oberflächenerosion und Ablagerung durch die Sublimation, Rissbildungen aufgrund thermischer Spannungen oder Gasdruck aus dem Inneren. Genaue Erkenntnisse werden für 2014 erwartet, wenn die ESA-Sonde Rosetta auf dem Kern von 67P/Churyumov-Gerasimenko landen wird und detaillierte Untersuchungen der Oberfläche durchführen soll.

Aufbau und Zusammensetzung

Aufbau und Zusammensetzung eines Kometenkernes beschreibt Fred Whipples Eis-Konglomerat-Modell sehr gut, das im Prinzip seit den 1950er-Jahren Gültigkeit hat. Diese Theorie eines »schmutzigen Schneeballs« gilt auch heute noch als wahrscheinlichstes Szenario. Danach besteht der Kern aus einem festen Konglomerat, das vor allem aus Wassereis, CO_2 und anderen gefrorenen Stoffen (Ammoniak, Methan, und Kohlenmonoxid) zusammengesetzt ist. In dieses Eis ist

Kerngrößen von Kometen (nach erdgebundenen Messungen)

Komet	Kerndurchmesser
1P/Halley	4,5km – 5,6km
2P/Encke	1,3km – 2,9km
9P/Tempel	2,3km – 3,1km
17P/Holmes	1,7km – 2,1km
19P/Borrelly	3,0km – 8,0km
29P/Schwassmann-Wachmann	13,2km – 19,5km
39P/Oterma	3,5km – 9,1km
45P/Honda-Mrkos-Pajdusakova	0,35km – 0,5km
74P/Smirnova-Chernykh	6,0km – 12,7km
81P/Wild	1,5km – 2,9km
103P/Hartley	0,6km – 5,9km
C/1995 O1 (Hale-Bopp)	13,5km – 56,0km
95P/Chiron	200km

▼ **Der fünfte und bisher kleinste** von einer Raumsonde erforschte Kometenkern: 103P/Hartley, aufgenommen von EPOXI im November 2010 aus 700km Entfernung. Der nur 2km lange Kern besteht aus zwei unterschiedlich aktiven Hälften, verbunden durch einen sehr glatten, inaktiven Mittelteil. Er könnte ursprünglich aus zwei Körpern bestanden haben, die erst im Laufe der Zeit miteinander verschmolzen sind.

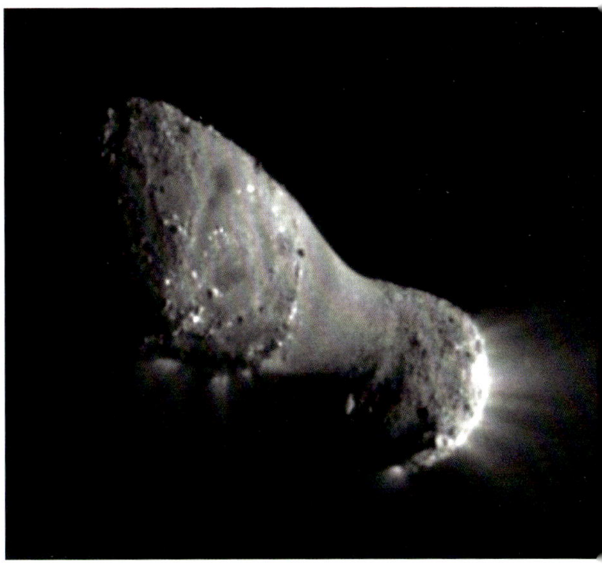

meteoritisches Material – kleine Gesteinsbrocken und Staub – eingeschlossen.

Die Naherkundung durch Raumsonden brachte neue Erkenntnisse. Bereits nach den Halley-Missionen mussten einige Anpassungen am Modell vorgenommen werden: Einerseits sind die meisten Kometenkerne weit entfernt von der Kugelform, andererseits dürfte der Anteil an Wassereis in den Kernen geringer sein als angenommen. Daher spricht man inzwischen eher von einem »eisigen Schmutzball«. Die Oberfläche des Kernes kann sogar eisfrei sein – Deep Space 1 zeigte etwa den Kern von 19P/Borrelly als trocken und bis zu 70°C heiß. An der Oberfläche dürften viele Kometenkerne von einer Kruste, einer Schicht von ehemals freigesetztem Staub- oder Gesteinsmaterial bedeckt sein. Damit erklärt sich auch die geringe Albedo der Kerne.

In der Tiefe werden verschiedene, mit Gas gefüllte Schichten von Eis vermutet. Die genauesten Informationen über Aufbau und Bestandteile von Kometenkernen lieferte die Deep-Impact-Mission an 9P/Tempel. Erstmals konnte dabei die Dichte von Kernmaterial genau bestimmt werden. Mit 0,62g/cm^3 wurde die überaus poröse Beschaffenheit bestätigt – große Teile eines Kometenkernes bestehen aus gasgefülltem Hohlraum. Aber auch neue Fragen zu Zusammensetzung und Entstehen von Kometen entstanden in den letzten Jahren: Bei den Analysen an von Stardust zur Erde gebrachten Proben des Kometen 81P/Wild wurden überraschend Substanzen (Olivin, Aluminium) entdeckt, die nicht in großer Sonnenentfernung entstanden sein können, sondern unter starker Hitzeeinwirkung gebildet wurden. Des weiteren wurden Spuren von Cubanit entdeckt, ein Mineral, das bei hydrothermalen Bedingungen entsteht und auf ein Vorkommen von flüssigem Wasser auf Kometen hindeutet.

Rotation

Dass Kometenkerne rotieren, wurde bereits im 19. Jahrhundert angenommen, es dauerte aber bis zum Jahr 1982, bis Fred Whipple eine Methode entwickelte, die Rotationsperiode zu bestimmen. Er errechnete aus den beobachteten – vom Kern

▼ **Der etwa 5km × 7km große Kern** des Kometen 9P/Tempel, zusammengesetzt aus verschiedenen Aufnahmen von Deep Impact im Juli 2005. Es sind zahlreiche Geländeformen und Krater erkennbar.

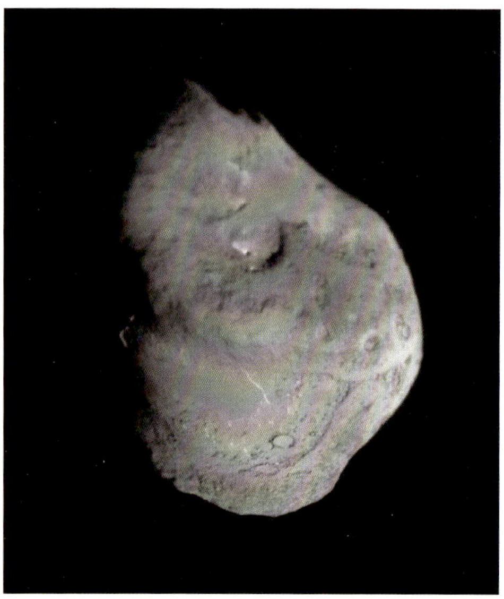

▼ **Zeichnung des Kometen C/1858 L1 (Donati).** Das vom Kern ausgeworfene Material in Form von Enveloppen lässt auf eine entsprechende Rotation schließen und kann zu einer Berechnung der Rotationszeit verwendet werden.

Kernmodelle

Zu Whipples »Eis-Konglomerat-Modell« (a) entstanden in den letzten Jahrzehnten mehrere Modifikationen, um Aufbau und Zusammensetzung von Kometenkernen noch besser zu erklären. Eine erste Ergänzung gab es mit dem »Klathrat-Hydrat-Modell«: Da sich flüchtige Verbindungen wie Methan und Ammoniak nicht lange in den Kometen halten würden, dürften die Moleküle in die kristalline Struktur des Wassereises in Form von Klathrat-Hydraten eingeschlossen sein. Das nicht selten auftretende Zerbrechen und Auflösen von Kometen ließ Zweifel an einem festen, monolithischen Kern aufkommen.

Das »Aggregat-Modell« (b) sieht den Kern als eine lockere Ansammlung von Kometesimalen – porös und leicht fragmentierbar. Im »Geröllhaufen-Modell« (c) ist der Kern aus locker zusammengehaltenen Gesteinsbrocken unterschiedlicher Größe zusammengesetzt, bei deren Entstehung auch Kollisionen eine Rolle gespielt haben könnten. Diese Modelle wurde durch den Sturz von D/1993 F2 (Shoemaker-Levy) auf den Planeten Jupiter im Jahr 1994 bestätigt, als der Komet sich zuvor in etwa 20 Minikometen zerteilt hatte. Eine weitere Abwandlung stellt das »Eis-Kleber-Modell« (d) dar, bei dem Kometenkerne als durch Eiskonglomerat zusammengeklebtes Geröll mit einer festen Kruste betrachtet werden.

An neueren Kernmodellen sind noch das »Block-Modell« von Diedrich Möhlmann und das »Schicht-Haufenmodell« zu erwähnen. Ersteres nimmt eine brüchige Zusammensetzung aus mehreren, etwa kilometergroßen Blöcken an. Letzteres geht in Abwandlung des Geröllhaufen-Modelles ebenfalls von Kollisionen zwischen Kuipergürtel-Objekten in der Entstehungsphase aus. Möglicherweise sind für verschiedene Kometenfamilien unterschiedliche Kernmodelle zutreffend, das »Schicht-Haufenmodell« sollte etwa nur für Jupiterfamilie-Kometen gültig sein.

▼ **Die verschiedenen Kernmodelle:** Eis-Konglomerat-Modell (a), Aggregat-Modell (b), Geröllhaufen-Modell (c) und Eis-Kleber-Modell (d).

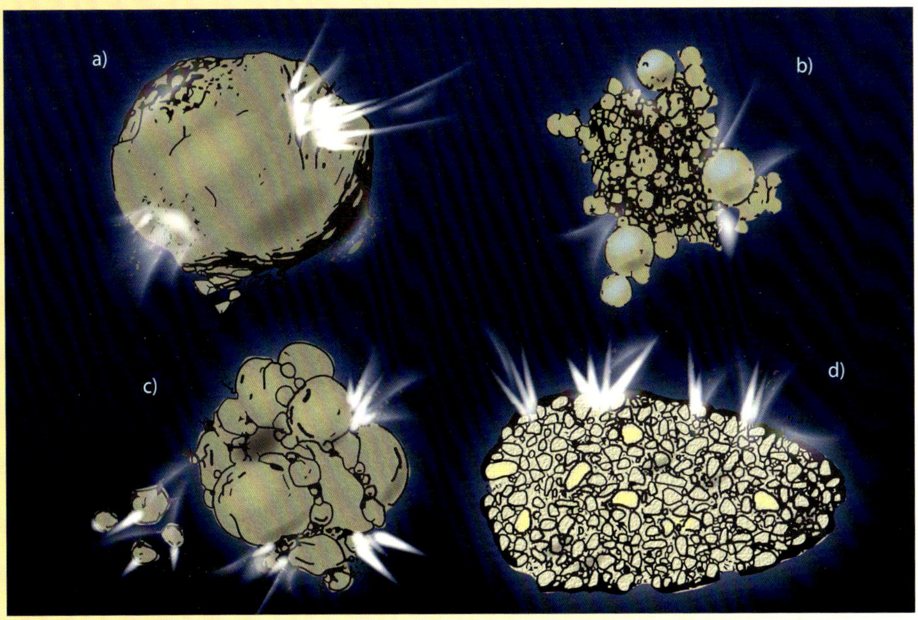

in regelmäßigen Abständen ausgeworfenen – Enveloppen des Kometen C/1858 L1 (Donati) eine Periode von 4,6 Stunden. Insgesamt konnte Whipple die Rotationsperioden von 47 Kometen ableiten. Man kann auch aus exakten Helligkeitsmessungen (photometrischen Lichtkurven) Perioden ablesen. Die Komplexität der Rotation ist aber spätestens seit den Kometenmissionen bekannt. Die unregelmäßige Form, Oberflächenaktivitäten wie Gasausstoß in Form von Jets und andere Kräfte führen oftmals zu einer taumelnden Bewegung und einer Rotation um mehrere Achsen. Für 1P/Halley konnten so Rotationen von 7,1 Tagen und 3,7 Tagen gemessen werden. Bei 103P/Hartley konnte bereits innerhalb eines Monats eine messbare Zunahme der Rotationsgeschwindigkeit festgestellt werden.

Rotationsperioden

Komet	Rotationsperiode
2P/Encke	15,1h
10P/Tempel	8,9h
22P/Kopff	12,9h
28P/Neujmin	12,6h
31P/Schwassmann-Wachmann	5,6h
46P/Wirtanen	7,6h
C/1995 O1 (Hale-Bopp)	11,5h

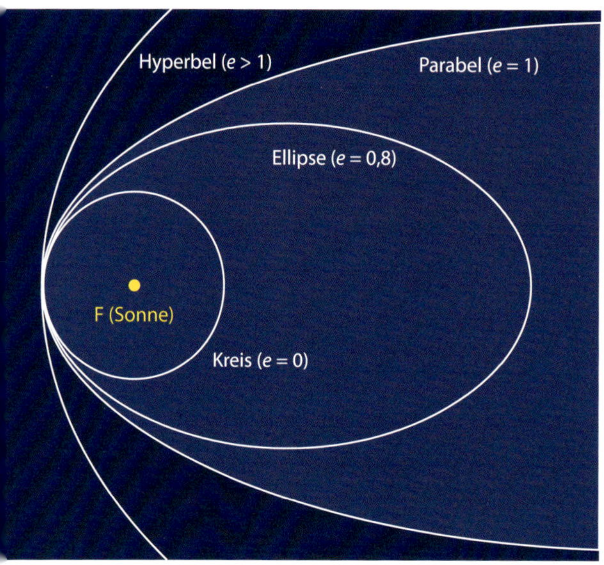

◄ **Elliptische, parabolische und hyperbolische Bahnen** im Vergleich.

Bahnen

Als Körper des Sonnensystems bewegen sich Kometen auf Kegelschnittbahnen (Ellipsen, Parabeln oder Hyperbeln) um die Sonne. Nach den Keplerschen Gesetzen befindet sich die Sonne in einem Brennpunkt dieser Bahn, und die Bewegung ist in Sonnennähe (dem Perihel) schneller als in Sonnenferne (dem Aphel). Geschlossene Kurvenbahnen mit wechselndem Sonnenabstand sind Ellipsen, auf ihnen laufen die Kometen periodisch – also wiederkehrend – um die Sonne. Daneben sind auch offene Bahnen in Form von Hyperbeln möglich. Auf ihnen laufende Kometen würden nur ein einziges Mal in Sonnennähe kommen. Der Grenzfall zwischen beiden ist die Parabel. Sie wird oft als Näherung für sehr langgestreckte Ellipsen mit Umlaufzeiten im Bereich von vielen Tausend Jahren angenommen.

Die Bahnen sind nicht statisch, sondern durch gravitative und nichtgravitative Einflüsse ständig Veränderungen unterworfen. Dabei wirkt in erster Linie die Gravitation der Sonne und der Planeten im inneren Sonnensystem auf die Kometen. So kann es immer wieder zu kleineren und größeren Abweichungen im Bahnverlauf kommen. Fallweise können Kometen von ursprünglich nahezu parabolischen Bahnen auf eindeutig elliptische Bahnen umgeleitet werden oder von zunächst elliptischen Bahnen auf eine Hyperbelbahn gelenkt und so aus dem Sonnensystem geschleudert werden. Nichtgravitative Einflüsse werden durch starke Ausgasung in Form von Jets hervorgerufen.

Bahnbestimmung

Um die Bahn eines Kometen mittels der sechs Bahnelemente zu bestimmen, genügen anfangs drei Beobachtungen bzw. Positionsbestimmungen. Diese werden in den Himmelskoordinaten Rektaszension und Deklination angeben. Damit kann eine vorläufige Bahn in Form einer Parabel festgelegt werden. Vorrangiges Ziel dieser ersten

Bahnelemente

Kometenbahnen können durch sechs Bahnelemente festgelegt werden:

- T = Perihelzeit: Zeit des Durchganges durch das Perihel (angegeben in Terrestrischer Zeit TT)
- p = Periheldistanz: Kleinster Abstand zwischen Komet und Sonne (angegeben in Astronomischen Einheiten AE)
- Ω = Knotenlänge oder Länge des aufsteigenden Knotens: Winkel zwischen der Richtung zum Frühlingspunkt und dem aufsteigenden Knoten (angegeben in Grad)
- ω = Perihelargument oder Argument des Perihels: Winkel zwischen Perihel und aufsteigendem Knoten (angegeben in Grad)
- i = Bahnneigung: Winkel zwischen der Kometenbahnebene und der Ekliptik, der Ebene der Erdbahn um die Sonne (angegeben in Grad)
- e = Exzentrizität der Bahn: Form der Kometenbahn (0=Kreis, >0 bis <1=Ellipse, 1=Parabel, >1=Hyperbel)

Das erste Element T gibt die zeitliche Definition der Bahn an, die übrigen Elemente beschreiben die Form, Größe und die Lage im Raum. Da Bahnen veränderlich sind, muss als weiterer zeitlicher Bezugspunkt die Epoche, der jeweils gültige Zeitpunkt der Bahndaten, angegeben werden.
Bei elliptischen Bahnen werden noch zusätzliche Elemente angegeben, etwa:

- a = Große Halbachse der Bahnellipse
- n = mittlere Bewegung (Winkelgeschwindigkeit)
- P = Periode oder Umlaufzeit

▼ **Die Bahnelemente** einer Kometenbahn.

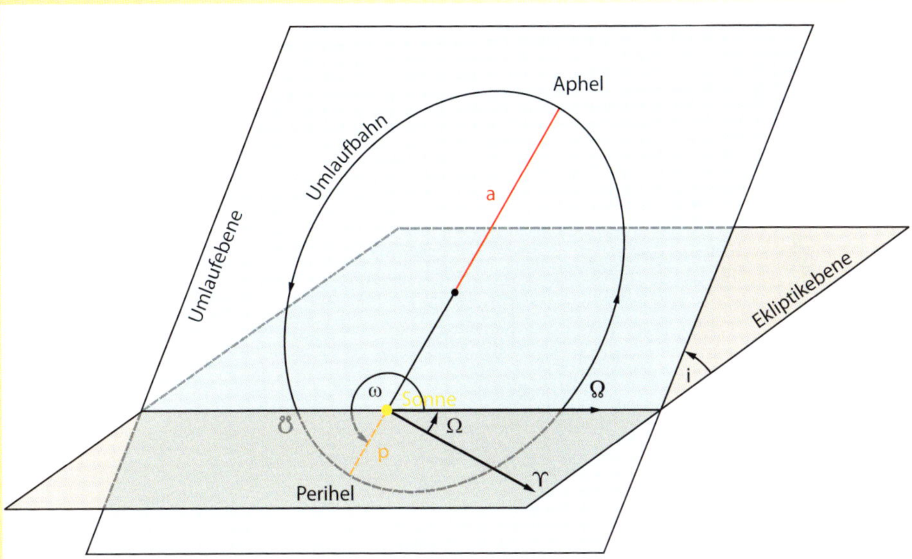

provisorischen Bahn ist es, den Weg des Kometen am Himmel zumindest für einen kurzen Zeitraum festzulegen und daraus eine Ephemeride für die nächsten Tage anzugeben. Beobachtungen über einen längeren Zeitraum hinweg ermöglichen dann eine kontinuierliche Verbesserung der Bahn. Schwierigkeiten gibt es manchmal, wenn nur wenige Beobachtungen zur Verfügung stehen sowie

Bahnbestimmungsmethoden

Pionier der Himmelsmechanik und damit der Bahnbestimmung von Kometen war Isaac Newton. In seinem Hauptwerk »Principia Mathematica« von 1687 befasste er sich ausführlich mit der Bewegung von Planeten und Kometen und entwickelte eine grafische Methode zur Bahnberechnung aus mindestens drei Beobachtungen. Angewandt gelang Edmond Halley 1705 damit die Bestimmung einer elliptischen Bahn und die Voraussage der Wiederkehr für »seinen« Kometen. Weiter entwickelt wurden die Verfahren im 18. Jahrhundert durch die Arbeiten von Leonhard Euler und vor allem Pierre Laplace. Bei seiner Methode konnte eine unbegrenzte Anzahl von Beobachtungen verwendet werden, die Ergebnisse waren exakt, der Weg dahin jedoch kompliziert und sehr zeitaufwendig. Heinrich Olbers konnte 1797 die Bahnbestimmung wesentlich vereinfachen, indem er zunächst wenige Beobachtungen verwendete und diese danach unter Zuhilfenahme weiterer Positionsangaben verbesserte. Carl Friedrich Gauß erfand zu Beginn des 19. Jahrhunderts ein praktikables und noch heute gültiges Verfahren. Er reduzierte die Zahl der verwendeten Beobachtungen auf drei und verbesserte die Bahnelemente anschließend. Seine »Methode der kleinsten Fehlerquadrate« stellte den Umgang mit einer Vielzahl von Messwerten auf eine mathematisch fundierte Basis. Johann Franz Encke modifizierte und vereinfachte die Gaußsche Methode und verwendete sie zur Berechnung zahlreicher Kometenbahnen.

Die klassischen Methoden wurden im 20. Jahrhundert weiter entwickelt: Die Laplace-Methode von Armin Leuschner und Paul Herget, die Gauß-Encke-Methode durch Gerald Merton – daher auch als »Gauß-Encke-Merton-Methode« bezeichnet). Aus nur zwei Beobachtungen können mit der »Väisälä-Methode« provisorische Bahnelemente errechnet werden. Dabei muss allerdings angenommen werden, dass sich der entsprechende Himmelskörper nahe seines Perihels befindet und die Entfernung zur Erde bekannt ist.

Für nicht provisorische Bahnberechnungen muss auch der gravitative Einfluss der Planeten mit berechnet werden (»Mehrkörperproblem«). Dass vor allem die großen Planeten Bahnänderungen hervorrufen, ist seit dem 18. Jahrhundert bekannt. Alexis Clairaut gelang es 1758, den exakten Zeitpunkt der Wiederkehr des Kometen 1P/Halley zu berechnen, indem er die Störungen durch Jupiter und Saturn in seine Berechnungen mit einbezog.

▼ **Isaac Newtons Parabelbahn** des Kometen von 1680 aus seiner »Principia Mathematica«.

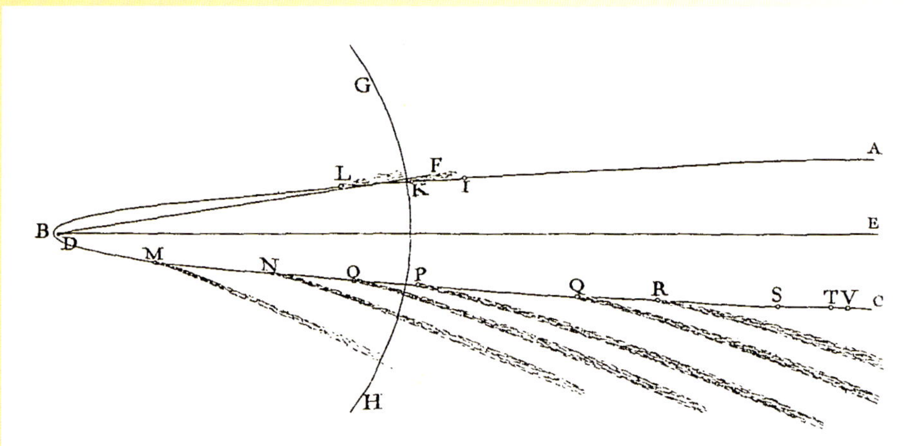

bei Objekten des äußeren Sonnensystems, die in ihrer Bewegung entsprechend langsam sind.

Die grundlegenden Methoden der Bahnberechnung gehen bis ins 18. und 19. Jahrhundert zurück. Es gibt im Wesentlichen zwei nach wie vor gültige Ansätze – das Verfahren nach Laplace oder nach Gauß und Encke. Heute wird dazu spezielle Software verwendet, die bekanntesten Programme sind Orbfit, ORSA und FindOrb. Sie sind auch für Heimanwender geeignet.

Ellipsenbahnen

Eine recht willkürliche Einteilung definiert Kometen mit Umlaufzeiten von über 200 Jahren als langperiodisch, solche mit 200 Jahren und weniger als kurzperiodisch. Für Kometen mit Umlaufzeiten zwischen 30 und 200 Jahren gibt es noch eine Zwischenklassifikation als mittelperiodisch. Diese kurz- und mittelperiodischen Kometen werden im allgemeinen Sprachgebrauch meist als periodische Kometen bezeichnet und laufen auf elliptischen Bahnen in (mehr oder weniger) regelmäßigen zeitlichen Abständen wiederholt um die Sonne.

Derzeit sind 275 periodische Kometen mit permanenten Bezeichnungen (1P bis 275P) erfasst. Diese Nummer erhält jeder periodische Komet nach seinem zweiten beobachteten Periheldurchlauf. Davon gelten fünf – 3D/Biela, 5D/Brorsen, 18D/Perrine-Mrkos, 20D/Westphal und 25D/Neujmin – als verloren oder verschollen. Es gibt nur einen einzigen langperiodischen Kometen in dieser Liste: 153P/Ikeya-Zhang, mit einer Periode von ca. 367 Jahren.

▲ **Der Komet 153P/Ikeya-Zhang von 2002** nimmt eine Sonderstellung innerhalb der periodischen Kometen ein: Er ist der einzige Komet mit einer Umlaufzeit über 200 Jahren, der öfter als einmal beobachtet werden konnte und daher in die Liste der periodischen Kometen aufgenommen wurde.

Der Ursprung der kurzperiodischen Kometen wird im Kuipergürtel vermutet, der Ursprung der mittelperiodischen (wie auch der Kometen auf parabolischen Bahnen) in der Oortschen Wolke.

Parabelbahnen

Bei neu entdeckten Kometen wird zunächst häufig eine Parabelbahn mit einer Exzentrizität von 1 angenommen. Viele Kometenbahnen ähneln zwar in Sonnennähe Parabeln, sind aber in Wirklichkeit sehr langgestreckte Ellipsen mit Umlaufzeiten

Der Tisserand-Parameter

Nach einem Vorübergang an einem Planeten ändern sich die Bahnelemente eines Kleinkörpers erheblich. Für Kometen sind vor allem die Begegnungen mit Jupiter Ursache solcher Modifikationen. Der Tisserand-Parameter T_J bietet Unterstützung bei der Verfolgung und Identifikation. Er stellt ein integrales Maß für die Bahn dar, welches solcherart definiert ist, dass es sich bei Begegnungen mit Jupiter nicht ändert. Außerdem erleichtert der Parameter die Einteilung von Kleinkörpern in Klassen oder Familien: Kometen der Jupiterfamilie weisen T_J-Werte zwischen 2 und 3 auf, Objekte der Halley-Familie von <2. Eine mögliche Encke-Familie lässt sich über $T_J>3$ und $a<a_J$ (Bahn liegt innerhalb der Jupiterbahn) definieren, eine Chiron-Familie über $T_J>3$ und $a>a_J$.

zwischen einigen Hundert und Millionen Jahren. Auch für die meisten beobachteten Kometen des 16. bis 19. Jahrhunderts wurden Parabeln angenommen. Die Unterschiede in der Bahncharakteristik zwischen sehr langgestreckten Ellipsen, Parabeln und Hyperbeln sind gering, so dass bei wenigen gesicherten Beobachtungen eine Parabelbahn angenommen wird. Für die meisten langperiodischen (manchmal auch »nichtperiodisch« genannt) Kometen wurden Parabelbahnen berechnet, die Verteilung der Bahnelemente ist dabei vollkommen zufällig. Es gibt keine Verbindung der Bahnneigung zur Bahnebene der Planeten. Prograde (i<90°) und retrograde (i>90°) Bahnen sind gleich häufig. Diese Kometen kommen aus allen Richtungen des Sonnensystems fast gleichmäßig in Sonnennähe und werden daher auch »nahezu isotrope Kometen« genannt – eine Erkenntnis, die unter anderem auch zur Annahme der Oortschen Wolke als Ursprungsort führte.

Umlaufzeiten langperiodischer Kometen

C/2002 X5 (Kudo-Fujikawa)	10 000 000 Jahre
C/1996 B2 (Hyakutake)	100 000 Jahre
C/2006 P1 (McNaught)	92 000 Jahre
C/1995 O1 (Hale-Bopp)	2500 Jahre
C/1983 H1 (IRAS-Araki-Alcock)	970 Jahre
C/1965 S1 (Ikeya-Seki)	880 Jahre

▼ **C/2002 X5 (Kudo-Fujikawa)** gilt als extrem langperiodischer Komet: Er könnte eine Umlaufzeit von etwa 10 Millionen Jahren aufweisen.

Hyperbelbahnen

Nur für etwa 4% aller Kometen können hyperbelförmigen Bahnen mit einer Exzentrizität durchwegs nur knapp >1,0 berechnet werden. Eine solche Bahn könnte theoretisch bedeuten, dass ein Komet von außerhalb des Sonnensystems gekommen ist und es nach seiner Annäherung an die Sonne wieder verlässt. Tatsächlich gibt es keine gesicherten Daten über solche interstellare Kometen, die auch durch eine entsprechend hohe Bahngeschwindigkeit gekennzeichnet wären. Die meisten der rund 60 heute bekannten hyperbolischen Kometen wurden durch den Einfluss der großen Planeten – vor allem Jupiter – aus ihrer ursprünglich elliptischen Bahn umgelenkt und verlassen das Sonnensystem nun auf einer Hyperbelbahn. Das gilt beispielsweise für C/1980 E1 (Bowell). Mit e=1,0575 ist er der Komet mit der bisher größten berechneten Exzentrizität. Er befindet sich inzwischen bei einer Entfernung von etwa 57AE bereits weit außerhalb des Aphels von Pluto.

Kometenfamilien und -gruppen

Kometen mit ähnlichen elliptischen Bahnen werden zu Familien zusammengefasst. Die meisten kurzperiodischen Kometen zählen zur Jupiterfamilie, viele der mittelperiodischen Kometen

▼ **Der im Frühjahr 2004 sichtbare C/2002 T7 (LINEAR)** lief auf einer hyperbolischen Bahn und ist auf dem Weg unser Sonnensystem zu verlassen.

zur Halley-Familie. Aus nur wenigen bekannten Mitgliedern bestehen Encke-Familie, die Hauptgürtelkometen und die Zentauren (Chiron-Familie). Die letzten beiden Gruppen weisen eher kreisförmige Bahnen auf und können auch als Übergangsobjekte zwischen Kleinplaneten und Kometen betrachtet werden.

Weitere Kometen, deren Bahnelemente große Ähnlichkeiten aufweisen, sind unter den »Sonnenstreifern« (extrem sonnennahe Kometen) zu finden. Unter ihnen werden unter anderem die Kreutz- und die Meyer-Gruppe unterschieden. Diese Kometengruppen gehen wahrscheinlich auf einen gemeinsamen Ursprungskometen zurück.

Jupiterfamilie

Die Gruppe der Jupiterfamilie umfasst derzeit etwa 400 bekannte Kometen mit Umlaufzeiten zwischen 5 und 20 Jahren, mit einem Durchschnittswert von etwa 8 Jahren. Die Mehrzahl aller neu entdeckten kurzperiodischen Kometen zählt zu dieser Gruppe, etwa 240 der 260 permanent nummerierten Kometen können ihr zugeordnet werden. Die Bahnen sind meist weniger als 25° zur Ekliptik geneigt und verlaufen so, dass ihr Aphel nahe der Jupiterbahn liegt. Daher können sie dem Planeten sehr nahe kommen und die Bahnen werden häufig gestört. Ursprünglich stammen diese Kometen aus dem Kuipergürtel, wurden jedoch durch die Anziehung des Riesenplaneten aus ihren ursprünglichen Bahnen in elliptische Bahnen umgelenkt.

Umgekehrt können elliptische Bahnen zu Hyperbeln werden und ein Komet kann aus dem Sonnensystem hinaus geschleudert werden. Die Bahn von D/1770 L1 (Lexell) etwa wurde vor und nach seiner Entdeckung von Jupiter stark verändert. Der Komet war das erste identifizierte Mitglied der Jupiterfamilie – gehörte aber nur einen Umlauf lang zu ihr. Die bekanntesten Mitglieder

▼ **Ein neuerer Versuch der Einteilung der Kometen** nach ihren Bahnparametern: Zunächst erfolgt eine Trennung in »nahezu isotrope« und »ekliptikale« Kometen. Letztere weisen nur geringe Bahnneigungen auf und können in drei weitere Gruppen aufgeteilt werden. Die Jupiterfamilie (mit $2<T_J< 3$), die Encke-Familie (mit $T_J>3$ und $a<a_J$) und die Chiron-Familie (mit $T_J>3$ und $a>a_J$). Bei den »nahezu isotropen« Kometen werden Halbachsen mit >10000AE als »neue Kometen« und solche <10000AE als »wiederkehrend« bezeichnet (nach Levison).

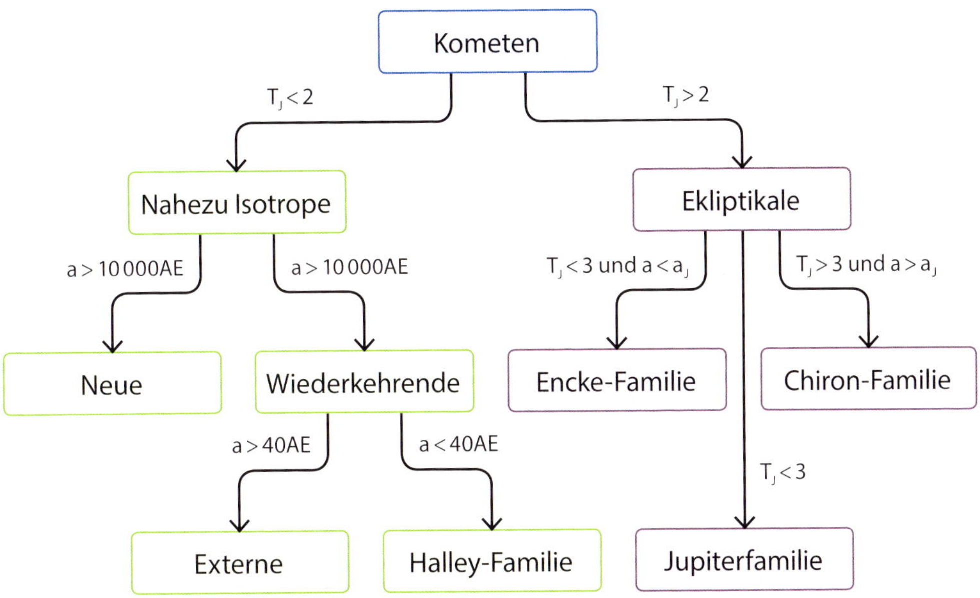

Bahnresonanzen

Resonanzen zwischen zwei oder mehr Himmelskörpern ergeben sich bei periodisch wiederkehrenden gravitativen Einflüssen, meist sind die Umlaufzeiten in bestimmten ganzzahligen Verhältnissen miteinander gekoppelt. Die Resonanz zwischen Pluto und Neptun beträgt 2:3, das heißt, zeitlich entsprechen zwei Umläufe von Pluto drei Umläufen von Neptun (jeweils knapp 500 Jahre). Daraus folgt, dass die beiden Himmelskörper sich niemals besonders nahe kommen können. Das gilt auch für zahlreiche weitere Transneptunische Objekte, die in Resonanz mit Neptun stehen. Resonanzen von 2:3 (»Plutinos«), 1:2 (»Twotinos«), 3:5 und 2:5 sind bekannt. Alle anderen die Neptunbahn kreuzenden Himmelskörper wurden oder werden von diesem aus ihren Bahnen geschleudert. Objekte mit einer 1:1-Resonanz, also gleicher Umlaufzeit, sind bei Neptun selten: Derzeit sind 7 von ihnen bekannt. Diese Neptun-Trojaner folgen dem Planeten in etwa 60° Abstand oder eilen ihm auf ihrer Bahn voraus.

Die Resonanz kann langfristig sowohl zur Bahnstabilisierung als auch zur Destabilisierung führen. Nicht stabil sind die in 1:1-Resonanz mit Jupiter laufenden Trojaner. Ihre Bahnen sind langfristig chaotisch, werden sie von Jupiter aus ihrer Bahn geworfen, können sie zu Monden oder auch zu Jupiterfamilie-Kometen werden. Derzeit sind etwa 130 Jupiter-Trojaner bekannt, ihre Zahl wird aber auf bis zu 600000 geschätzt.

der Familie sind die von Raumsonden besuchten Kometen 9P/Tempel, 19P/Borrelly, 21P/Giacobini-Zinner und 81P/Wild, der ungewöhnliche Ausbruchskomet 17P/Holmes und der in Auflösung befindliche 73P/Schwassmann-Wachmann.

Halley-Familie

Auch die übrigen Großplaneten stören Kometen auf ihren Bahnen und verfügen wahrscheinlich über eine Anzahl von mit ihnen in Resonanz

▼ **Bahngenese von Jupiterfamilie-Kometen:** Durch eine Annäherung an den Planeten wird der Komet eingefangen und in eine Ellipsenbahn mit einem Aphel nahe der Jupiterbahn gezwungen. Rechts: Umgekehrt kann der Komet aus einer Ellipsenbahn in eine langperiodische Ellipsenbahn oder eine Hyperbel umgelenkt werden.

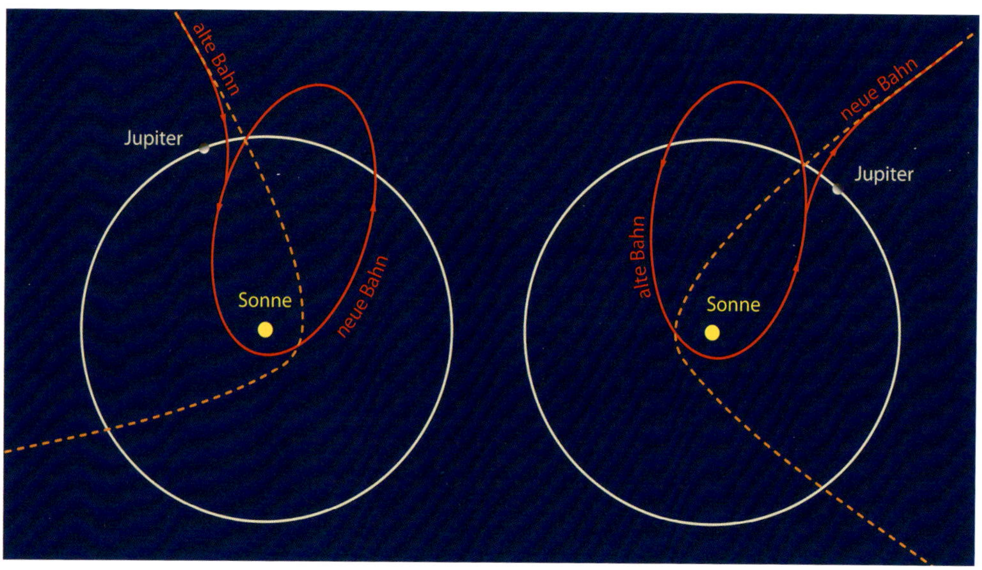

2P/Encke: Jupiter- oder Encke-Familie?

Obwohl er mit seinen ungewöhnlichen Bahnparametern nicht richtig ins Bild passt, wird der kurzperiodische Komet 2P/Encke manchmal der Jupiterfamilie zugeordnet. Sein Perihel liegt mit 0,33AE Abstand innerhalb der Merkurbahn, das Aphel mit 4,1AE innerhalb der Jupiterbahn. Er ist damit relativ weit vom Einflussbereich des Riesenplaneten entfernt (welcher etwa 0,3AE beträgt), kann aber sehr nahe an Merkur herankommen. Es kann zwar eine eigene Encke-Familie definiert werden ($T>3$ bei $a<a_j$), es lassen sich aber keine weiteren aktiven Kometen dieser Gruppe zuordnen. Als einziger Kandidat galt lange Zeit 107P/Wilson-Harrington, das Objekt ist aber inzwischen als Kleinplanet eingestuft worden. Allerdings weisen die Apollo-Kleinplaneten Hephaistos und (4197) 1982 TA ähnliche Bahnelemente auf und könnten erloschene Kometen dieser Familie sein.

stehenden Kometen. Besonders wichtig ist in diesem Zusammenhang Neptun, der die sogenannte Halley-Familie beeinflusst. Derzeit werden etwa 50 Objekte auf stark exzentrischen Ellipsen mit Umlaufzeiten zwischen 20 und 200 Jahren zu dieser Familie gezählt. Das Aphel dieser Kometen liegt meist zwischen den Bahnen von Saturn und Neptun. 35P/Herschel-Rigollet erreichte bei seinem Aphel im Jahr 2012 sogar einen Abstand von rund 57AE. Seine Umlaufzeit beträgt etwa 155 Jahre. Mehrmals beobachtet und damit permanent nummeriert wurden bisher nur wenige Halley-Kometen. Der bekannteste ist der namensgebende 1P/Halley, der erste Komet, der überhaupt als periodisch erkannt wurde. Er kommt erst 2061 wieder in Sonnennähe, kann aber inzwischen auf jedem Punkt seiner Bahn beobachtet werden. Weitere prominente Mitglieder dieser

▼ **Bahnen** der bekanntesten Kometen der Halley-Familie.

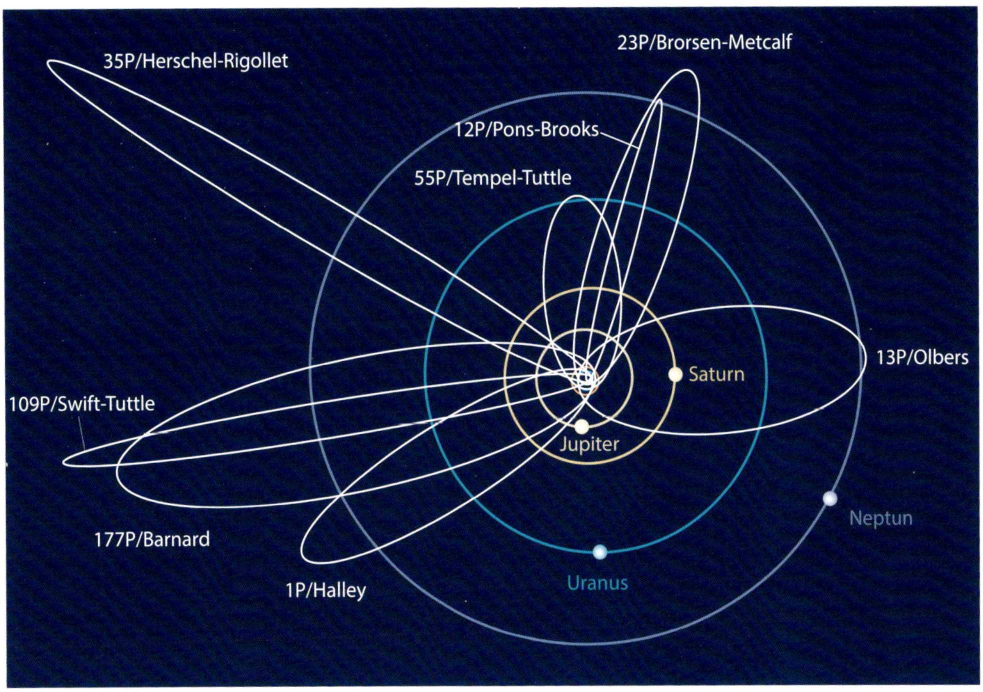

▲ **23P/Brorsen-Metcalf,** ein Mitglied der Halley-Familie, bei seiner letzten Wiederkehr im September 1989.

Kometenfamilie sind 12P/Pons-Brooks und 13P/Olbers – beide werden 2024 im Perihel erwartet.

Die Kleinplanetenfamilie der Damokloiden weisen ähnliche Bahnen auf und könnten erloschene oder schlafende Kometenkerne der Halley-Familie sein. Unterstützt wird diese These durch kometare Aktivität auf einigen Objekten, z.B. C/2001 OG108 (LONEOS), der inzwischen auch als Komet geführt wird.

Hauptgürtel-Kometen

Auf elliptischen Bahnen mit geringer Exzentrizität – also relativ kreisförmig – bewegen sich die Mitglieder der Hauptgürtel-Kometenfamilie. Derzeit sind 7 oder 8 dieser ungewöhnlichen Kometen bekannt. Es handelt sich um Himmelskörper auf stabilen Bahnen im Kleinplaneten-Hauptgürtel zwischen Mars und Jupiter, die allerdings kometare Eigenschaften (Koma und/oder Schweif) aufweisen. Als Prototyp dieser auch als »Übergangsobjekte« (zwischen Kometen und Kleinplaneten) betrachteten Gruppe gilt 133P/Elst-Pizarro. 1979 entdeckt und zunächst als Kleinplanet eingestuft, wurde im Perihel 1996 plötzlich ein Schweif entdeckt. Zunächst wurde an einen Zusammenstoß zwischen zwei Kleinplaneten gedacht, doch weitere kometare Aktivitäten bestätigten sich über die Jahre. Man nimmt an, dass diese Objekte nicht aus der Oortschen Wolke

Die wichtigsten Kometen der Halley-Familie

Komet	Entdeckung	Umlaufzeit	Letztes Perihel	Nächstes Perihel
1P/Halley	–	76,1a	1986	2061
12P/Pons-Brooks	1812	70,9a	1954	2024
13P/Olbers	1815	69,6a	1956	2024
23P/Brorsen-Metcalf	1847	70,5a	1989	2059
27P/Crommelin	1818	27,4a	2011	2039
35P/Herschel-Rigollet	1788	154,9a	1939	2092
55P/Tempel-Tuttle	1865	33,2a	1998	2031
109P/Swift-Tuttle	1862	135,0a	1992	2126
122P/deVico	1846	74,4a	1995	2069
177P/Barnard	1889	119,6a	2006	2127

Die Hauptgürtel-Kometen

Komet	Entdeckung	Exzentrizität	Umlaufzeit	Periheldistanz	Apheldistanz
133P/ Elst-Pizarro	1979	0,16	5,62a	2,64AE	3,68AE
176P/LINEAR	1999	0,19	5,71a	2,58AE	3,81AE
238P/Read	2005	0,25	5,63a	2,36AE	3,96AE
300163 (2006 VW139)	2006	0,20	5,32a	2,43AE	3,66AE
259P/Garradd	2008	0,34	4,50a	1,79AE	3,66AE
P/2010 A2 (LINEAR)	2010	0,12	3,47a	2,00AE	2,57AE*
P/2010 R2 (La Sagra)	2010	0,15	5,46a	2,62AE	3,57AE
P/2012 F5 (Gibbs)	2012	0,42	5,21a	2,88AE	3,13AE

* Zugehörigkeit umstritten

oder dem Kuipergürtel stammen, sondern ihren Ursprung direkt im Kleinplaneten-Gürtel haben könnten, der damit als dritte mögliche Quelle von Kometen gilt. Dazu muss angenommen werden, dass sich das vorhandene Eis geschützt unter der Oberfläche befindet, nur so kann es zahlreiche Umläufe in relativ geringem Abstand zur Sonne überdauert haben.

Chiron-Familie/Zentauren

Die elliptischen Bahnen der Zentauren verlaufen größtenteils zwischen Jupiter- und Neptunbahn. Es sind rund 200 dieser Übergangsobjekte bekannt, bei etwa 15 von ihnen konnte kometare Aktivität nachgewiesen werden. Diese können als Kometen der Chiron-Familie zusammengefasst werden. Die Exzentrizität ist breit gestreut, es gibt relativ kreisförmige Bahnen und auch stark exzentrische. Die Zentauren gelten als evolutionäres Bindeglied zwischen Trans-Neptun-Objekten und Jupiterfamilie-Kometen. Ihre Bahnen sind instabil, denn wiederholte Annäherungen an die äußeren Planeten führen zu Bahnänderungen. Auch die Entwicklung von Jupiter- oder Halley-Familie-Kometen zu Zentauren ist möglich. 39P/Oterma wurde

▼ **Die Bahnen** der ersten drei entdeckten Hauptgürtel-Kometen 133P/Elst-Pizarro, 176P/LINEAR und 238P/Read.

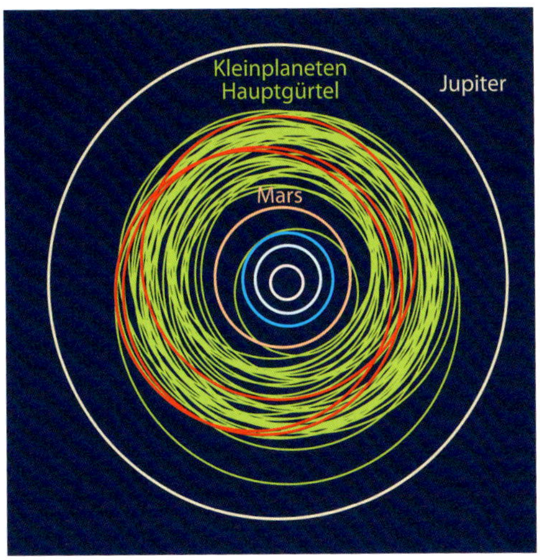

▼ **Der bekannteste Vertreter der Chiron-Familie** ist 29P/Schwassmann-Wachmann. Eine Besonderheit sind die regelmäßigen Helligkeitsausbrüche, die durchschnittlich alle 50 Tage erfolgen und mit der Rotation des Kerns zusammenhängen dürften.

Kometen oder Kollisionen zwischen Kleinplaneten?

Zwei weitere mögliche Hauptgürtel-Kometen wurden im Jahre 2010 entdeckt. Ob sie tatsächlich als Kometen eingestuft werden können oder ob es sich um Kleinplaneten-Kollisionen handelt, ist nicht restlos geklärt. P/2010 A2 (LINEAR) zeigte bei seiner Entdeckung im Januar 2010 einen deutlichen Schweif, er wurde daher zunächst als Komet benannt. Seine Bahn im inneren Hauptgürtel entsprach dem eines Flora-Kleinplaneten mit einem Perihel-Abstand von 1,87AE. Er wäre demnach als weiterer Hauptgürtel-Komet anzusehen. Erkenntnisse durch Aufnahmen des Hubble Space Telescope und der Raumsonde Rosetta lassen aber eher auf eine reine Kleinplaneten-Kollision schließen. Der über 500000km lange Schweif könnte demnach die Trümmerwolke eines Zusammenstoßes zwischen dem etwa 200m großen P/2010 A2 und einem nur wenige Meter messenden Objekt sein. Es gibt aber auch Untersuchungen, wonach der Staubschweif nicht durch ein einzelnes Ereignis einer Kollision entstanden sein kann, sondern über Monate anhaltende Vorgänge kometarer Natur dafür verantwortlich sein müssen. Der Beginn der Aktivität konnte mit März 2009 bestimmt werden.

Ebenfalls im Jahr 2010 zeigte sich (596) Sheila, ein 1906 entdeckter Kleinplanet, überraschend von einer Staubhülle umgeben. Wiederum dürfte der Einschlag eines anderen Mini-Kleinplaneten auf dem 130km großen Himmelskörper die Ursache gewesen sein. Für den Impaktkörper wurde ein Durchmesser von 35m bestimmt. Beobachtungen mit dem SWIFT-Forschungssatelliten ergaben keinerlei Hinweise auf für Kometen typische ausgetretene Gase. Die Annahme eines durch einen Impakt aktivierten, bisher schlafenden Kometen kann daher weitgehend ausgeschlossen werden.

▼ **P/2010 A2 (LINEAR)** in einer Aufnahmeserie durch das Hubble Space Telescope zwischen Januar und Mai 2010.

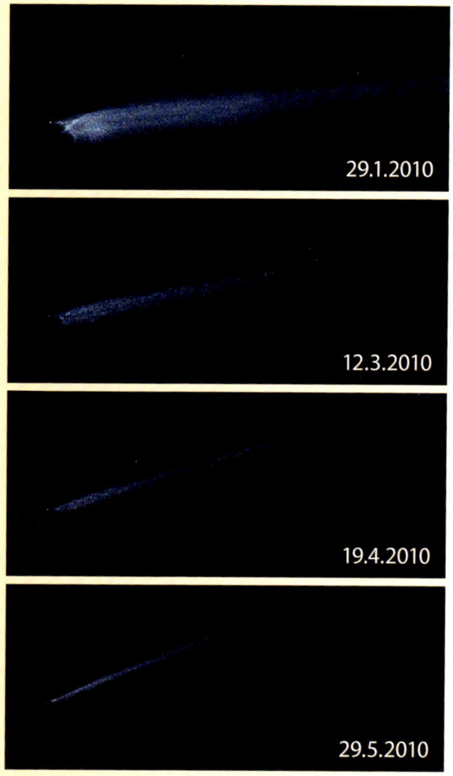

erst bei einer engen Jupiterpasssage 1963 in seine derzeitige Zentauren-Bahn gelenkt. Ebenso wird 78P/Gehrels nach mehreren Jupiterannäherungen in den nächsten Jahrzehnten voraussichtlich bis 2200 eine solche Bahn erreichen.

Der Prototyp dieser Klasse wurde 1977 entdeckt und zunächst als Kleinplanet 2060 Chiron geführt. 1989 konnten dann kometare Eigenschaften nachgewiesen werden und das Objekt wird seither auch als Komet 95P/Chiron eingestuft. Seine Bahn kreuzt die von Saturn und eine knappe Annäherung könnte zu einer Umwandlung in einen Jupiterfamilie-Kometen führen. Doch auch die bereits wesentlich früher entdeckten Kometen 29P, 39P und der Kleinplanet (944) Hidalgo lassen sich nach ihrer Bahncharakteristik als Zentauren einordnen.

Die Vertreter der Chiron-Familie gehören zu

Die wichtigsten Zentauren					
Bezeichnung	**Entdeckung**	**Umlaufzeit**	**Periheldistanz**	**Apheldistanz**	**Kometare Aktivität**
(944) Hidalgo	1920	13,8a	1,95AE	9,54AE	nein
29P/Schwassmann-Wachmann	1927	14,6a	5,72AE	6,25AE	ja
39P/Oterma	1943	19,4a	5,47AE	8,99AE	ja
95P/Chiron	1977	5,62 a	8,51AE	18,89AE	ja
(5145) Pholus	1992	91,8a	8,73AE	31,98AE	nein
(7066) Nessus	1993	122,4a	11,83AE	37,48AE	nein
(8405) Asbolus	1995	76,9a	6,84AE	29,31AE	nein
(10199) Chariklo	1997	63,2a	13,08AE	18,66AE	nein
165P/LINEAR	2000	76,4a	6,85AE	29,15AE	ja
174P/Echeclus	2000	35,6a	5,85AE	15,69AE	ja
166P/NEAT	2001	51,4a	8,56AE	19,10AE	ja
C/2001 M10 (NEAT)	2001	137,6a	5,30AE	48,01AE	ja
167P/CINEOS	2004	65,2a	11,78AE	20,60AE	ja
P/2004 A1 (LONEOS)	2004	22,2a	5,46AE	10,33AE	ja

den größten Kometen, 95P/Chiron dürfte etwa 160km Durchmesser aufweisen, der größte bekannte Zentaur ist Chariklo mit ca. 260km.

Die Aktivität der Zentauren kann nicht durch Sublimation von Wassereis erklärt werden, da die Temperatur in einem Sonnenabstand zwischen 5AE und 8AE zu niedrig ist. Die wahrscheinlichste Erklärung für die Koma-Entstehung außerhalb der Jupiterbahn ist im Phasenübergang von amorphem zu kristallinem Eis zu suchen. Das Ausgasen von im Eis eingeschlossenen CO oder CO_2 ist in dieser Sonnenentfernung bereits möglich und könnte als Auslöser eine Rolle spielen.

Sonnenstreifer

Als Sungrazer oder Sonnenstreifer werden Kometen zusammengefasst, die im Perihel der Sonne extrem nahe kommen oder sogar in die Sonne stürzen. Auf Basis ähnlicher Bahnelemente können mehrere Untergruppen gebildet werden, der Sonne am nächsten kommen dabei die Mitglieder der Kreutz-Gruppe. Sie ist nach dem deutschen Astronomen Heinrich Kreutz benannt, der die Bahnähnlichkeiten der Kometen von 1843, 1880 und 1882 feststellte und auf einen gemeinsamen Ursprung in Form eines

Helle Mitglieder der Kreutz-Gruppe				
Bezeichnung	**Periheldistanz**	**Bahnneigung**	**Maximale Helligkeit**	**Subgruppe**
C/1843 D1 (Klinkenberg)	0,0055AE	144,38°	-7^m	I
C/1880 C1 (Gr. Südkomet)	0,0055AE	144,52°	-6^m	I
C/1882 R1 (Gr. Septemberkomet)	0,0077AE	142,01°	-15^m	II
C/1887 B1 (Gr. Südkomet)	0,0048AE	144,38°	-4^m	I
C/1945 X1 (du Toit)	0,0075AE	141,87°	$+7^m$	II
C/1963 R1 (Pereyra)	0,0051AE	144,58°	$+2^m$	I
C/1965 S1 (Ikeya-Seki)	0,0078AE	141,86°	-10^m	II
C/1970 K1 (White-Ortiz-Bolelli)	0,0089AE	139,07°	$+1^m$	IIa?
C/2011 W3 (Lovejoy)	0,0055AE	134,36°	-3^m	?

Transneptunische Objekte

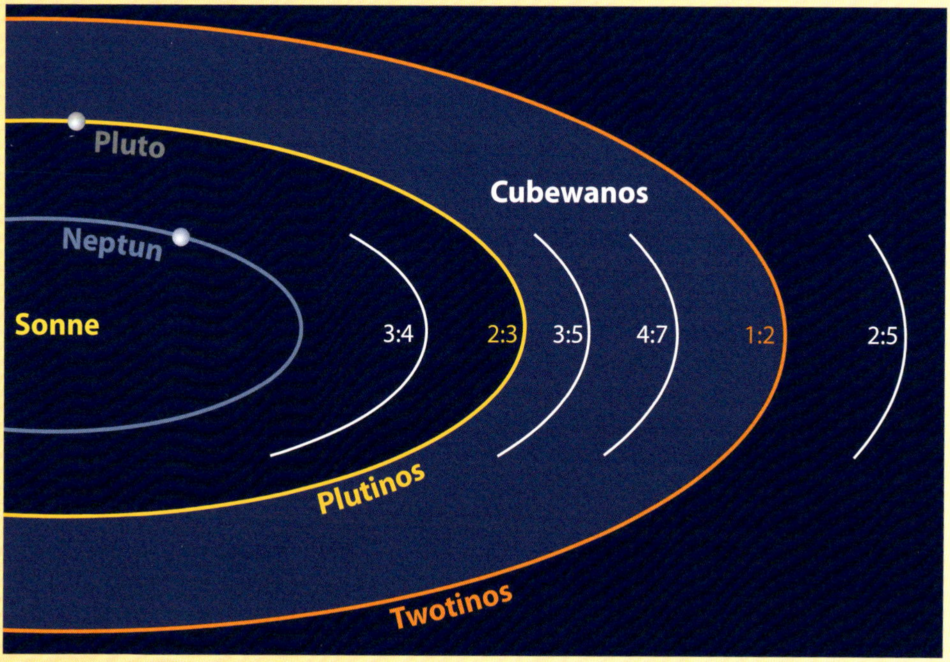

▲ **Resonante Objekte des Kuipergürtels:** Plutinos, Twotinos und Cubewanos (benannt nach 1992 QB_1, dem ersten transneptunischen Objekt, das nach Pluto gefunden wurde).

Objekte des Sonnensystems, die sich außerhalb der Neptunbahn bewegen, werden als Transneptunische Objekte (TNO) zusammengefasst. Nach der Entdeckung von Pluto im Jahre 1930 wurden erst in den letzten 20 Jahren weitere solche Himmelskörper gefunden. Derzeit sind etwa 1250 bekannt. Ihre Durchmesser reichen von 50km bis etwa 2400km. Abhängig von ihrer Sonnenentfernung kann man zwei Gruppen unterscheiden: Die Kuipergürtel-Objekte (KBO) auf Bahnen zwischen 30AE und 50AE und die Scattered Disc-Objekte in Entfernungen zwischen 55AE und 100AE. Die beiden Gruppen teilten sich vermutlich durch den gravitativen Einfluss Neptuns aus einer gemeinsamen Urwolke. Die Kuipergürtel-Objekte lassen sich nochmals in zwei Gruppen unterteilen: Die klassischen KBO oder Cubewanos bewegen sich auf bis zu 30° geneigten, fast kreisförmigen Bahnen in 40AE bis 50AE Sonnenentfernung. Etwa zwei Drittel der Kuipergürtel-Objekte zählen zu dieser Gruppe, die bekanntesten sind Varuna, Quaoar, Haumea und Makemake. Die zweite Gruppe besteht aus den resonanten Kuipergürtel-Objekten, die in 2:1- (»Twotinos«), oder 3:2- (»Plutinos«) Resonanz zu Neptun stehen. Periheldistanzen innerhalb der Neptunbahn sind – geschützt durch die Resonanz – möglich. Hier sind

zerfallenen Riesenkometen zurückführte. Ihre Bahnen bringen sie auf extrem langgestreckten Ellipsen bis auf etwa 0,005AE an den Sonnenmittelpunkt heran, eine Umlaufzeit zwischen 500 und 1000 Jahren bei einer großen Halbachse von rund 150AE wird angenommen. Eine genaues Fragmentierungs-Modell der hellen Kreutz-Kometen berechnete Zdenek Sekanina. Es unterscheidet zwei Subgruppen, die sich in Bahnneigung und Periheldistanz ähneln. Ein gemeinsamer Vorgängerkomet

die bekanntesten Vertreter Pluto, Orcus und Ixion. Die Scattered Disc-Objekte (SDO) oder »gestreute Kuipergürtel-Objekte« laufen auf exzentrischen und stärker geneigten Bahnen. Ihre Perihele können bei etwa 30AE nahe der Neptunbahn liegen, die Aphele reichen bis in eine Entfernung von 100AE. Im Unterschied zu den Kuipergürtel-Objekten können sie von Neptun gestört werden, eine Unterscheidung zwischen den beiden Gruppen ist aber nicht immer eindeutig möglich.
Es gibt noch weitere Transneptunische Objekte, die möglicherweise nicht im Einflussbereich Neptuns stehen oder deren Resonanz noch nicht gefunden wurde. Bei Periheldistanzen zwischen 40AE und 80E bewegen sich diese Objekte sehr langsam, was die exakte Bahndefinition schwierig macht. Bekanntes Mitglied dieser Gruppe von derzeit noch »losgelösten« (detached) Objekten ist Sedna. Mit einem Durchmesser von rund 1000km, einer Umlaufzeit von ca. 10000 Jahren und einer Apheldistanz von 940AE ein ganz besonderer Himmelskörper. Noch außergewöhnlicher ist die Bahn von 2004 XR_{190}: Ein Transneptunisches Objekt, welches sich auf einer um 44° geneigten, nahezu kreisförmigen Bahn im Sonnenabstand zwischen 52AE und 62AE bewegt ist bisher einzigartig.
Nach den bisherigen Erkenntnissen aus Spektralanalysen gleichen viele der Kuipergürtel-Objekte von ihrer Zusammensetzung Kometen und bestehen zu großen Teilen aus Methan-, Ammoniak- und Wasser-Eis. Die kurzperiodischen Kometen der Jupiter-Familie dürften ursprünglich Kuipergürtel-Objekte oder Scattered Disc-Objekte gewesen sein und durch Bahnstörungen und Zusammenstöße, sowie über die evolutionäre Zwischenstufe als Zentauren, auf ihre derzeitigen Bahnen gelangt sein.

– selbst ein Superfragment – wird in X/1106 C1 vermutet. Der Mutterkörper ist nach wie vor unbekannt, als wahrscheinlichster Kandidat gilt aber der Komet aus dem Jahre –371, von dem auch eine Spaltung in zwei Teile überliefert ist.

Die meisten dieser Kometenbruchstücke der Kreutz-Gruppe messen nur zwischen 20m und 130m im Durchmesser und sind ausschließlich mithilfe der Sonnenbeobachtungssonde SOHO zu entdecken. 100 bis 150 von ihnen werden durchschnittlich jedes Jahr auf den SOHO-Aufnahmen gefunden. Größere Kometen sind selten, gehören aber dann zu den hellsten Kometen überhaupt, wie etwa der Große Septemberkomet von 1882 und C/1965 S1 (Ikeya-Seki). Die Mindestgröße für ein Überleben des Periheldurchganges wird bei etwa 1km angesetzt. Nur ein einziger Kreutz-Komet wurde in den letzten 40 Jahren von der Erde aus entdeckt und überlebte seine Sonnennähe: C/2011 W3 (Lovejoy) überraschte im Januar 2012, da sein Durchmesser ursprünglich wesentlich kleiner geschätzt worden war.

Seit dem Start von SOHO im Jahre 1996 wurden mehr als 2400 sonnennahe Kometen entdeckt, etwa 85% davon gehören der Kreutz-Gruppe an. Daneben werden die Kracht-, die Marsden und die Meyer-Gruppe unterschieden. Im Gegensatz zu den Kreutz-Kometen erscheinen deren Mitglieder auf den SOHO-Bildern rein stellar. Auch sporadische Kometen, die keiner Gruppe zugeordnet werden können, treten auf.

Der erste als periodisch erkannte SOHO-Komet war der 1999 entdeckte P/2007 R5 (SOHO). Seine Bahn ist nach drei beobachteten Periheldurchgängen relativ genau bestimmt. Er läuft auf einer stabilen Bahn mit einer Umlaufzeit von 4,0 Jahren und könnte ein erloschener Kern eines Jupiterfamilie-Kometen sein.

Die genaue Bestimmung der Bahnen vieler sonnennaher Kometen ist aufgrund der kurzen Bahnbögen schwierig. Einige Kometen konnten dennoch aufgrund ähnlicher Bahnparameter zu Gruppen zusammengefasst werden. Die Mitglieder der Marsden- und der verwandten Kracht-Gruppe umrunden auf kurzperiodischen Bahnen mit Perioden zwischen 5,5 und 6,0 Jahren die Sonne. Es werden demnach kaum noch neue Kometen dieser Gruppe entdeckt. Sie kommen auch nicht so nahe an die Sonne heran wie die Mitglieder der Kreutz-Gruppe: Ihr durchschnittlicher Perihelabstand beträgt 0,048AE. Zur Unterscheidung von den »echten« Sungrazern

▼ **Der einzige helle Komet der Kreutz-Familie** der letzten 40 Jahre war C/2011 W3 (Lovejoy), hier aufgenommen von Bord der ISS im Dezember 2011.

Übersicht sonnennaher Kometen-Gruppen

Bezeichnung	Mitglieder	Periheldistanz
Kreutz	>2000	0,005AE bis 0,009AE
Marsden	34	0,048AE
Kracht	38	0,046AE
Meyer	108	0,036AE

werden sie daher auch als »Sunskirter« bezeichnet. Aufgrund der Bahnelemente werden Zusammenhänge mit den Meteorströmen der Arietiden und Südlichen Delta-Aquariden, den Quadrantiden, deren Mutterkörper 2003 EH1 und mit der Bahn von 96P/Machholz vermutet. Eine Zusammenfassung als Machholz-Komplex ist damit möglich. Es wird angenommen, dass diese Kometen-Gruppen sich um das Jahr 1000 von 96P/Machholz abgespalten haben.

Kometen der Meyer-Gruppe werden langperiodische Parabelbahnen mit Periheldistanzen zwischen 0,03AE und 0,04AE und Bahnneigungen zwischen 70° und 77° zugeordnet. Sie sind zahlreicher als die Marsden- und Kracht-Kometen, ein zugehöriger Ursprungskomet konnte noch nicht gefunden werden.

▼ **Fragmentierungsmodell** der hellen Kreutz-Kometen (nach Sekanina & Chordas).

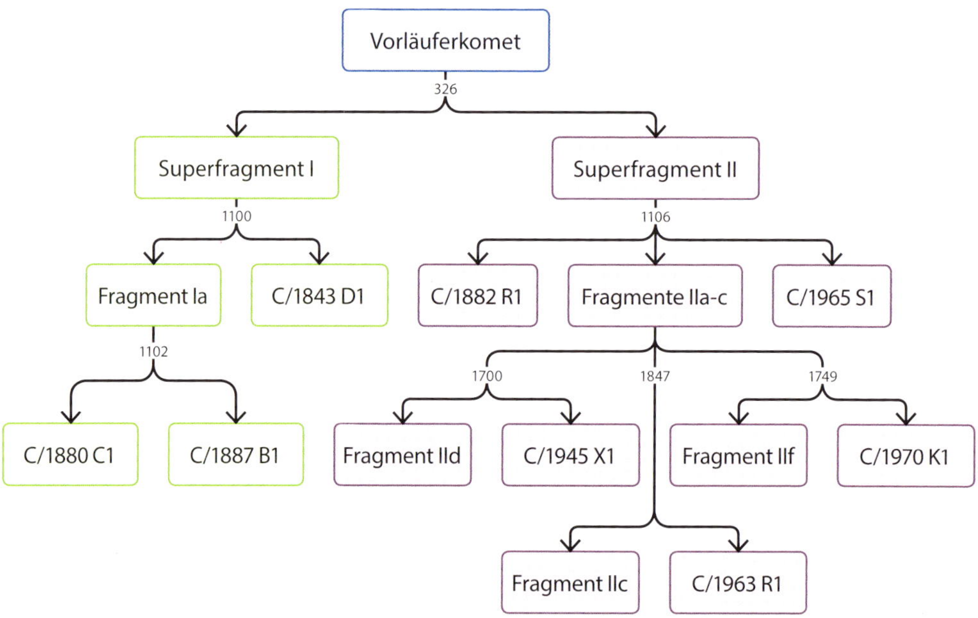

Annäherung an die Sonne

Gasentwicklung

Solange sich Kometen im äußeren Bereich des Sonnensystems aufhalten, sind sie kaum von anderen Kleinkörpern zu unterscheiden. Zwar empfängt der Komet auch dort Energie von der Sonne, die Strahlung ist aber meist zu gering, um die Temperatur ausreichend anzuheben und zu Ausgasung und Bildung einer sichtbaren Koma zu führen. Emissionen von Cyan (CN) konnten schon bis zu einer Sonnendistanz von 11AE festgestellt werden. Ab einem Sonnenabstand von etwa 7AE beginnt die Aktivität langsam zu steigen. Leicht flüchtige Stoffe werden vom Sonnenwind von der Oberfläche gelöst und eine Reihe chemischer und physikalischer Prozesse beginnt einzusetzen. Mit abnehmender Sonnendistanz und zunehmender Sonneneinstrahlung wird die Oberfläche des Kernes erwärmt und die Sublimation setzt ein. Dabei gehen nach und nach gefrorene Substanzen in den gasförmigen Zustand über. Ab 6,5AE kann Kohlenmonoxid (CO) freigesetzt werden, ab 6AE Ammoniak (NH_3) und ab 5AE Hydroxyl-Radikale (OH), molekularer Kohlenstoff (C_2) und Methanol (CH_3OH).

Die Entwicklung der Ausgasung ist sehr komplex und verläuft für kurzperiodische und langperiodische Kometen unterschiedlich. Kurzperiodische Kometen haben nach zahlreichen Periheldurchläufen bereits viel von ihren flüchtigen Substanzen verloren und ihre Oberfläche ist von einer dicken Kruste aus vormals freigesetztem Staub bedeckt. Sie sind meist nach dem Perihel aktiver, wenn die schützende Kruste aufgebrochen ist. Langperiodische Kometen, insbesondere solche, die zum ersten Mal in Sonnennähe kommen, können hingegen an ihrer Oberfläche noch größere Mengen an leicht flüchtigem Eis aufweisen. Daher sind Letztere bereits in größerer Sonnendistanz und vor dem Perihel wesentlich aktiver. Der wichtigste Faktor in der Ausbildung von Aktivitäten ist die heliozentrische Distanz. Daneben gibt es aber auch innerhalb einer Kometenfamilie erhebliche Unterschiede in der chemischen Zusammensetzung, im Staub- und

In Kometen nachgewiesene Moleküle am Beispiel C/1995 O1 (Hale-Bopp)

Kategorie	Molekül	Relativer Anteil	Bezeichnung
H	H_2O	100	Wasser
C, O	CO	23	Kohlenmonoxid
	CO_2	6,0	Kohlendioxid
C, H	CH_4	1,5	Methan
	C_2H_6	0,6	Ethan
	C_2H_2	0,2	Acetylen
C, O, H	CH_3OH	2,4	Methanol
	HCHO	1,1	Formaldehyd
	$C_2H_6O_2$	0,25	Ethylenglykol
N	NH_3	0,7	Ammoniak
	HCN	0,25	Cyanwasserstoff
S	H_2S	1,5	Schwefelwasserstoff
	OCS	0,4	Carbonylsulfid
	SO	0,3	Schwefelmonoxid
	SO_2	0,2	Schwefeldioxid
	CS_2	0,17	Kohlenstoffdisulfid

Gasverhältnis, in Oberflächenstruktur und Albedo und im Anteil aktiver Oberflächenregionen, die zu verschiedenen Abläufen in der Aktivitätsentwicklung führen können.

Die mittels Spektralanalyse nachgewiesenen Elemente in der Koma lassen nicht ohne weiteres auf die Zusammensetzung des Kernes und des darin enthaltenen Eises schließen. Die freigesetzten Moleküle werden durch den UV-Einfluss der Sonnenstrahlung über Photodissoziation rasch in andere Moleküle, Radikale oder Atome umgewandelt. Aus den ursprünglichen »Muttermolekülen« des kometaren Eises von H_2O, CO, CO_2, CH_4 und NH_3 werden so die »Tochtermoleküle« H, OH, CH, 0, C, CO+ und NH, welche dann in der Koma beobachtet werden können. Wegen ihrer Kurzlebigkeit und Existenz meist nur im kernnahen Bereich sind die Muttermoleküle von der Erde aus schwierig nachzuweisen. Ihre Lebensdauer in 1 AE Sonnendistanz schwankt zwischen 1,3 Sekunden für Methan (CH_4), 1,4 Stunden für Formaldehyd (CH_2O) und 5,8 Tage für CO_2. Erst seit wenigen Jahren ist es möglich, Muttermoleküle mithilfe von Infrarot- und Radioteleskopen in Kometen direkt festzustellen. So wurden etwa 2010 mithilfe des Herschel-Infrarot-Teleskopes Ammoniak und andere Muttermoleküle in 10P/Tempel nachgewiesen. In zwei der erdnächsten Kometen der letzten Jahrzehnte – C/1983 H1 (IRAS-Araki-Alcock) und C/1996 B2 (Hyakutake) – konnte als Muttermolekül das seltene und sehr kurzlebige Schwefelmolekül S_2 nachgewiesen werden. Insgesamt sind heute rund 25 Muttermoleküle identifiziert.

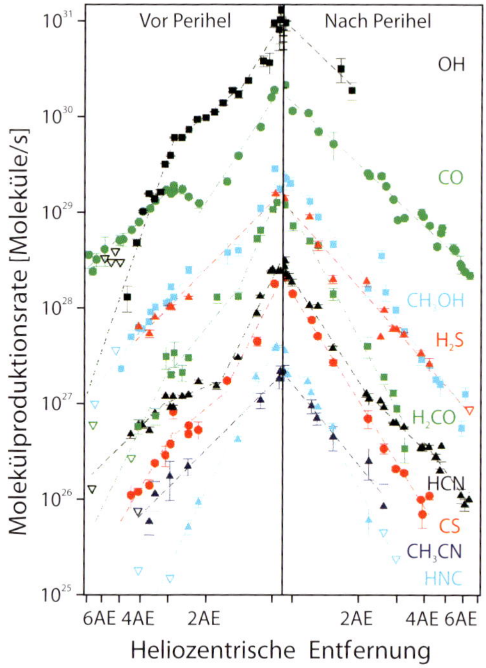

▲ **Molekülproduktion in unterschiedlicher Sonnenentfernung** am Beispiel C/1995 O1 (Hale-Bopp). Bis in eine Entfernung von etwa 3,5AE ist der Ausstoß von CO dominant (nach Biver).

Wasserproduktion

Die Sublimation von Wassereis und die Freisetzung der darin eingeschlossenen Moleküle und Staubteilchen ist der dominierende Mechanismus der Kometenaktivität in Sonnennähe. Es ist ein kombinierter Prozess, der an der Oberfläche und

Sublimation

Sublimation ist der direkte Übergang eines festen Stoffes in die Gasphase. Unter irdischen Bedingungen kann das bei festem Kohlenstoffdioxid (Trockeneis) beobachtet werden: Aus dem Feststoff entsteht sofort das Gas, erkennbar an den nebligen Schwaden, welche es im Kontakt mit der feuchtigkeitshaltigen Umgebungsluft hervorruft. Eine Flüssigphase entsteht nicht. Auch Wassereis sublimiert unter irdischen Bedingungen in gewissem Maß: Im Winter trocknet auch gefrorene Wäsche auf der Leine.
Ob eine flüssige Phase entsteht, hängt vom Umgebungsdruck ab. Wenn der Druck sinkt, dann sinkt auch der Siedepunkt. Schließlich erreicht der Siedepunkt den Schmelzpunkt, dann entsteht keine Flüssigphase. Die Substanzen in Kometenkernen unterliegen keinem merklichen äußeren Druck und sublimieren daher.

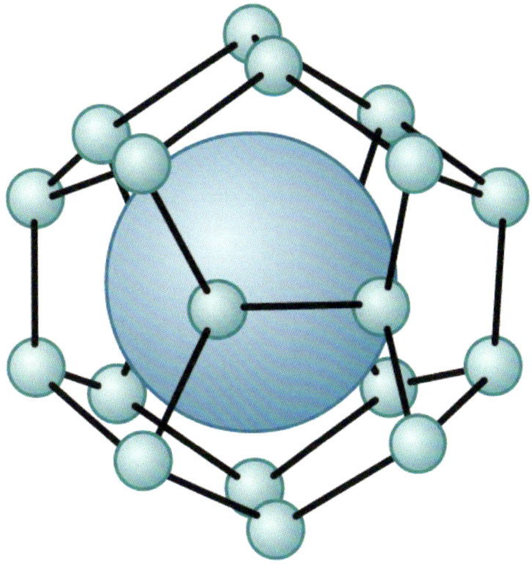

▶ **Wasser kann so kristallisieren,** dass in der Kristallstruktur Hohlräume verbleiben. Solche Hohlräume können dann andere Moleküle einschließen. Man bezeichnet diese Kristallstrukturen als Käfigmoleküle oder Klathrate. Wasser kann etwa 15 Molekül-Prozent an Fremdbestandteilen einschließen.

unter der Oberfläche des Kometenkerns stattfindet. Bis zu 80% des freigesetzten flüchtigen Gases ist dabei Wasserdampf. Die Sublimation beginnt ab ca. 3AE Sonnenentfernung, die leicht flüchtigen Bestandteile sind bei dieser Sonnenentfernung nicht mehr vorhanden. Die Wassersublimation geschieht nicht auf der gesamten Fläche des Kometenkerns, sondern ist auf sog. Aktivitätszentren verteilt. Diese Zentren, die nur zwischen 5% und 20% der Kernoberfläche ausmachen, genügen, um den Kern durch Sublimation zu kühlen und den weiteren Temperaturanstieg zu verhindern. Die mit der Sublimation verbundene Destruktion des Kernmaterials setzt die Festbestandteile wie Staub frei. Ein Temperaturanstieg über die Sublimationstemperatur hinaus findet nicht statt. Kometen verlieren bei einem Periheldurchgang einen merklichen Anteil ihrer Gesamtmasse. Die Gasentwicklung kann in Sonnennähe 1 Tonne je Sekunde oder sogar mehr betragen.

Gemessen wird der Grad der Wasserproduktion meist über die Dissoziationsprodukte, OH, O und H. Der direkte Nachweis von H_2O ist seit einiger Zeit bei hellen Kometen mittels Infrarot-Spektroskopie möglich. Die Wasserproduktionsrate für 1P/Halley wurde beispielsweise mit $1-1{,}7\times10^{30}$ Wassermolekülen pro Sekunde bestimmt, das entspricht 33 bis 56 Tonnen Wasser pro Sekunde.

Spektroskopische Beobachtungen ergaben, dass die Koma auch in starker Sonnennähe erhebliche Mengen an leicht flüchtigen Gasen enthält. Diese können aber nicht mehr in freier (sublimierbarer) Form vorhanden sein. Vielmehr sind diese Stoffe in die Gitterstruktur des Wassereises eingebaut und werden bei dessen Sublimation mit frei. Freigesetzte Moleküle haben eine Anfangsgeschwindigkeit, die von der kinetischen Energie bei der Freisetzung herrührt. Das Gas strömt mit 500m pro Sekunde vom Kern ab und bildet damit die verglichen mit dem Kern riesige Koma.

▼ **In großer Entfernung zur Sonne** befindet sich der Kometenkern nahezu im Strahlungsgleichgewicht (oben). Die empfangene Strahlungsleistung wird als langwellige Infrarot-Strahlung wieder abgegeben. Ein kleiner Anteil dient der Erwärmung des Kerns. Mit Beginn der Sublimation (Mitte) stoppt die Erwärmung des Kometen. Die Leistungsabgabe erfolgt z.T. als Infrarot-Strahlung und z.T. durch Sublimation. In großer Sonnennähe ist die Sublimationsrate so hoch, dass die Infrarot-Abstrahlung kaum noch einen Anteil am Energiehaushalt besitzt (unten).

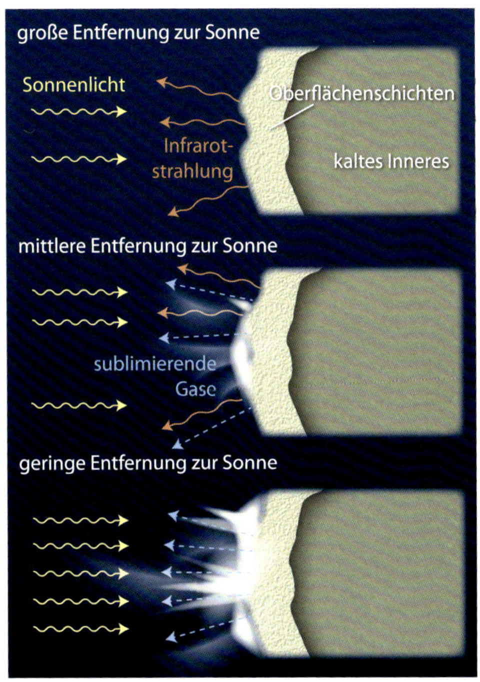

Sublimationstemperaturen bei 1AE Sonnenentfernung und rotierendem Kern

Stoff	chem. Formel	Sublimationstemperatur	Gehalt an den Kerngasen ca.
Stickstoff	N_2	-240°C	0,1%
Kohlenstoffmonoxid	CO	-234°C	8,5%
Methan	CH_4	-223°C	0,8%
Formaldehyd	HCHO	-191°C	1,6%
Ammoniak	NH_3	-174°C	1,3%
Kohlenstoffdioxid	CO_2	-166°C	4,9%
Cyanwasserstoff	HCN	-133°C	0,1%
Wasser	H_2O	-78°C	81%

Mit Beginn der Sublimation wird der Kern durch die Sublimationswärme gekühlt. Ein weiterer Temperaturanstieg des Kerns erfolgt jetzt nicht mehr, der gesamte Energieeintrag wird in die Sublimation der leicht flüchtigen Bestandteile umgesetzt. Wenn eines dieser Bestandteile an der Oberfläche des Kerns verarmt, wenn also der Kern bezüglich dieser Komponente ausgegast ist, kommt es wieder zu einem Temperaturanstieg, bis die Sublimationstemperatur des nächsten Stoffes erreicht ist.

CO-dominierte Kometen

Wenn sich ein Komet zum ersten Mal der Sonne nähert, unterliegt er auch zum ersten Mal den durch die Sonnenstrahlung hervorgerufenen

Kometen-Spektren

Die Untersuchung von Kometen mittels Spektroskopie gibt es seit der zweiten Hälfte des 19. Jahrhunderts. Diese ersten Forschungsergebnisse zeigten, dass Kometen das kontinuierliche Spektrum der Sonne enthalten, also der Kometenstaub Sonnenlicht reflektiert. Aber auch Linien oder Bänder, die Hinweise auf im Kometen ionisierte Gasmoleküle geben, sind seit den Anfängen der Spektroskopie bekannt. Besonders Linien der Kohlenstoffmoleküle C_3 und C_2 wurden immer wieder vorgefunden. Die ersten fotografischen Kometenspektren wurden bei C/1881 K1 (Tebbutt) gewonnen und zeigten Emissionsbänder von Cyan (CN), und Kohlenstoff (C_3 und C_2). Die Entdeckung weiterer Moleküle und Radikale gelang dann bei den Kometen C/1907 L2 (Daniel) und 1908 R1 (Morehouse). Die Entstehung der Emissionslinien in den Kometen musste erst geklärt werden. Der Ursprung der Linien liegt in einem »Resonanz-Fluoreszenz«-Prozess, bei dem das Sonnenlicht von den Kometen-Molekülen absorbiert und anschließend im selben Wellenlängenbereich wieder emittiert wird. Die Identifizierung der Linien in den Kometen-Spektren ist ein schwieriger Prozess, der sich nicht ohne weiteres aus Vergleichen mit Labor-Spektren ableiten lässt. Pol Swings konnte 1941 die Verschiebungen der CN-Bänder auf den Doppler-Effekt zurückführen (»Swings-Effekt«).
Die Verteilung der Linien ist demnach von der Position des Kometen relativ zu Erde und Sonne abhängig. Daneben ist das Spektrum von Komet zu Komet unterschiedlich zusammengesetzt und auch zwischen Koma und Schweif ergeben sich naturgemäß unterschiedliche Spektren. In der Koma wird vorwiegend CN, C_2, C_3, OH, NH, NH_2 gefunden, in den Schweifen unter anderem CO^+, CO_2^+ und N_2^+. Charakteristische Emissionslinien von sonnennahen Kometen sind metallische Ionen wie etwa Fe^+ und Ni^+. Die Entdeckung neuer Moleküle – vor allem im UV-Bereich – hält bis heute an. 2008 gelang etwa die Identifizierung von Anthracen ($C_{14}H_{10}$) in Messergebnissen der Halley-Sonde »Vega« von 1986.

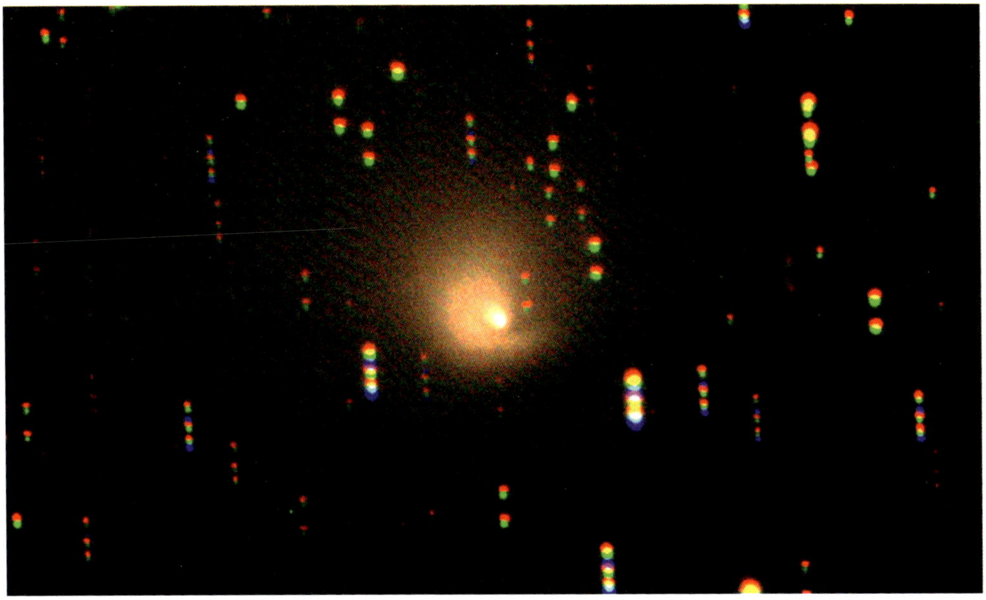

▲ **C/1995 O1 (Hale-Bopp) im Februar 2001** – in einer Sonnenentfernung von 13AE war der Komet nach wie vor aktiv.

Effekten. Zunächst wird die immer stärker eintreffende Strahlung zur Erwärmung der Oberfläche des Kerns führen. Durch die Wärmeleitung steigt auch die Temperatur im Inneren des Kometenkerns. Das Rückstrahlvermögen (die Albedo) von Kometen ist sehr gering, so dass die eintreffende Sonnenenergie fast vollständig im Kern gespeichert wird.

Ab einer Sonnenentfernung von ca. 5AE bis 7AE beginnen die leicht flüchtigen Bestandteile der Kometenoberfläche zu sublimieren. Der Komet entwickelt erstmals eine Koma. Wesentlicher Bestandteil dieser Gashülle ist Kohlenmonoxid (CO). Dieses Gas ist an der Oberfläche eines »frischen« Kernes in erheblicher Menge enthalten. Außerdem liegt die Sublimationstemperatur dieses Stoffes bei nur etwa -240°C, das ist nahezu der niedrigste Wert aller vorkommenden Stoffe.

Durch die Volatilität bei niedrigen Temperaturen kann CO_2 bis in einer Entfernung von 15AE, CO möglicherweise bis jenseits von 100AE sublimieren. Dabei werden auch kleine Staubpartikel mitgerissen und daher können solche Kometen bereits in großer Sonnendistanz kometar aktiv werden. Zusammenhänge zwischen der CO-Freisetzung und der Kristallisation von amorphen Eis unter der Oberfläche werden vermutet. In größerer Sonnendistanz findet daneben auch wesentlich weniger Photodissoziation statt – die gelösten Moleküle bleiben damit wesentlich länger stabil. Bespiele für aktive Kometen jenseits von 10AE Sonnenabstand gab es unter anderem mit C/1980 E1 (Bowell), C/1983 O1 (Cernis) und 1P/Halley.

Bekanntestes Beispiel für einen CO-reichen Kometen war aber C/1995 O1 (Hale-Bopp). Seine Entdeckung in 7,2AE Sonnenabstand ergab die Gelegenheit, die Aktivitätsentwicklung über einen längeren Zeitraum und in großer Entfernung zu studieren. Die Aktivität zwischen 7AE und 3,5AE war durch den Ausstoß von CO dominiert, bereits in einer Distanz von 6,5AE wurde etwa soviel CO ausgestoßen wie bei 1P/Halley im Abstand von 1AE. Ab der heliozentrischen Entfernung von 3,5AE wurde dann die Wassereis-Sublimation zum entscheidenden Prozess und blieb es bis zur Sonnennähe.

Als weitere CO-dominierte Kometen gelten C/2006 W3 (Christensen), C/1961 R1 (Humason) und C/1908 R1 (Morehouse). Auch die Aktivität von Chiron-Kometen wie etwa 29P/

Schwassmann-Wachmann dürfte im Zusammenhang mit der Ausgasung von CO stehen. Das Vorkommen des Moleküles wurde in diesem Kometen bereits 1993 nachgewiesen.

Kristallisation von amorphem Eis

Eine weitere Möglichkeit, Kometenaktivität in größeren heliozentrischen Distanzen – auch außerhalb von 6AE – zu erklären, wird im Phasenübergang von amorphem zu kristallinem Eis und der damit verbundenen Freisetzung von Gasen vermutet. Dieser Übergang geschieht im Kern-Inneren bei einer Temperatur von etwa –150°C. Im Gegensatz zur Sublimation kann dieser Prozess daher Kometenaktivität in Distanzen zwischen 6AE und 20AE erklären. Ein solches Modell steht dem »Klathrat-Hydrat«-Modell gegenüber, da dieses einige Fragen offen lässt, denn die Mengen an beobachteten Molekülen lassen sich nicht mit dem Einschluss in Klathraten erklären, außerdem ist die Bildung von Klathraten bei tiefen Temperaturen und geringem Druck kaum möglich. Die Moleküle können aber auch in amorphem Eis eingeschlossen sein und hier auch unter tiefen Temperaturen beim Übergang zu kristallinem Eis freigesetzt werden. Besonders in Zusammenhang mit eingeschlossenem CO ist hier ein Erklärungsmechanismus für aktive Kometen bzw. Ausbrüche in großer Sonnendistanz vorhanden. Als Beispiel gilt der Aktivitätsausbruch von 1P/Halley im Jahr 1991 bei einer Sonnenentfernung von über 14AE. Auch als Auslöser für das explosive Ausbruchsereignis bei Komet 17P/Holmes im Jahr 2007 gilt die Kristallisation von gasgeladenem amorphem Eis unter der Kernoberfläche.

Staubentwicklung

Freisetzung und Beschleunigung

Der Kometenkern enthält neben dem Eis und den leicht flüchtigen Gasen auch mineralische Bestandteile. Dies sind hauptsächlich Silikate, Eisenoxide und kohlige Chondrite: Kometenstaub enthält etwa 5% Kohlenstoff. Wenn das Wasser sublimiert, dann werden auch diese Bestandteile frei, an der Kometenoberfläche vom Gasstrom erfasst und mitgerissen. Die einzelnen Teilchen sind irregulär geformt und hochporös, bis 50% des Volumens wird von Hohlräumen eingenommen. Aktive Kometen können mehrere Tonnen Staub je Sekunde freisetzen.

Durch die Geschwindigkeit des vom Kern abströmenden Gases werden die Staubteilchen beschleunigt und nähern sich asymptotisch einer Endgeschwindigkeit an, die etwa 75% der

Eis

Im inneren Sonnensystem kommt Eis relativ selten vor. Außer in Kometenkernen ist es vor allem als Wassereis in den Polkappen und Gletschern der Erde und als CO_2-Eis in den Polkappen von Mars zu finden. Im äußeren Sonnensystem findet man vor allem Eis von CO, CO_2, NH_3 und CH_4 auf den Jupitermonden Europa, Ganymed und Kallisto, auf dem Saturnmond Titan, dem Neptunmond Triton und zahlreichen Transneptunischen Objekten vor. Wassereis existiert je nach Temperatur und Druck in 15 verschiedenen kristallinen Formen, auf der Erde findet man vor allem hexagonale und kubische Formen. Kristallines Eis bildet sich nur unter Temperaturen oberhalb von –160°C.

Amorphes Eis weist im Gegensatz zu kristallinem keine Kristallordnung auf, es ist glasartig. Je nach vorhandenem Druck bei der Bildung gilt es niederdichtes, hochdichtes und sehr hochdichtes Eis zu unterscheiden. Es kommt auch unter tiefsten Temperaturen vor und ist daher im äußeren Sonnensystem verbreitet.

In Kometen kann amorphes Eis durch solare Erwärmung bei Temperaturen zwischen –180°C und –130°C in kristallines Eis umgewandelt werden. Dabei kommt es zur Freisetzung von eingeschlossenen Gasen.

▲ **Chondrite sind Mineralien,** in deren feinkörniger Grundmasse größere Kügelchen, sog. Chondren eingebettet sind. Im Falle der kohligen Chondrite ist Kohlenstoff eingebettet. Die Einschlüsse können aus elementarem Kohlenstoff (Graphit), Karbonaten oder organischen Verbindungen bestehen. Ein Teil der Steinmeteorite enthält solche Einschlüsse, aber auch ein Teil des Kometenstaubes hat diesen Aufbau. Kometenchondrite sind besonders wasserreich.

Gasgeschwindigkeit beträgt. Diese ist hoch und nimmt mit Annäherung an die Sonne zu: Von 400m/s bei 3AE Sonnendistanz bis etwa 1km/s bei 0,5AE. Ein Gasteilchen kann somit pro Tag bis zu 50000km zurücklegen und damit einen Großteil der Koma durchqueren. Da die radiale Geschwindigkeit des Staubes mit 300m/s bis 750m/s geringer als die der Gase ist, wird der innere Teil der Koma staubreich.

Teilchengröße

Der Staub in der Koma wird durch die Reflexion von Sonnenlicht sichtbar. Dieser Anteil der Komahelligkeit stammt von Partikeln im Mikrometerbereich. Kleinere Teilchen führen zur Beugung des Lichtes, aber nicht zur Reflexion. Sie sind demnach von der Erde aus unsichtbar, ultrafeine Partikel bis zu einer Größe von 10^{-16}g konnten erst bei den Halley-Missionen nachgewiesen werden.

Ob die Teilchen vom Kern gelöst werden und in die Koma und später den Schweif übergehen, oder wieder zurück an die Oberfläche sinken, hängt dabei von Gravitation, Teilchengröße sowie Gasdichte und -geschwindigkeit ab. Teilchen, die nicht in die Koma gelangen, verbleiben auf dem Kern und bedecken diesen mit einer isolierenden Kruste. Insgesamt werden Staubteilchen stark unterschiedlicher Größenordnung freigesetzt, im Submikrometer-, Mikrometer- und Millimeter-Bereich. Bei entsprechenden Bedingungen können auch große Partikel in der Größenordnung von Zentimetern weggeblasen werden. Die Größenverteilung variiert dabei von Komet zu Komet und innerhalb der Koma je nach Abstand vom Kern.

Zusammensetzung

Kometarer Staub besteht aus einer Mischung der organischen Elemente C, H, O und N und gesteinsbildenden Silikaten (Si, Mg, Ca, Fe) . Zusammengefasst bezeichnet man erstere als »CHON-Partikel«. Im kernnahen Bereich gilt eine Kern-Mantel-Struktur als wahrscheinlich, wobei die Silikate den Kern der Staubteilchen bilden und ein zweiter Mantel aus Wassereis die Teilchen umhüllt. Sehr kleine Partikel bestehen aus reinem CHON-Material.

Silikate liegen in kristalliner und amorpher Form vor. Mg-reiche Olivine (Forsterit), Fe- und Ca-Pyroxene wurden bereits im Staub von Kometen C/1995 O1 (Hale-Bopp) nachgewiesen. Genaue Informationen über die Zusammensetzung von Kometenstaub sind seit der

▲ **Ein Staubpartikel** vom Kometen 81P/Wild, gesammelt während der Stardust-Mission. Es ist zwei Mikrometer groß und besteht aus dem Silikat Forsterit.

Stardust-Mission und den in situ gesammelten Proben vom Kometen 81P/Wild verfügbar und haben viele frühere Ergebnisse bestätigt. Überraschend waren die gefundenen komplexen mineralischen Elemente und ihr Entstehungsort bei Temperaturen von bis zu 1300°C. Metallische Komponenten wie Eisen, Aluminium, Titan, Vanadium, Nickel, Iridium und Molybdän waren ebenso enthalten wie schwere Isotope von Stickstoff und Wasserstoff (Deuterium). Letztere müssen wiederum unter sehr tiefen Temperaturen entstanden sein.

▼ **Der ungewöhnlich staubreiche C/2009 P1** (Garradd) wird vom NASA-Satelliten SWIFT im UV-Bereich bis in eine Sonnenentfernung von 5,5AE beobachtet (April 2013). Der Komet hat während seiner aktivsten Phase geschätzte 3,5 Tonnen Staub pro Sekunde freigesetzt. Sein Staub-zu-Gas-Verhältnis wird mit 2:1 beurteilt. Aufnahme vom April 2012.

Staub- und gasreiche Kometen

Der Anteil von Staub und Gas in Kometen kann sehr unterschiedlich sein. Nach ihrer Herkunft gelten langperiodische Kometen aus der Oortschen Wolke eher als gasreich und kurzperiodische Kometen eher als staubreich. Eine eindeutige Klassifizierung in staubreiche und gasreiche Objekte durch Polarimetrie-Ergebnisse (unterschiedliche Polarisation des in der Koma reflektierten Lichtes) ist umstritten. Kometen mit hohem Staubanteil zeigen im infraroten Licht eine höhere Farbtemperatur und Silikat-Emissionen. Im visuellen Licht ist ihr Rot-Anteil höher als der des Sonnenlichtes.

Als staubreich gelten die kurz- und mittelperiodischen Kometen 1P/Halley, 4P/Faye, 21P/Giacobini-Zinner, 22P/Kopff, 67P/Churyumov-Gerasimenko, 161P/Hartley-IRAS. Aber auch die langperiodischen C/1975 V1 (West), C/1988 A1 (Liller), C/1990 K1 (Levy), C/1995 O1 (Hale-Bopp), C/1996 B2 (Hyakutake) und zuletzt C/2009 P1 (Garradd) waren überdurchschnittlich staubreich.

Gasreiche Kometen sind im visuellen Licht durch ihren hohen Blau- und Grünanteil ausgezeichnet (verursacht durch die Fluoreszenz von CN und C_2). Beispiele sind unter anderem C/1996 Q1 (Tabur), C/2001 A1 (LINEAR), C/2007 N3 (Lulin), aber auch 103P/Hartley und 2P/Encke weisen einen hohen Gasanteil auf.

▼ **Einer der gasreichsten Kometen** der letzten Jahre war C/2007 N3 (Lulin), das Grün der Koma entsteht durch entsprechend leuchtendes fluoreszierendes Gas (CN und C_2), vermischt mit Staub.

Koma

Aufbau

Die Mischung aus freigesetzten Gasen und mitgerissenem Staub breitet sich rund um den Kometenkern aus und bildet eine Gas- und Staubhülle, die Koma. Sie expandiert in den Weltraum und in ihrem Inneren setzen eine Vielzahl von chemischen und physikalischen Prozessen ein. Sehr wenige Informationen gibt es über den unmittelbaren kernnahen Bereich und den Übergang zwischen Oberfläche und Koma. Ebenso wie der Kern selbst ist er von der Erde aus kaum zu beobachten. Größere Staubpartikel können hier noch durch die schwache Schwerkraft gebunden werden. Kleinere Teilchen werden von der Gasströmung mit hoher Geschwindigkeit abtransportiert.

Eine Einteilung in innere und äußere Koma ergibt sich durch unterschiedliche Vorgänge: Die innere Koma ist geprägt durch den Ausstoß neutraler Teilchen und die folgenden Dissoziations- und Photoionisationsprozesse, in der äußeren Koma kommt es verstärkt zur Plasma- und Sonnenwind-Interaktion. Eine genaue Abgrenzung zwischen Koma und der sich daraus bildenden Schweife ist schwierig. Eine strenge Definition der Koma könnte daher den Staub ausschließen und ihn zum Staubschweif rechnen. Ebenso könnte man die ionisierten Gase innerhalb der Koma zum Plasmaschweif zählen.

▼ **Koma-Aufbau im Modell:** Die durch Sublimation ständig freigesetzten Partikel bewegen sich mit Schallgeschwindigkeit vom Kern weg, werden unter Sonneneinstrahlung aufgespalten und bilden eine Schockfront (ähnlich einer Bugwelle). Wo die sich nach außen bewegenden Moleküle, Radikale und Ionen auf die heranströmenden Ionen des Sonnenwindes treffen, entsteht die so genannte Kontaktoberfläche. Der Sonnenwind nimmt Ionen aus der Koma auf und wird dabei abgebremst.

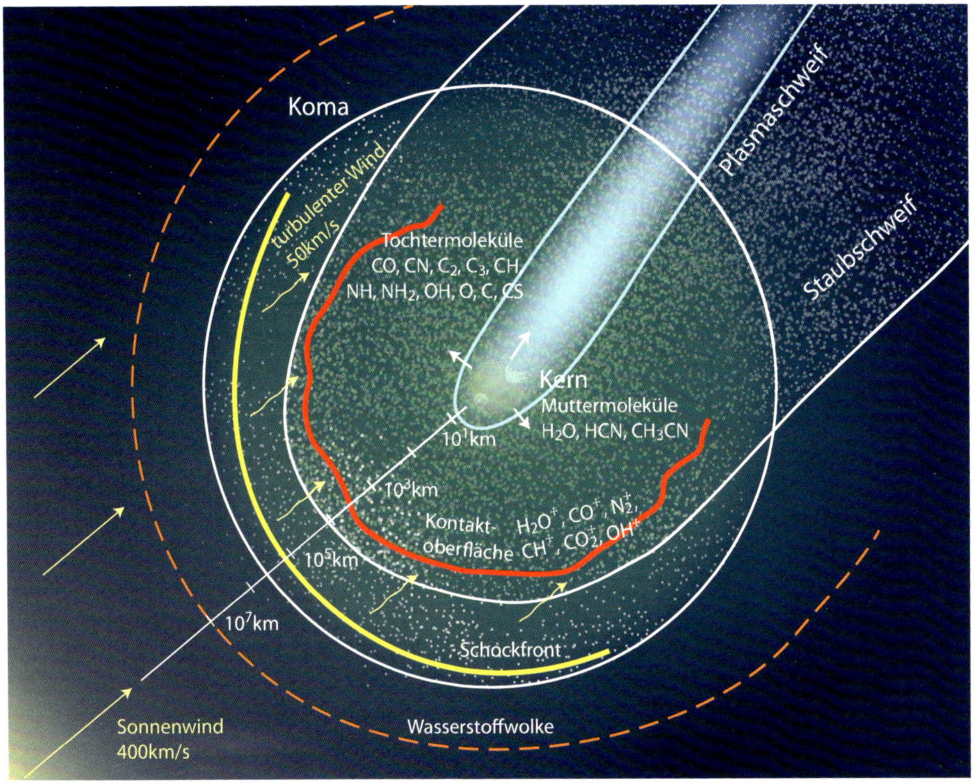

▲ **Die Koma von 17P/Holmes** dehnte sich beim extremen Aktivitätsausbruch im Herbst und Winter 2007/2008 auf 2 Millionen Kilometer aus – ein Wert weit über dem Sonnendurchmesser.

Größe

Die Koma erreicht ihre maximale Größe meist in einer Sonnenentfernung zwischen 1,5AE und 2AE. Nähert sich der Komet weiter der Sonne, beginnt die Koma wieder kleiner zu werden. In 0,5AE umfasst sie meist nur noch ein Drittel ihrer größten Ausdehnung. Bei 2P/Encke geht die Ausdehnung der Koma jeweils von etwa 400000km in 1,5AE bis auf 100000km im Perihel zurück. In Sonnennähe wird die Koma nicht mehr schnell genug mit neuem Material versorgt. Das freigesetzte Material wird ständig aus der Koma abgeführt und wandert in den sich bildenden Schweif. Eine eindeutige äußere Begrenzung der Koma ist schwer festzustellen, mit wachsender Entfernung vom Kern dünnt sie sich fortlaufend aus. Typische Koma-Durchmesser reichen von 50000km bis 500000km, besonders große Werte wurden für die Kometen C/1995 O1 (Hale-Bopp) und 17P/Holmes bestimmt. Komet Holmes erreichte 2007/2008 einen Komadurchmesser von über 2 Millionen Kilometer.

Koma-Modelle

Ebenso wie es Modelle für die Struktur und Zusammensetzung des Kernes gibt, wurden solche für die Vorgänge in der Koma entwickelt. Ein frühes Modell stammt von Arthur Eddington (1910) und beschreibt den parabelförmigen Auswurf von Staub ähnlich der Form des Wassers in einem Springbrunnen, es wird daher auch als »Fountain«-Modell bezeichnet. Der Komet wird dabei als punkt- und gleichförmige Emissionsquelle betrachtet, die Parabelbahnen der Teilchen entstehen durch Ausstoß vom Kern und die Ablenkung durch die Sonnenstrahlung. Noch immer in Verwendung ist das Modell von Haser und Swings (1957), das vor allem eine Formel für die Dichte in der Koma darstellt. Es geht ebenfalls von der stark vereinfachten Annahme aus, dass eine sphärische symmetrische Koma vorliegt, die durch gleichförmig mit konstanter Geschwindigkeit ausgestoßene neutrale Moleküle gebildet wird. Der wiederum als punktförmige Quelle angenommene homogene Kometenkern produziert durch Sublimation Muttermoleküle, welche durch Photodissoziation in einem Schritt zu Tochtermolekülen zerfallen.
Diese Modell-Annahmen gehen relativ weit an der realen Situation vorbei, welche wesentlich mehr Unregelmäßigkeiten beinhaltet, ergeben aber in der Berechnung dennoch brauchbare Ergebnisse.
Es gibt daneben zahlreiche neuere Modelle, welche die eng gekoppelten chemischen, physikalischen und hydrodynamischen Vorgänge in der Koma und die nicht-gleichförmigen und zeitlich variierenden Prozesse berücksichtigen. Bezugnehmend auf die unterschiedlichen Verhältnisse werden dabei auch eigene Modelle für innere und äußere Komabereiche zur Anwendung gebracht. Für die Berechnung und Simulation der Gasströme in der inneren wie äußeren Koma wird die Monte-Carlo-Direktsimulationsmethode verwendet, die auf numerischen Zufallsexperimenten beruht.

Innere Koma

Die innere Koma – ein Bereich bis etwa 1000km Distanz vom Kern – besteht aus neutralen und ionisierten Gasen und dem Kometenstaub, der ebenfalls noch eingeschlossene Gase freisetzen kann. Die Gase – vor allem H_2O – werden nach der Freisetzung durch Expansion abgekühlt, in weitere Folge aber durch die Sonnenstrahlung und chemische Reaktionen wieder erwärmt. Im Vordergrund stehen dabei Dissoziations- und Photoionisationsprozesse und Teilchen-Kollisionen. Im inneren Teil der Koma ist die Teilchendichte so hoch, dass es regelmäßig zu Zusammenstößen zwischen den Radikalen kommt. Dieses Gebiet wird deshalb auch Kollisionszone genannt. Die kollidierenden Teilchen rekombinieren dann, d.h., sie bilden den Ausgangsstoff wieder oder sie formen völlig neue Verbindungen. Ein besonders wichtiges Teilchen ist der aus atomarem Kohlenstoff gebildete molekulare Kohlenstoff C_2, da er starke Emissionslinien im sichtbaren Spektrum erzeugt. Freier atomarer Kohlenstoff kann durch Photodissoziation auf mehreren, teils komplexen Wegen aus den Oxiden und organischen Verbindungen entstehen. Bei der Bildung von molekularem Kohlenstoff wird ein Energiebetrag frei, welcher in Form von Strahlung abgegeben wird:

$$\mathbf{C + C \leftrightarrow C_2 + h\nu}$$

Der Doppelpfeil signalisiert die Umkehrbarkeit der Reaktion. C_2 kann durch energiereiche Lichtquanten gespalten werden und rekombiniert dann wieder unter Emission. hν ist das Lichtquant.

▼ **Zahlreiche Radikale** erzeugen Emissionslinien in der Kometenatmosphäre. Darunter befinden sich einige Linien des molekularen Kohlenstoffs C_2. Diese werden nach dem Physiker William Swan benannt. Die Doppellinie bei 516nm hat eine große Intensität und liegt im sichtbaren Bereich. Sie ist für die Kometenbeobachtung und -fotografie bedeutsam.

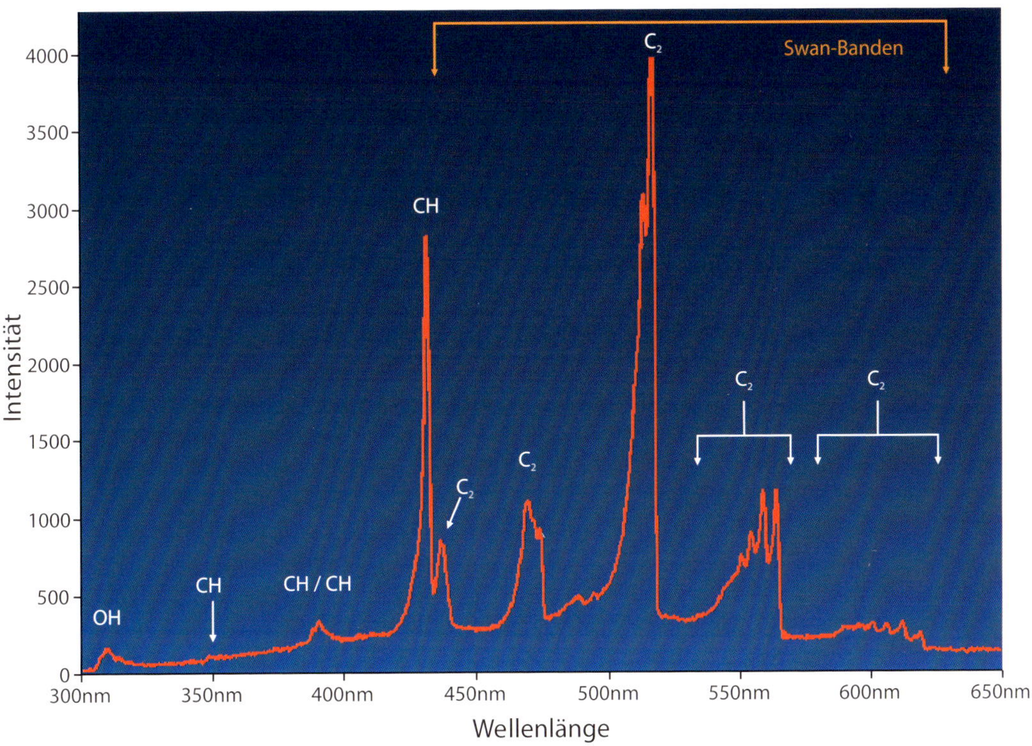

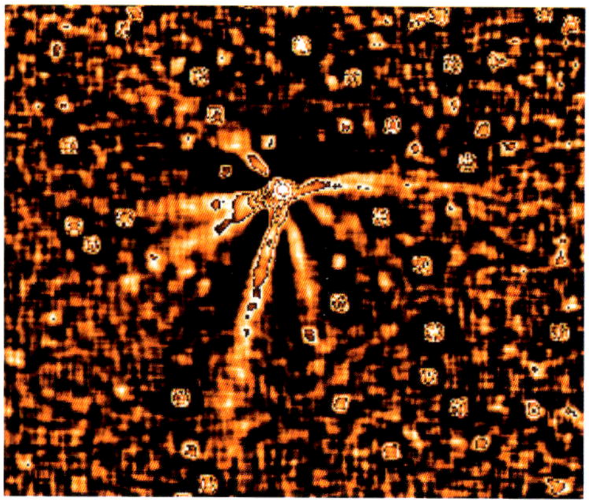

▲ **Mit speziellen Bildbearbeitungstechniken** und Filtern lassen sich Jets besonders gut abbilden. Im August 1996 konnten sieben Jets am Kometen C/1995 O1 (Hale-Bopp) mit dem 1,5m-Teleskop am La Silla-Observatorium nachgewiesen werden.

Jets

Bisweilen ist die Freisetzung von Material aus dem Kern in der inneren Koma direkt beobachtbar. Aus Reservoirs unter der Kernoberfläche dringt unter Einfluss der Sonnenstrahlung Gas explosionsartig nach außen und reißt Staub mit sich. Diese Staubfontänen treten nur in aktiven Regionen an der sonnenzugewandten Seite auf. Sie werden auch Jets genannt und wurden im Detail erstmals von GIOTTO an 1P/Halley beobachtet. Zunächst bewegt sich der Staub in Richtung Sonne, wird aber vom Strahlungsdruck der Sonne bald zurückgeworfen. Zusammen mit der Rotation des Kernes entstehen gemäß dem »Fountain«-Modell charakteristische parabelförmige bis spiralförmige Strukturen. In weiterer Folge können sich durch den regelmäßigen Ausstoß (jeweils unter Sonneneinstrahlung) die Enveloppen genannten Schalen in der inneren Koma bilden. Daraus lässt sich die Rotationsdauer des Kernes berechnen.

Äußere Koma

Der Bereich von der Kontaktoberfläche in rund 10000km bis etwa 10 Mio. km Distanz vom Kern kann als äußere Koma definiert werden. Hier spielen Kollisionen kaum mehr eine Rolle, die Moleküle können weitgehend frei fließen und Plasmaphänomene kommen zum Tragen. Neutrale und frisch ionisierte Partikel treffen außerhalb der Kontaktoberfläche auf den mit Überschallgeschwindigkeit heranströmenden Sonnenwind und das von ihm mitgeführte interplanetare Magnetfeld. Dabei werden die schweren und sich relativ langsam bewegenden Teilchen vom Plasma des Sonnenwindes aufgenommen und mitgenommen. Der Sonnenwind selbst wird durch die Aufladung an Masse abgebremst. Die Koma und auch das Plasma des Sonnenwindes und werden bei diesem Zusammenprall verdichtet und es bildet sich eine Schockwelle. Kommt ein Komet der Sonne nahe genug, werden so viele Ionen ausgestoßen, dass sich an der Kontaktoberfläche das Sonnenwindplasma und das dazugehörende Magnetfeld stauen und um den Kometen herumfließen. Aus diesen ionisierten Gasteilchen der Koma entsteht der Plasmaschweif.

Eispartikel-Halo

Es gibt viele Hinweise, dass neben Staubteilchen auch Eiskörner von der Kern-Oberfläche abgetragen und mitgerissen werden. Diese sublimieren erst in der inneren Koma und stellen eine zusätzliche Quelle für die Gasproduktion dar. Ein solcher Eispartikel-Halo wird seit längerem vermutet, allerdings wäre er von der Erde kaum zu beobachten. Die Lebenszeit der Eiskörner ist abhängig vom Grad ihrer Reinheit; Licht absorbierende Verschmutzungen mit Staub würden die Sublimation rasch beschleunigen. Bedingt durch die Temperaturverhältnisse sollte ein Eispartikel-Halo nur bis zu einem Sonnenabstand von >1,5AE existieren können. Einen direkten Nachweis gibt es bislang nicht, die besten Hinweise auf ihre Existenz erbrachten Aufnahmen von C/1996 B2 (Hyakutake) während der Erdnähe. Der Komet war zu diesem Zeitpunkt allerdings nur 0,5AE von der Sonne entfernt.

Wasserstoff-Hydroxyl-Wolke

Das beobachtbare Leuchten der Gashülle wird nicht durch die freigesetzten Moleküle selbst hervorgerufen. Starke Emissionslinien gehen von freien Radikalen aus, das sind Ionisationsprodukte der Moleküle. Die Ionisation geschieht in der Koma durch Photodissoziation, also unter Einfluss der energiereichen Anteile der Sonnenstrahlung. Das besonders häufige Wasser wird hierbei ionisiert, es wird in ein Wasserstoffatom und ein Hydroxyl-Molekül gepalten

$$H_2O + h\nu \rightarrow H + OH$$

Das Wasserstoffatom ist sehr leicht beweglich und entfernt sich rasch aus der Koma. Auch das Hydroxyl-Molekül ist leichter beweglich als die eigentliche Koma. Bei Geschwindigkeiten bis zu 8km/s und ohne das Auftreten von Kollisionen werden riesige Entfernungen zurückgelegt. Es bildet sich eine von der Erde aus unsichtbare Wasserstoff-Hydroxyl-Wolke aus, die etwa 10-mal größer ist als die sichtbare Koma. Schon 1968 wurden diese Vorgänge von Ludwig Biermann errechnet. Der wissenschaftliche Nachweis gelang 1970 mithilfe eines UV-Satelliten am Kometen C/1969 T1 (Tago-Sato-Kosaka). Die beobachtete Wasserstoffwolke hatte einen Durchmesser von 10 Millionen Kilometer, die Hydroxyl-Wolke blieb etwas kleiner. Die größte bislang bekannte Wasserstoff-Hydroxyl-Wolke entstand mit etwa 100 Millionen Kilometer rund um C/1995 O1 (Hale-Bopp).

◀ **Diese Aufnahme von C/2007 N3 (Lulin)** im Optischen (grün), im UV-Licht und im Röntgen-Bereich (rot) zeigt die 200000km große Hydroxyl-Wolke des Kometen (violett).

Staubschweif

Die vom Kometenkern emittierten Bestandteile werden durch den Einfluss der Sonne aus der Koma gedrückt und bilden den Schweif. Schweife großer Kometen können über 100 Millionen Kilometer lang werden: Das ist erstaunlich, da der Kometenkern höchstens einige Kilometer Durchmesser misst. Die Mechanismen der Schweifentstehung sind für das ionisierte Gas und den Staub unterschiedlich und können zu zwei optisch voneinander trennbaren Schweifen führen. Die Bewegung des Staubes ist in der Koma an die des Gases gekoppelt: Nach der Freisetzung wird der Staub vom abströmenden Gas beschleunigt und bewegt sich mit dem Gas radial nach außen. Im Schweifgebiet trennen sich die Wege: Das Gas wird nach außen dünner, elastische Stöße zwischen Gasatomen und Staubteilchen werden unwahrscheinlicher: Der Staub folgt dann seinem eigenen Weg.

Kräfte an Staubteilchen

Der Staubschweif ist breit, gekrümmt und weist ein kontinuierliches Spektrum auf, welches aus reflektiertem Sonnenlicht besteht. Die Eigentümlichkeiten der Morphologie lassen sich auf die Kräfte zurückführen, denen die Staubteilchen unterliegen, wenn sie den Einfluss der Kometengravitation und des Gasdruckes verlassen haben. Die Staubteilchen sind dann vom Kometen kräftemäßig entkoppelt. Sie besitzen zunächst eine Anfangsgeschwindigkeit, die mit guter Näherung der Bahngeschwindigkeit des Kometen am Freisetzungspunkt des Staubteilchens gleicht. Ab diesem Moment folgt jedes Teilchen einer eigenen in der Regel hyperbolischen Bahn. Diese unterschiedlichen Bahnen sind die Ursache für die Krümmung des Staubschweifs. Allerdings sind die Bahnen der Staubteilchen nicht rein gravitativ bestimmt. Durch

Strahlungsdruck und Gravitation

Der Strahlungsdruck ist eine Kraft, welche durch Absorption und Reflexion von Photonen entsteht. Die Absorption entspricht einem makroskopisch unelastischen Stoß, die Reflexion einem elastischen Stoß. Die Gesamtkraft, welche der Strahlungsdruck auf ein Teilchen ausübt, steigt mit der Oberfläche, also mit dem Quadrat des Durchmessers.

Die Gravitationskraft hingegen ist der Masse des Teilchens proportional und diese erhöht sich mit der dritten Potenz des Teilchendurchmessers. Das Verhältnis Gravitationskraft-Strahlungsdruck steigt linear mit dem Teilchendurchmesser, für sehr große Körper wie Kleinplaneten kann der Strahlungsdruck vernachlässigt werden.

▼ **Bahn dreier Teilchen,** die sich gleichzeitig im Schweif befinden. Sie wurden zu unterschiedlichen Zeitpunkten freigesetzt und folgen jeweils ihrer eigenen Bahn.

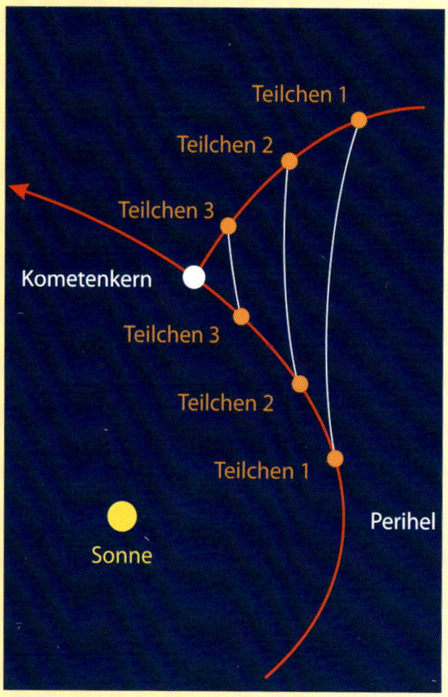

▼ **Leichtere Teilchen** entfernen sich rascher von der Sonne. Die für die Bahnbewegung resultierende Kraft bestimmt sich aus der Gravitationskraft F_G und der Kraft des Strahlungsdruckes F_S.

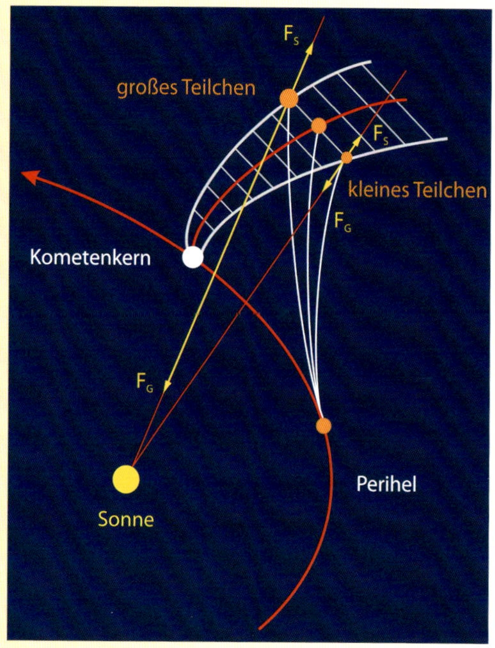

den Strahlungsdruck der Sonne vermindert sich die wirksame Gravitation, und zwar umso mehr, je kleiner das Teilchen ist. Bei Staubteilchen sind beide Kräfte maßgeblich, ihre Kombination führt dazu, dass die auf die Sonne gerichtete resultierende Kraft umso kleiner wird, je kleiner das Teilchen ist. Hieraus resultiert eine Fraktionierung des Staubes nach Teilchengröße, welche Ursache des breiten Schweifs ist.

Schweifstrahlen und Striae

Der Staubschweif ist in den meisten Fällen einheitlich strukturlos. Bei sehr großen Kometen mit einem weit ausgedehnten Schweif können fast immer Strukturen erkannt werden. Am häufigsten sieht man Schweifstrahlen oder Streamer: Wenn aus dem Kometenkern plötzlich explosionsartig eine größere Menge

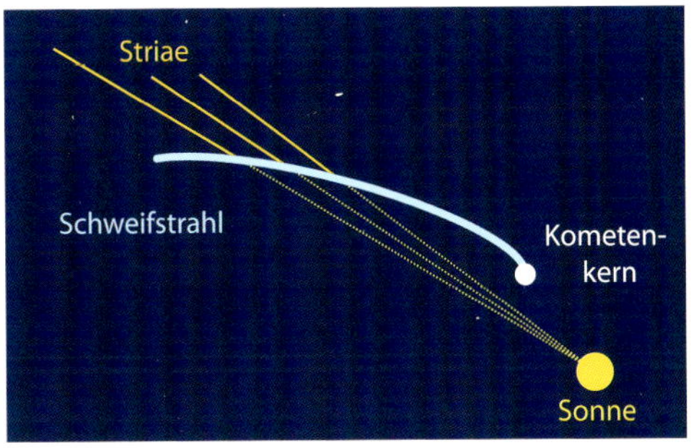

▲ **Striae entstehen aus einem Schweifstrahl.** Sie zeigen vom Schweifstrahl aus entgegen der Sonnenrichtung.

Staub ausgeschleudert wird, dann wird dieser Staubanteil im Schweif einen erkennbar eigenen, gekrümmten, helleren Schweifanteil erzeugen, einen Strahl. Er ist dadurch gekennzeichnet, dass er wie der Schweif gekrümmt ist und bis an die Koma heranreicht.

Seltener entdeckt man breite, gerade, fast parallele Strahlen, sog. Striae. Diese entstehen aus Schweifstrahlen: Erste Ursache ist also stets eine ausbruchsartige Staubfreisetzung. Der Schweifstrahl enthält zunächst das gesamte Spektrum an möglichen Teilchengrößen, deren Bahnen

▼ **Der Komet C/1975 V1 (West)** zeigte im März 1976 einen Schweifstrahl und ausgeprägte Striae.

wieder leicht unterschiedlich verlaufen. Dadurch kommt es zu einer Teilchentrennung an der konvexen Seite des Strahles. Auffallend ist die stets vorhandene Lücke zwischen dem Kometenkern und der ersten Stria: Die Fraktionierung der Staubanteile erfordert das Durchlaufen eines gewissen Bahnabschnittes.

Synchrone-Syndyne-Modell

Strukturen im Staubschweif können durch zeitlich wechselnde Aktivität des Kerns hervorgerufen werden. Da eine Struktur von einer erhöhten Emission zu einem festen Zeitpunkt herrührt, nennt man solche Strukturen Synchrone, ein Synonym für die Streamer des Staubschweifs. Es kann jedoch auch vorkommen, dass die Schweifverbreiterung ungleichmäßig erfolgt, weil bestimmte Partikelgrößen bevorzugt abgegeben werden. Dies sind dann die Syndynen, also Teilchenansammlungen, welche derselben Dynamik unterliegen.

Das zugehörige theoretische Modell geht davon aus, dass die Staubteilchen ohne Geschwindigkeit relativ zum Kern aus der Koma entlassen werden. Dies ist eine gewisse Vereinfachung, denn der Staub strömt radial nach außen. Diese Komponente wird aber gegenüber der Bahnbewegung des Kometen vernachlässigt.

Im Folgenden nimmt jedes Teilchen eine eigene Umlaufbahn ein, welche durch die resultierende Beschleunigung bestimmt wird, welche die Sonne auf es ausübt. Die Beschleunigung ergibt sich aus dem Kräftegleichgewicht zwischen Gravitation und Strahlungsdruck.

Wenn der Strahlungsdruck zu vernachlässigen ist – also für sehr große Partikel – dann verbleiben die Teilchen in der Nähe der Koma und beteiligen sich nicht an der Schweifbildung im engeren Sinn. Ist der Strahlungsdruck identisch der Gravitation, dann ist das Teilchen kräftefrei. Wenn man die Geschwindigkeit des Kometen für den Zeitraum der Teilchenbewegung als konstant annähert, dann entfernt sich ein solches Teilchen linear vom Kometen. Teilchen, bei denen die Gravitation stärker ist als der Strahlungsdruck, verhalten sich so, als wäre die Sonne leichter: Ihre

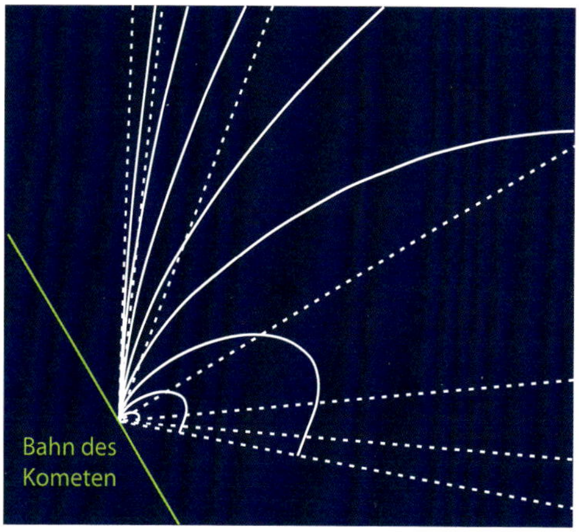

▲ **Syndynen (durchgezogene Kurven) und Synchronen (gestrichelte Geraden)** beim Blick auf die Bahnebene.

Bewegung ist also bezogen auf den Kometenkern langsamer. Wenn der Strahlungsdruck überwiegt, dann bewegen sich die Teilchen gegenüber der Sonne auf einer Hyperbelbahn, deren Scheitel zur Sonne gerichtet ist.

Teilchen, welche gemeinsam zu einem Zeitpunkt aus der Koma entlassen werden und dieselbe Größe haben, werden im Laufe der Zeit auf einer Kurve verteilt, die man Synchrone nennt. Wenn man Teilchenausstöße zu verschiedenen Zeiten betrachtet, erhält man Scharen von Synchronen, von denen jede durch die Ejektionszeit charakterisiert ist. Näherungsweise entfernen sich Synchronen radial vom Kern.

Wenn man kontinuierlich freigesetzte Teilchen unterschiedlicher Durchmesser betrachtet, dann gehört zu jedem Durchmesser ein eigenes Kräftegleichgewicht. Zu jedem Durchmesser gehört demnach eine eigene Teilchenkurve, eine Syndyne. Verschiedene Teilchendurchmesser erzeugen wieder Scharen von Syndynen, von denen jede durch den eigen Durchmesser charakterisiert ist. Syndynen können durch Spiralen um den Kometenkern angenähert werden.

Das Synchrone-Syndyne-Modell sagt zweidimensionale Strukturen im Schweif voraus, welche in der Orbitalebene des Kometen liegen. Von der Erde aus gesehen werden diese Kurven durch Projektionseffekte verzerrt.

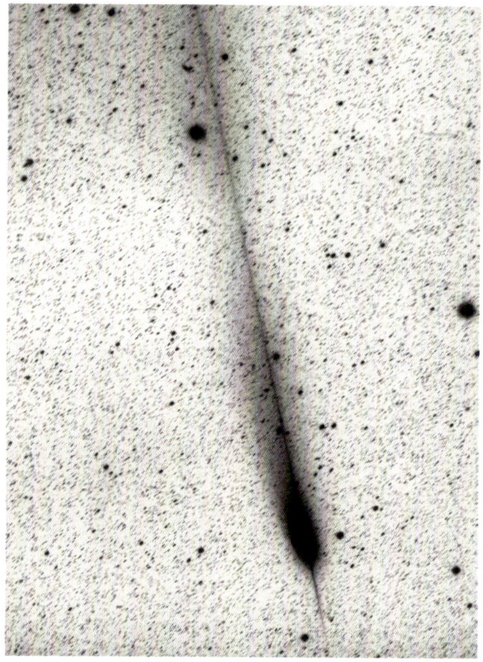

▲ **Anfang Januar 1998** befand sich die Erde in der Bahnebene des Kometen C/1995 O1 (Hale-Bopp). Die Halsausschnitt-Struktur (engl. neckline structure) ist als feine Linie deutlich sichtbar.

»Halsausschnitt«-Strukturen

Vom Kometen ausgesandte Staubteilchen bewahren die Herkunft aus der Bahnebene »im Gedächtnis« in Form der für jedes Teilchen individuellen Bahnparameter. Der heliozentrische Umlauf besitzt bezüglich der Bahnebene des Kometen zwei Knotenpunkte. Der eine Knoten wird von jedem Teilchen beim Freisetzen eingenommen. Obwohl sich alle Teilchen auf Bahnen bewegen, welche einen Winkel zur Bahnebene des Kometen bilden, so finden sie sich im zweiten Knotenpunkt wieder in der Bahnebene ein. Dieser Punkt ist 180° entfernt, gerechnet in wahrer Anomalie. Ein räumliches Gebilde aus Teilchen muss sich in diesem Knotenpunkt auf eine zweidimensionale Ellipse verdichten, d.h. sich dort hindurch zwängen wie durch einen Halsausschnitt. Wenn sich die Erde in der Bahnebene des Kometen befindet, dann ist diese Struktur als feiner Strich im Kometenschweif sichtbar.

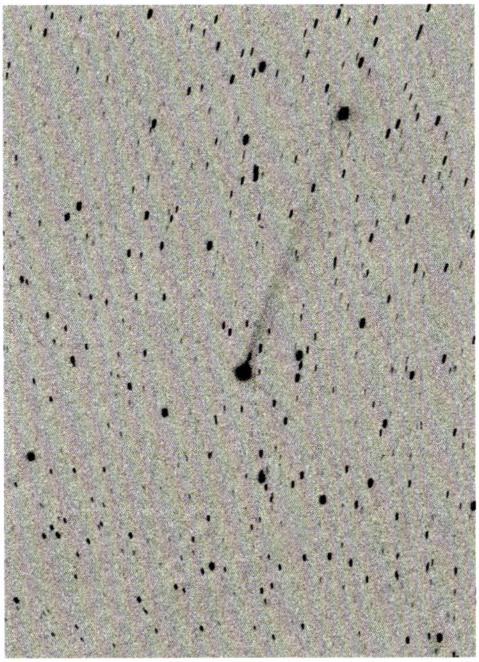

▲ **Staubspur des Kometen 2P/Encke.** Die Staubspur wird durch die Begegnung mit Planeten hervorgerufen und befindet sich deshalb in der Ekliptikebene. Sie erscheint im Bild als Ellipsenbogen.

▲ **Der Komet C/1995 O1 (Hale-Bopp)** war einer der staubreichsten Kometen überhaupt. Er bildete einen Natriumschweif heraus, welcher auf einer speziell gefilterten Aufnahme nachweisbar war. Der Natriumschweif ist die schmale Struktur, die links vom Kern entspringt.

Staubspuren

Große Teilchen (>0,1mm) werden vom Strahlungsdruck nur wenig beeinflusst. Dennoch werden sie in erheblichem Maße freigesetzt. Sie verbleiben zunächst in der Nähe des Kerns und bilden eine Wolke. Diese ist so klein, dass sie von der Erde aus nicht vom Kern unterschieden werden kann. Bei engen Begegnungen des Kometen mit Planeten wirkt dessen Anziehungskraft leicht unterschiedlich auf diese Teilchen. Dadurch werden die Bahnparameter der Teilchen verändert; sie zerstreuen sich im Laufe der Zeit auf einer Staubspur (engl. dust trail). Diese Spuren können sehr groß werden, so dass die Erde eine solche passieren kann. Es ereignet sich dann ein Meteorschauer. Manche Staubspuren sind so dicht mit Teilchen besetzt, dass sie direkt erkennbar sind. Mithilfe des Spitzer-Weltraum-Teleskops konnten zahlreiche Staubspuren von Kometen im Infrarot-Bereich nachgewiesen werden, unter anderem an 2P/Encke, 7P/Pons-Winnecke, 9P/Tempel, 10P/Tempel, 22P/Kopff, 29P/Schwassmann-Wachmann, 65P/Gunn und 67P/Churyumov-Gerasimenko.

Ungeladene Atome

Sehr staubreiche Kometen können sehr große Mengen an Metallionen freisetzen, vor allem Natrium und Eisen. Diese Atome entstehen dadurch, dass bei Kollisionen von Staubkörnern ein Teil des Materials zerstäubt wird. Die Quelle der Atome ist also nicht der Kern, sondern die innere Koma. Mithilfe leistungsstarker Instrumente und spezieller Filterung wurden sowohl Natrium- als auch Eisenschweife nachgewiesen.

Plasmaschweif

Im Gegensatz zum Staubschweif ist der Plasmaschweif schmal, gerade und zeigt fast genau von der Sonne weg. Er besteht aus geladenen Gasen (Ionen). Die Farbe ist bläulich. Fast immer zeigen sich im Inneren Strukturen, welche an gekräuselten Zigarettenrauch erinnern. Die Länge, auf der ein Plasmaschweif nachweisbar

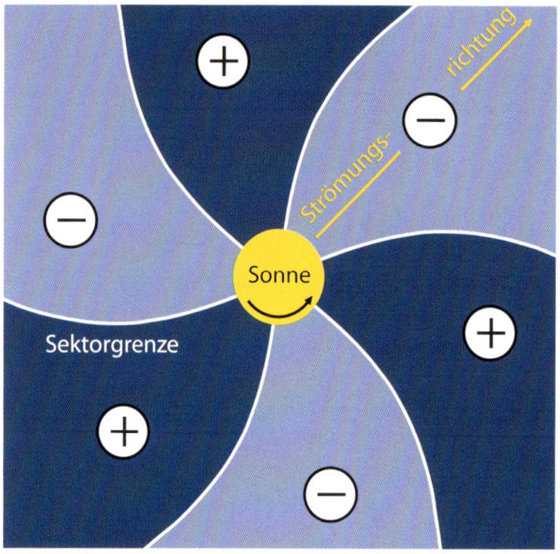

▲ **Unter dem Sonnenwind** versteht man einen Strom geladener Teilchen, welcher von der Sonne in das Weltall strömt. Hauptsächlich enthalten sind Elektronen, Protonen und ionisierte Heliumkerne. Der Sonnenwind ist ein Plasma, welches durch das Magnetfeld der Sonne magnetisiert wird. Da die Sonne rotiert, trägt der Sonnenwind ein spiralförmiges Magnetfeld mit sich, welches sektorweise seine Polarität wechselt. Wegen der Rotation der Sonne sind die Sektorgrenzen gekrümmt, obwohl die Ausbreitung radial erfolgt.

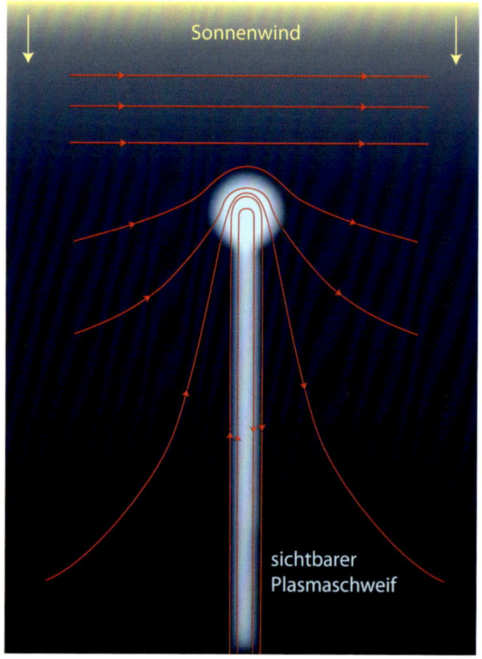

▲ **Der Sonnenwind beeinflusst die Ionen der Koma** und bindet diese an das gefaltete Magnetfeld. Deshalb sind Plasmaschweife gerade und von der Sonne weg gerichtet.

ist, kann Millionen von Kilometer betragen. Im Jahre 1996 flog die Raumsonde Ulysses zufällig durch die Ausläufer des Schweifes von C/1996 B2 (Hyakutake). Sie war dabei 570 Millionen Kilometer vom Kern des Kometen entfernt.

Der Gasstrom, welcher den Kometen verlässt und zusammen mit dem Staub die Koma bildet, besteht zunächst aus Atomen und Molekülen, welche keine elektrische Ladung tragen. Unter dem Einfluss der von der Sonne ausgehenden Strahlung werden die Gase teilweise ionisiert. Die entstehenden Ionen tragen dann eine Ladung und bilden damit ein Plasma geringer Dichte. Plasmen können von Magnetfeldern beeinflusst werden. Der Sonnenwind, ein von der Sonne ausgehender Teilchenstrom, trägt ein Magnetfeld mit sich. Dieses Feld und das Plasma der Koma beeinflussen sich gegenseitig. Der Sonnenwind wird beim Auftreffen auf den Kometenkern abgebremst und faltet sich um den Kopf herum. Dadurch werden die Plasmateilchen aus der Koma gerissen und in antisolare Richtung beschleunigt.

Stimulierte Emission

Atomen kann durch Strahlung Energie zugeführt werden. Dabei wechselt das Atom in einen Zustand höherer Energie, welcher bei singulärer Stimulation nicht dauerhaft ist. Die Energie wird schließlich wieder in Form von Strahlung abgegeben. Ein Atom kann nur diskrete Energiezustände einnehmen. Das abgestrahlte Photon kann genau eine der Energiedifferenzen tragen, jedoch keine Zwischenwerte. Aus diesem Grund ist emittierte Strahlung diskontinuierlich, eine sog. Linienstrahlung.

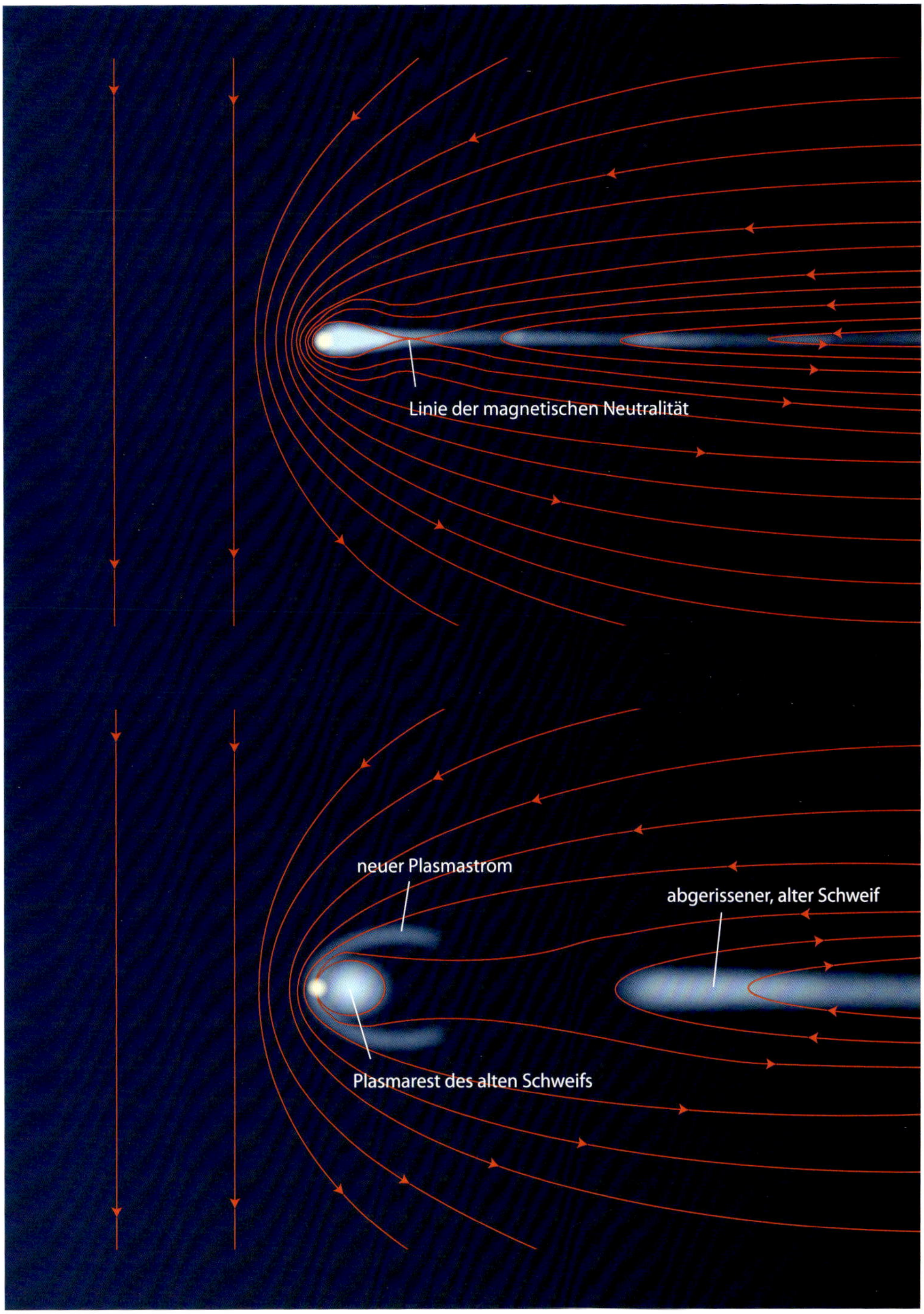

▲ **Wenn das Magnetfeld des Sonnenwindes die Polarität wechselt,** ist bei den hohen Magnetfeldstärken am Kometenkopf eine Änderung der Feldgeometrie wahrscheinlich. Eine magnetische Flussröhre »verbindet« sich mit nachfolgenden, umgekehrt polarisierten. Dabei kommt es zum Schweifabriss.

▲ **Der Komet C/1989 A1 (Aarseth-Brewington)** zeigte Mitte Dezember 1989 ausgeprägte Streamer im Plasmaschweif.

Die Beschleunigung ist dabei außerordentlich hoch. Der Sonnenwind wird nun zusätzlich mit den Ionen der Koma beladen, gebremst und dadurch langsamer. Außerdem entstehen sonnenabgewandt des Kometenkerns Turbulenzen im Sonnenwind, welche als Strukturen im Schweif sichtbar werden.

Plasmaschweife werden sichtbar, weil die enthaltenen Gasteilchen durch die Sonnenstrahlung angeregt werden und schließlich Licht aussenden. Die sichtbare Emission wird überwiegend von den C_2- und CN-Radikalen erzeugt. Dies bedeutet jedoch nicht, dass es sich dabei um die Hauptkomponenten im Ionenschweif handelt. Diese beiden Verbindungen erzeugen lediglich sehr starke Lichtstrahlung in einem Wellenlängenbereich, für den das Auge sehr empfindlich ist.

Auf der sonnenzugewandten Seite des Kometenkerns sind die Feldlinien sehr dicht, die Magnetfeldstärke entsprechend hoch. Unter dem Einfluss dieser hohen Feldstärke erhitzt sich das Gas der Koma und wird stärker als vorher magnetisiert – der Schweif speist sich zum Teil selbst. Die außergewöhnlich hohe Magnetfeldstärke in diesem Bereich führt dazu, dass auftreffende Schwankungen (Störungen) des Magnetfeldes schließlich in den Bereich des Schweifes gelangen. Sie bilden dort Röhren höherer Magnetfeldstärke, welche man als Streamer des Plasmaschweifes beobachten kann. Eine sehr große Störung tritt auf, wenn der Komet einen Bereich des Sonnenwindes passiert, in welchem sich das Feld umkehrt. In diesem Fall kann es zur Ablösung des Plasmaschweifs kommen.

In der Nähe der Sonne ist das solare Magnetfeld sehr stark. Kometen, welche diesen Bereich durchlaufen, werden so massiv von der magnetischen Feldstärke beeinflusst, dass der Schweif ein Abbild des Magnetfeldes wird, ähnlich wie es Eisenfeilspäne bei einem irdischen Magneten sind.

▼ **Der Komet C/2011 W3 (Lovejoy)** tauchte am 15. Dezember 2011 regelrecht in die äußere Sonnenatmosphäre ein. Innerhalb weniger Stunden veränderte sich der Schweif dramatisch und teilte die Form der Magnetfeldvariationen in Sonnennähe mit.

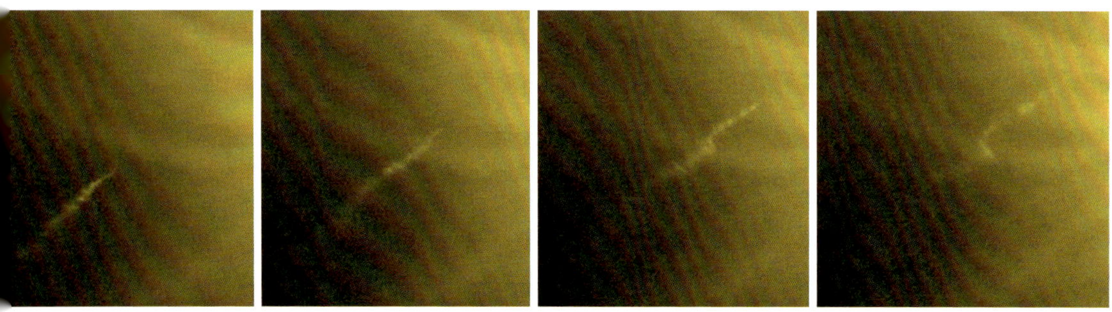

Ende des Kometenlebens

Im Gegensatz zu den meisten Körpern des Sonnensystems sind Kometen einem beobachtbaren Zyklus von Herkunft, Alterung und Ende unterworfen. Die Alterung zeigt sich etwa anhand von Helligkeitsschwankungen und Ausbrüchen. Eine Teilung bis hin zur vollständigen Auflösung steht nicht selten am Ende ihrer Entwicklung. Die besondere Dynamik ihrer Bahnen kann zu einem Verlassen des Sonnensystems oder zu Kollisionen mit anderen Himmelskörpern führen. Aber auch eine Erschöpfung des flüchtigen Materials kann einen Kometen schließlich inaktiv oder von einem Kleinplaneten nicht mehr unterscheidbar machen.

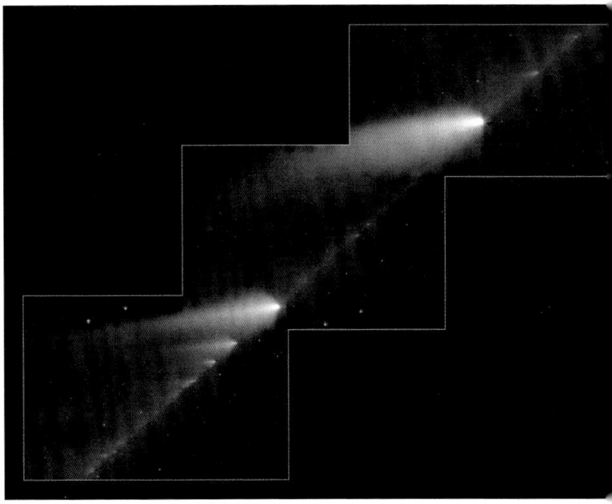

▲ **Die zahlreichen Fragmente** des Kometen 73P/Schwassmann-Wachmann konnten im Jahr 2006 mit dem Spitzer-Weltraumteleskop aufgenommen werden.

Teilung und Auflösung

Teilungen von Kometen sind häufig beobachtete Ereignisse der Kometen-Geschichte. Es kann sich dabei um einen stufenweisen Zerfall bis hin zur Auflösung handeln, daneben gibt es aber auch einmalig beobachtete Fragmentationen. Besonders interessant ist das Verfolgen von Teilungen an periodischen Kometen. Die Lebensdauer der einzelnen Fragmente ist stark unterschiedlich, kleinere Abspaltungen überleben meist nur einige Wochen, größere können oft mehrere Jahre überdauern. 73P/Schwassmann-Wachmann spaltete sich beispielsweise 1995 in vier Komponenten. Zwei davon existierten auch bei der nächsten Wiederkehr 2001 noch. Weitere Teilungen erfolgten dann 2006, wobei insgesamt 67 Bruchstücke des Kometen identifiziert wurden. Zuletzt war der Komet 2011 im Perihel und nur das Hauptfragment konnte wiedergefunden werden. Die Komponenten werden dabei alphabetisch fortlaufend mit Großbuchstaben bezeichnet, was bei 73P/Schwassmann-Wachmann nicht ausreichte und auf Doppelbuchstaben erweitert wurde. Die noch existierende Hauptkomponente ist mit 73P-C bezeichnet.

Ein weiteres Beispiel für einen sich teilenden Kometen ist 141P/Machholz. 1994 wurden nach einem Helligkeitsausbruch fünf Komponenten entdeckt, zwei von ihnen konnten 1999 erneut beobachtet werden. 2005 und 2010 wurde nur noch die Hauptkomponente gesehen.

Ein sich wieder und wieder teilender großer Komet dürfte zur Entstehung einer ganzen Kometenfamilie – der Kreutz-Kometen – geführt haben. Berechnungen zeigen, dass die Spaltungen sowohl in Perihel-Nähe, in mittlerer Entfernung von etwa 3AE als auch nahe dem Aphel in 150AE Abstand stattfanden.

Daneben gibt es auch einige Kometen-Paare, die auf sehr ähnlichen Bahnen laufen und aus einer Teilung eines Ursprungskörpers hervorgegangen sein müssen. Das interessanteste unter ihnen ist C/2002 A2 (LINEAR) und C/2002 A1 (LINEAR), das sich auf einer instabilen Bahn in einer Sonnenentfernung zwischen 4,7AE und 29AE bewegt. Eine Teilung zwischen 1977 und 1979 in einer Entfernung von rund 22AE wird angenommen. Weitere Paare sind C/1988 A1 (Liller) und C/1996 Q1 (Tabur) – letzterer löste sich während seines Perihels 1996 auf – und C/2002 Q2 (LINEAR) und C/2002 Q3 (LINEAR).

▲ **Der seit 1994 fragmentierte Kern** des Kometen 51P/Harrington im Jahre 2001. Die beiden Komponenten hatten eine Helligkeit von jeweils etwa 16^m.

Eine Teilung des Kometenkernes führt kurzfristig meist zu einer Helligkeitssteigerung, weil dabei frische und noch aktive Oberflächenbereiche freigelegt werden. Helligkeitsausbrüche können daher ein Hinweis auf eine mögliche Kernteilung oder die Abspaltung eines Fragmentes sein. Ein weiteres Anzeichen für eine Teilung ist die Entdeckung von symmetrischen Koma-Bögen (»arclets«), wie sie etwa in C/1996 B2 (Hyakutake) und C/2001 A2 (LINEAR) vorhanden waren.

Zu unterscheiden sind Teilungen in Sonnen- oder Jupiternähe und solche, die auf jedem Punkt der Bahn erfolgen können. Erstere sind relativ einfach zu erklären, wenn Kometenkerne den Gezeitenkräften, die in der Nähe der massereichen Himmelskörper auf sie einwirken, nicht standhalten können und zerrissen werden. Abhängig von der Zugfestigkeit können zunächst auch nur Spalten und Risse entstehen, die ein Zerfallen zu einem späteren Zeitpunkt ergeben. Für Kometen-Spaltungen auf anderen Punkten ihrer Bahn gibt es keine einheitliche Erklärung, aber einige mögliche Ursachen: Die Rotation kann aufgrund der Zentrifugalkräfte ein Zerbrechen hervorrufen oder es können sich Teile der Kometenoberfläche ablösen. Thermaler Stress durch unterschiedliche Sonnenentfernung und daraus folgender Erwärmung und Erkaltung kann ebenfalls zu einer Spaltung beitragen. Außerdem gibt es die Möglichkeit explosionsartiger Ausdehnung durch erhöhten Gasdruck aus dem Inneren im Zusammenspiel mit CO_2-Eis. Zuletzt können Kollisionen mit anderen Kleinkörpern (Kleinplaneten) zur Teilung führen.

Durch Annäherung an die Sonne teilten sich die Sonnenstreifer C/1882 R1, C/1963 R1 (Pereyra) und C/1965 S1 (Ikeya-Seki), durch Jupiternähe 16P/Brooks und wahrscheinlich 3D/Biela. Die übrigen Teilungen sind keiner Ursache direkt zuzuordnen.

Als eines der bekanntesten historischen Beispiele gilt der 1826 entdeckte kurzperiodische Komet 3D/Biela, der sich 1846 in zwei Teile gespalten hatte. Eines der Bruchstücke konnte bei der folgenden Wiederkehr 1852 noch gesehen werden, dann verschwand der Komet. Die Ursache für die Teilung und wahrscheinliche Auflösung lag in mehreren vorangegangenen Jupiterannäherungen. In den folgenden Jahren zum Zeitpunkt der berechneten Wiederkehr 1872, 1885 und 1892 traten dann ungewöhnlich starke Meteoraktivitäten auf. Bis zu 7000 Meteore pro Stunde konnten dabei beobachtet werden. Dieser Meteorstrom der Andromediden oder Bieliden war anschließend für über 100 Jahre kaum zu bemerken. Erst im Dezember 2011 konnte er wieder verstärkt wahrgenommen werden. Moderne Berechnungen zeigen, dass die Andromediden allerdings nicht auf die direkten Überreste eines möglichen Kometen-Zerfalles zurückgehen, sondern die Erde auf ihrer Bahn durch Reste der Staubspur (»dust-trail«) wandert. Ein Stück des anscheinend zerfallenen Kometen könnte vielleicht der 2001 entdeckte 207P/NEAT sein, dessen Bahnelemente gewisse Ähnlichkeiten mit 3D/Biela aufweisen.

Beispiele für sich vollständig auflösende Kometen aus der jüngeren Vergangenheit sind die Kometen C/1999 S4 (LINEAR) und C/2010 X1 (Elenin). Als wahrscheinlich zerbrochen oder aufgelöst kann auch 85P/Boethin, das ursprüngliche Ziel der EPOXI-Mission, nach seinem Verschwinden 1997 angesehen werden.

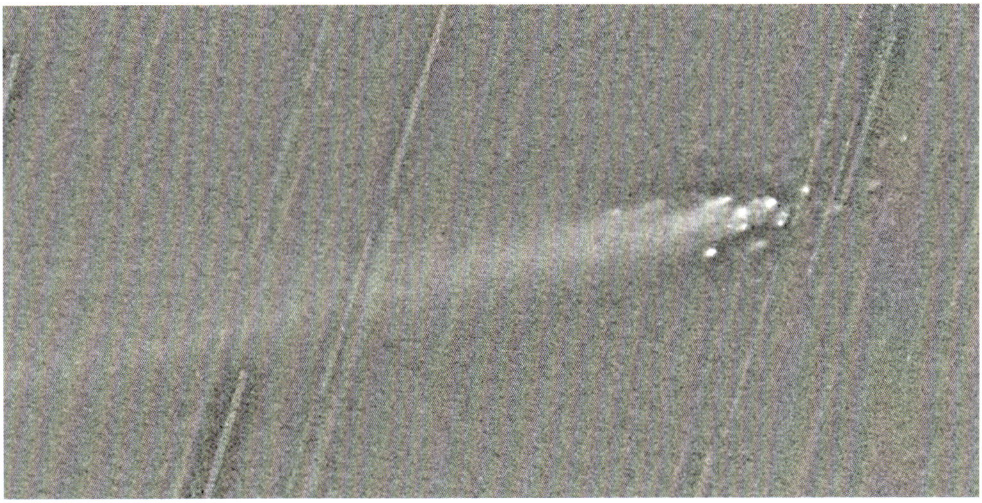

▲ **Innerhalb weniger Tage** kam es im August 2000 zur Auflösung des Kometen C/1999 S4 (LINEAR). Bilder mit Großteleskopen – hier mit dem Very Large Telescope (VLT) der ESO in Chile – zeigen den zerbrochenen Kometen als einen Schwarm von Minikometen.

Aufgelöste und geteilte Kometen

Bezeichnung	Entdeckung	Auflösung/Teilung
D/1819 W1 (Blanpain)	1819	1819 aufgelöst
3D/Biela	1772 bzw. 1826	1846 aufgelöst
16P/Brooks	1889	1889 Abspaltung
205P/Giacobini	1896	2008 geteilt
73P/Schwassmann-Wachmann	1930	seit 1995 geteilt
79P/du Toit-Hartley	1945	seit 1982 geteilt
51P/Harrington	1953	seit 1994 geteilt
C/1965 S1 (Ikeya-Seki)	1965	1965 geteilter Kern
C/1975 V1 (West)	1975	1976 geteilter Kern
101P/Chernykh	1977	seit 1991 geteilt
141P/Machholz	1994	seit 1994 geteilt
C/1995 O1 (Hale-Bopp)	1995	1998 geteilter Kern
C/1996 B2 (Hyakutake)	1996	1996 geteilter Kern
C/1996 Q1 (Tabur)	1996	1996 aufgelöst
C/1999 S4 (LINEAR)	1999	2000 aufgelöst
C/2001 A2 (LINEAR)	2001	2001 geteilter Kern
57P/du Toit-Neujmin-Delporte	1941	seit 2002 geteilt
C/2002 O4 (Hönig)	2002	2002 aufgelöst
C/2002 O6 (SWAN)	2002	2002 aufgelöst
C/2010 X1 (Elenin)	2010	2011 aufgelöst
168P/Hergenrother	1998	2012 Abspaltung

Interplanetarer Staub und Zodiakallicht

Das Zodiakallicht ist ein in Mitteleuropa am besten im Frühjahr und Herbst zu beobachtender kegelförmiger Lichtschein im Bereich der Ekliptik (des Zodiaks). Er entsteht durch Streuung und Reflexion des interplanetaren Staubes, der im Bereich der Planetenbahnebene in Form einer flachen Scheibe vorhanden ist. Der Ursprung des Staubes ist nicht vollständig geklärt, muss aber in Kometen und Kleinplaneten zu finden sein. Umstritten ist der Prozentsatz des Kometen- und Kleinplaneten-Anteils. Neue Modelle rechnen mit etwa 90% Ursprung in Kometen und zwar besonders von Jupiterfamilie-Kometen. Gebildet wird die Staubscheibe aus Teilchen mit einer Größe zwischen 0,01mm bis 1mm. Diese werden von Kometen besonders bei deren Auflösung freigesetzt, vom Sonnenwind aber nicht ins äußere Sonnensystem geblasen, sondern nähern sich – gebremst durch den Poynting-Robertson-Effekt – der Sonne wieder spiralförmig an. Der dadurch verlorene Anteil muss immer wieder nachproduziert werden. Interplanetarer Staub fällt ständig auf die Erde (geschätzte 40 Tonnen täglich), die größeren Teilchen verglühen als Meteore. Partikel bis zu einer Größe von etwa 0,05mm werden aber in den oberen Luftschichten der Erde stark abgebremst und erreichen als Mikrometeoriten nach einigen Monaten die Erdoberfläche. Sie können auch mit Spezialflugzeugen noch in der Stratosphäre eingesammelt und im Labor analysiert werden. Noch bevor ihr extraterrestrischer Ursprung bekannt war, wurden sie nach ihrem Entdecker als »Brownlee-Partikel« bezeichnet. Ihre Zusammensetzung entspricht durchwegs den mit der Stardust-Sonde zur Erde gebrachten Staubteilchen.

▼ **Der Lichtkegel des Zodiakallichtes** besteht aus interplanetarem Staub, der von Kometen stammt.

Kollision mit der Sonne

Seitdem das Weltraumobservatorium SOHO die Sonne und ihre nahe Umgebung überwacht, wurden mehr als 2400 Kometen in Sonnennähe entdeckt. Ein Großteil dieser Klein-Kometen gehört der Kreutz-Gruppe an und weist Durchmesser von weniger als 50m auf. Fast alle kollidieren mit der Sonne bzw. verdampfen schon bei der Annäherung. Die erste Entdeckung eines solchen in die Sonne stürzender Kometen – C/1979 Q1 (SOLWIND) – wurde schon 1979 mithilfe eines Koronographen an Bord eines Satelliten gemacht. Inzwischen ist klar, dass dieser Vorgang relativ alltäglich ist, es sind regelrechte Serien von Kometen auf Kollisionskurs beobachtet worden, etwa im Dezember 2010, als innerhalb von nur 11 Tagen 25 Kometen in der

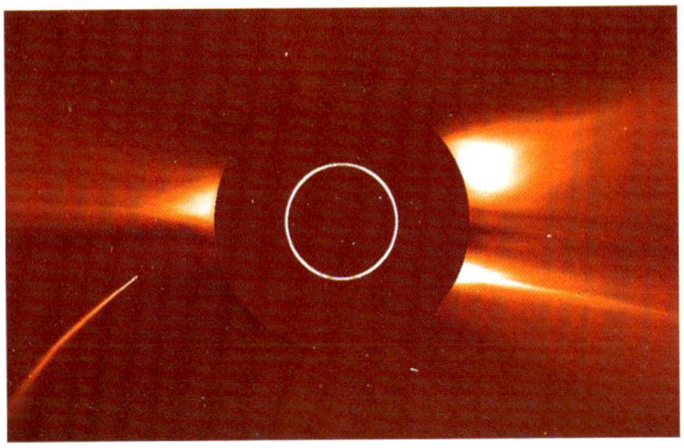

▲ **Der relativ helle SOHO-Komet C/1996 Y1 (SOHO)** auf Kollisionskurs mit der Sonne.

Sonne verglühten. Nur wenige Kometen können bis zu ihrem Ende in der inneren Korona verfolgt werden. Temperaturen von über 1 Million °C in der Korona und der starke Sonnenwind lassen nur größere und aus schwereren Elementen zusammengesetzte Objekte so lange überleben. Mit dem Solar Dynamics Observatory konnte im Juli 2011 erstmals ein Komet detailliert dabei beobachtet werden, wie er etwa 100000km über der Sonnenoberfläche verdampfte.

Kollision mit Planeten

Kometen können auch mit Planeten kollidieren, besonders Jupiter mit seiner enormen Anziehungskraft dürfte in mehreren hundert Jahren einmal von einem Kometen getroffen werden. Dieses Ereignis konnte bereits einmal intensiv beobachtet werden: Der Komet D/1993 F2 (Shoemaker-Levy) wurde wahrscheinlich rund um das Jahr 1929 in eine Umlaufbahn um Jupiter gezwungen. Bei einer Annäherung auf 40000km an Jupiter im Juli 1992 spaltete sich der etwa 5km große Kern durch die Gezeitenkräfte des Planeten. Bei der Entdeckung im März 1993 am Palomar-Observatorium konnten daher bereits mehrere Kerne festgestellt werden. Eine Kollision für Juli 1994 wurde bald darauf vorausberechnet. In der Folge richteten zahlreiche Großobservatorien ihre Instrumente auf den Kometen. Auch mehrere Weltraumteleskope – allen voran das Hubble-Weltraumteleskop – und die Jupitersonde Galileo wurden zur Beobachtung dieses seltenen Ereignisses herangezogen. Als die 21 Bruchstücke des Kometen zwischen 16. und 22. Juli 1994 auf die Atmosphäre des Gasplaneten trafen, konnten neue wissenschaftliche Erkenntnisse sowohl über Jupiter als auch über Kometen gewonnen werden. Unter anderem wurden auftretende Polarlichtaktivität, Röntgenstrahlen-Emission und ein starker Temperaturanstieg im Einschlagbereich festgestellt. Der Einschlag selbst konnte nicht von der Erde aus beobachtet werden, aber sehr wohl die in der Folge entstehenden dunklen Flecken. Der

▼ **Die Bruchstücke des Kometen D/1993 F2 (Shoemaker-Levy)** auf einer Panorama-Aufnahme des Hubble-Weltraumteleskops. Insgesamt erstreckte sich die Kette von 21 Fragmenten über eine Länge von 1,1 Mio. Kilometer.

Impakte und erdnahe Kometen

1980 veröffentlichte Luis Alvarez die Theorie, dass das Massenaussterben vor 65 Mio. Jahren auf einen Meteoriteneinschlag zurückzuführen sei. Daraus entstand ein erster Impuls, das Sonnensystem vermehrt nach der Erde gefährlich nahe kommende Kometen und Kleinplaneten zu durchsuchen. Nicht zuletzt führte der 1994 beobachtete Zusammenstoß des Kometen D/1993 F2 (Shoemaker-Levy) mit Jupiter zu einem neuen Bewusstsein der Gefahr durch Kometen und demzufolge einer verstärkten Himmelsüberwachung. Die Projekte NEAT und LINEAR wurden kurz darauf ins Leben gerufen und sollten möglichst alle erdnahen (die Erdbahn kreuzenden) Objekte mit einer Größe >1km entdecken. Diese Objekte werden NEO (Near Earth Objects) genannt. Mit den neuen Überwachungsprojekten WISE und Pan-STARRS werden inzwischen geschätzte 93% von ihnen gefunden. Nur ein geringer Prozentsatz davon sind Kometen. Zur Zeit sind rund 90 Kometen bekannt, die als NEC (Near Earth Comets) in Erdnähe kommen können. Zum Vergleich dazu gibt es ca. 5000 bekannte Apollo-Kleinplaneten und in Summe über 9000 NEA (Near Earth Asteroids).

Potenziell gefährliche Objekte werden PHO (Potential Hazardous Objects) genannt, dazu zählen alle Objekte, die größer als 150m sind und uns näher

▲ **C/1983 H1 (IRAS-Araki-Alcock)** kam im Mai 1983 der Erde bis auf 0,031AE oder 4,6 Mio Kilometer nahe. Es war die engste Annäherung eines Kometen seit über 200 Jahren.

als 0,05AE kommen können. Wird ein Objekt mit Gefahrenpotenzial entdeckt, gibt es eine Klassifizierung nach der Turiner Skala. Diese reicht von Stufe 0 – keine Gefahr bis Stufe 10 – sichere Kollision. Derzeit sind zwei Objekte mit einer Stufe über 0

größte von ihnen erreichte einen Durchmesser von 12000km.

Zwischen 2009 und 2012 konnten die Auswirkungen von vier weiteren kleineren Impakt-Ereignissen auf Jupiter beobachtet werden. Ob die beobachteten Flecken ihren Ursprung in kleinen Kometen oder Kleinplaneten hatten, blieb dabei unklar.

Kometen können auch zu temporären Satelliten um Jupiter werden, zur Zeit sind P/2002 AR2 (LINEAR) und P/2003 WC7 (LINEAR-CATALINA) als solche identifiziert. Ehemalige Umlaufbahnen um Jupiter wurden auch für 82P/Gehrels, 147P/Kushida-Muramatsu und 111P/Helin-Roman-Crockett berechnet.

Erloschene und schlafende Kometen

Die letzte Phase im Kometenleben kann auch nach dem Erschöpfen seiner Vorräte an flüchtigem Material als erloschener Komet erreicht werden. Dabei sind erloschene nicht von schlafenden Kometen zu unterscheiden. Es kann nicht festgestellt werden, ob das flüchtige Material (Eis) erschöpft ist oder nur unter der Oberflächenkruste eingeschlossen ist. Dass Kometenkerne großflächig von isolierenden Krusten bedeckt sind, ist seit den Raumsonden-Missionen bekannt. Auch auf aktiven Kometen werden nur auf geringen Prozent-Anteilen der Oberfläche Gas und Staub

kategorisiert: Es sind die Kleinplaneten 2007 VK_{184} und 2011 AG_5. Für Ersteren besteht eine 0,055%-Wahrscheinlichkeit eines Einschlages im Jahr 2048. Letzterer wird der Erde 2040 bis auf ca. 289000km nahe kommen. Obwohl es auf der Erde ca. 150 bekannte Impaktkrater gibt, sind keine bestätigten Kometen-Einschläge aus der Vergangenheit bekannt. Es gibt Schätzungen, wonach 20% bis 30% der größeren Einschlagkrater (>10km Durchmesser) auf Kometen zurückzuführen sein könnten. Der wahrscheinlichste Kometen-Impakt ist das Tunguska-Ereignis im Jahre 1908, bei dem ein etwa 50m großer Komet einige Kilometer über der Erdoberfläche explodiert sein könnte. Eine 1996 entdeckte Kette von Impaktkratern in der Sahara könnte ebenfalls von einem Kometen vor bereits 360 Millionen Jahren verursacht worden sein.
Der Erde bislang am nächsten kam D/1770 L1 (Lexell), der im Juli 1770 in nur 0,015AE oder knapp 6 Monddistanzen vorbei flog. Der erdnächste Komet der jüngeren Vergangenheit war C/1983 H1 (IRAS-Araki-Alcock), der die Erde im Mai 1983 in 0,031AE passierte.

Übersicht der erdnächsten Kometen

Bezeichnung	Erdnähe	Abstand
D/1770 L1 (Lexell)	1.7.1770	0,0151AE
55P/Tempel-Tuttle	26.10.1366	0,0229AE
C/1983 H1 (IRAS-Araki-Alcock)	11.5.1983	0,0313AE
1P/Halley	4.10.837	0,0334AE
252P/LINEAR	21.3.2016	0,0357AE
3D/1805 V1 (Biela)	9.12.1805	0,0366AE
C/1743 C1 (Klinkenberg)	8.2.1743	0,0390AE
7P/Pons-Winnecke	26.6.1927	0,0394AE
C/1702 H1	20.4.1702	0,0437AE
209P/LINEAR	29.5.2014	0,0554AE
45P/Honda-Mrkos-Pajdusakova	12.5.2011	0,0601AE
73P/Schwassmann-Wachmann	31.5.1930	0,0617AE
C/1983 J1 (Sugano-Saigusa-Fujikawa)	12.6.1983	0,0628AE
C/1760 A1	8.1.1760	0,0681AE
46P/Wirtanen	16.12.2018	0,0778AE
73P/Schwassmann-Wachmann	5.12.2006	0,0787AE
C/1853 G1 (Schweizer)	29.4.1853	0,0839AE
45P/Honda-Mrkos-Pajdusakova	11.2.2017	0,0842AE
C/1797 P1 (Bouvard-Herschel)	16.8.1797	0,0879AE

ausgestoßen. Im Laufe der Zeit werden die aktiven Gebiete immer weniger. Diese Evolution von aktiven Kometen zu inaktiven lässt sich durch einen Alterungs- und Erschöpfungsprozess erklären. Die Alterung führt zur Bildung einer isolierenden Oberflächenkruste. Dies ist kein linearer Prozess, inaktive Perioden wechseln mit aktiven. Gegen Ende des Kometenlebens kann es auch verstärkt zu Ausbrüchen kommen.

Da die physische Lebensdauer kürzer angenommen werden kann als die dynamische, werden eine große Anzahl an erloschenen Kometen im Sonnensystem vermutet. Wie viele solcher Himmelskörper existieren, ist unklar. Geschätzte 50% der erdnahen Kleinplaneten dürften ehemalige oder schlafende Kometen sein. Besonders die Kleinplaneten der Apollo- und Amor-Klasse gelten als Kandidaten. Auch die Jupiterfamilie-Kometen könnten als nächste Phase ihrer Evolution – nach etwa 200 bis 500 Umläufen – ihr Material erschöpft haben und inaktiv werden. Gerechnet wird, dass zu den ca. 110 aktiven Jupiterfamilie-Kometen etwa 380 inaktive kommen.

Pro Sonnennähe verlieren Kometen geschätzte 0,01% bis 0,1% ihrer Masse. Für ein völliges Ausgasen sind wahrscheinlich einige 100000 Jahre erforderlich. Untersuchungen an 1P/Halley und 2P/Encke zeigten kaum Aktivitätseinbußen bezogen auf 30 oder 40 Umläufe.

▲ **Der Komet C/2003 WT42 (LINEAR)** gilt als nur noch schwach aktiver, fast erloschener Komet. Eine Abnahme der Aktivität bis zum vollständigen Verblassen konnte im Jahr 2007 festgestellt werden. Seither dient seine spektrale Zusammensetzung zum Vergleich mit anderen potenziell erloschenen Kometen.

▲ **Der 2008 zufällig wiederentdeckte 205P/Giacobini** hat eine Umlaufzeit von 6,6 Jahren, blieb aber nach seiner Entdeckung von 1896 über 100 Jahre unbeobachtet. Seine Aktivität dürfte sich erst aufgrund einer Fragmentation erneut gesteigert haben.

Neben Bahn-Hinweisen, besonders dem Tisserand-Parameter und retrograder Bewegung, wird mit Spektraluntersuchung, Dichte- und Albedo-Bestimmung versucht, erloschene Kometen unter den Kleinplaneten aufzuspüren. Auf diese Weise konnten bei Untersuchungen mit dem Hubble Space Teleskop 12 erloschene Kometen identifiziert werden.

Durch Bahnänderungen nach Jupiterannäherungen, besonders durch Verringerung der Periheldistanz, können schlafende Kometen wieder aktiv werden. Umgekehrt können Kometen durch eine Vergrößerung des Perihelabstandes auch unbeobachtbar werden. Bei 18D/Perrine-Mrkos vergrößerten mehrere Jupiterpassagen zwischen 1959 und 2007 den Perihelabstand von 1,15AE auf mittlerweile 1,80AE. Der Komet konnte daher seit 1968 nicht mehr beobachtet werden. Weitere Beispiele für auf diese Art verlorene Kometen sind 75D/Kohoutek und 83D/Russell. Ob die Kometen danach tatsächlich inaktiv werden oder nur ihre Helligkeit für eine Beobachtung von der Erde zu gering wird, bleibt unklar.

Ein Beispiel für einen nach Jahrzehnten wieder aktiv gewordenen Komet ist 72D/

Verlorene und wieder gefundene Kometen

Ursprüngliche Bezeichnung	Neue Bezeichnung	Wiederentdeckung
1783 W1 (Pigott)	226P/Pigott-LINEAR-Kowalski	2003
1869 W1 (Tempel-Swift)	11P/Tempel-Swift-LINEAR	2001
1881 T1 (Denning)	72P/Denning-Fujikawa	1978
1889 M1 (Barnard)	177P/Barnard	2006
1892 T1 (Barnard)	206P/Barnard-Boattini	2008
1890 W1 (Spitaler)	113P/Spitaler	1993
1896 R2 (Giacobini)	205P/Giacobini	2008
1906 V2 (Metcalf)	97P/Metcalf-Brewington	1991

▲ **29P/Schwassmann-Wachmann** während eines Ausbruches im März 2010.

▲ **Die Entdeckung von P/2010 V1 (Ikeya-Murakami)** im November 2001 konnte auf einen Helligkeitsausbruch zurückgeführt werden. Eine elliptische Bahn mit einer Umlaufzeit von 5,4 Jahren bringt den Kometen 2016 wieder in Sonnennähe.

Denning-Fujikawa. 1882 entdeckt, blieb der Komet trotz einer berechneten Umlaufzeit von 9 Jahren bis 1978 unbeobachtet. Erst dann wurde er zufällig wieder aufgefunden. Inzwischen konnte er bei zwei weiteren Umläufen 1996 und 2005 wiederum nicht beobachtet werden. Da dieser Komet auf seiner Bahn jeweils ein ganzes Jahr im Kleinplanetengürtel verbringt, wird als Ursache für die 1978 auftretende Aktivität ein Kleinplaneten-Einschlag vermutet.

In den letzten Jahren konnten mehrere zum Teil schon über 100 Jahre verschollene Kometen wieder entdeckt werden. Am längsten verloren blieb D/1783 W1 (Pigott), der erst nach 220 Jahren durch das LINEAR-Projekt wieder gefunden wurde und seit 2009 als 226P/Pigott-LINEAR-Kowalski geführt wird.

Ausbrüche

Helligkeitsschwankungen und Ausbrüche sind häufig beobachtete Ereignisse an Kometen. Sie treten besonders in Sonnennähe auf, öfter nach dem Perihel als davor. Es gibt sie aber bisweilen auch in großer Sonnenentfernung.

Es können zumindest vier verschiedene Kategorien unterschieden werden: Erstens stehen Ausbrüche zweifellos in Zusammenhang mit Teilungen und Auflösungen von Kometen. Eine Kernteilung oder eine Abspaltung von Fragmenten bringt unter der Oberflache verborgenes Material zutage, dessen Sublimation zu einer gesteigerten Helligkeit führt. Hier gibt es zahlreiche Beispiele, zuletzt war 168P/Hergenrother im Herbst 2012 einer Fragmentation unterworfen, die seine Helligkeit um etwa 4 Größenklassen ansteigen ließ.

Seltener ist die zweite Kategorie anzutreffen. Hier wird als Ursache eine Zunahme der Ionisierung in der Koma beim Durchqueren von Grenzen des interplanetarem Magnetfeldes angenommen. Daraus ergibt sich ein ursächlicher Zusammenhang mit Schweifabrissen. Ein Zusammenhang mit der Sonnenaktivität und koronalen Massenauswürfen ist umstritten. Diese Art der Helligkeitssteigerung wurde an den Kometen 1P/Halley und C/1908 R1 (Morehouse) mehrfach beobachtet.

Daneben gibt es als dritte Kategorie explosive Aktivitäts-Ausbrüche, die sich auch wiederholen können (Beispiel 29P/Schwassmann-Wachmann). Hier kommt es zum explosiven Ausbruch von Gas und Staub aus dem Kern – ähnlich der Entstehung von Jets. Erhöhter Gasdruck, der sich im Inneren des Kernes unter einer isolierenden Kruste

Helligkeitsausbrüche

Komet	Zeitpunkt	Helligkeitssteigerung
17P/Holmes	Nov. 1892, Jan. 1893, Okt. 2007	bis 15^m
41P/Tuttle-Giacobini-Kresak	Mai 1973, Jul. 1973, Sep. 1995, Dez. 2000	bis 10^m
12P/Pons-Brooks	Dez. 1883, Sep. 1954	bis 5^m
29P/Schwassmann-Wachmann	regelmäßig, zuletzt Jun. 2012	$2^m - 5^m$
C/2001 A2 (LINEAR)	Apr., Mai, Jul. 2001	bis 4^m
168P/Hergenrother	Sep./Okt. 2012	4^m

aufbaut, oder mit Gas (vor allem CO) gefüllte Hohlräume werden als Ursache angenommen. Für diese Ausbrüche gibt es einen typischen Verlauf: Vor dem Ausbruch ist der Komet meist lichtschwach und diffus, es ist kein Plasmaschweif vorhanden. Nach dem Ausbruch ist zunächst eine stellare Phase vorhanden, in der der Komet sternförmig erscheint. Danach erfolgt durch radiale Ausdehnung der Koma eine planetare Phase (Erscheinung ähnlich einer Planetenscheibe) und eventuell ein Plasmaschweif.

Eine zusätzliche Ursache für Ausbrüche kann eine Bahnänderung durch eine Jupiterannäherung sein. Nach einer Verringerung der Periheldistanz und in der Folge zunehmender Sonneneinstrahlung können Kometen starke neue Aktivitätsschübe erhalten. So schwankte die Periheldistanz von 17P/Holmes seit seiner Entdeckung zwischen 2,35AE und 2,05AE. Auch die Periheldistanz von 168P/Hergenrother verringerte sich vor seiner Entdeckung von 1,85AE nach einer Jupiternähe 1980 auf 1,42AE.

Viele Kometen werden erst infolge eines Helligkeitsausbruches entdeckt. Beispielsweise führte ein erster Ausbruch im Jahre 1892 zur Entdeckung von 17P/Holmes. In jüngerer Vergangenheit wurden P/2010 H2 (Vales) und P/2010 V1 (Ikeya-Murakami) auf diese Weise entdeckt.

Meteorströme

Meteore oder Sternschnuppen werden sichtbar, wenn interplanetare Staubpartikel in die Erdatmosphäre eintreten und dort verglühen. Die Größe dieser Teilchen liegt im Millimeter- und Zentimeter-Bereich, die größeren unter ihnen leuchten als »Feuerbälle« auf. Stücke über 10cm Durchmesser können den Erdboden erreichen und werden dann als Meteoriten bezeichnet. Neben sporadischen Meteoren, das sind zufällig verteilte Sternschnuppen, wie sie jede Nacht aufleuchten, gibt es zahlreiche Meteorströme, die jedes Jahr um die selbe Zeit verstärkt auftreten. Diese scheinen dabei stets aus den selben Gegenden am Himmel zu kommen, dieser scheinbare Ursprungspunkt heißt Radiant. Die lateinische Bezeichnung des Sternbildes, in dem sich der jeweilige Radiant befindet, gibt dem Meteorstrom seinen Namen.

Gemessen wird die Aktivität eines Stromes nach der zenitalen stündlichen Rate ZHR (Zenithal Hourly Rate), die davon ausgeht, wie viele Meteore ein Beobachter in einer klaren Nacht pro Stunde sehen würde, wenn der Radiant im Zenit stehen würde. Die bekanntesten Meteorströme sind die im August auftretenden Perseiden und die im November auftretenden Leoniden. Aus der Berechnung der scheinbaren Bahnen am Himmel können Bahnparameter abgeleitet werden und auf Ursprungskörper rückgeschlossen werden. Auf diese Weise konnten viele Meteorströme mit Kometen in Verbindung gebracht werden. Einige gehen auch auf Kleinplaneten oder erloschene Kometen zurück. Interessant ist etwa der Ursprungskörper der Phöniciden, der Apollo-Kleinplanet 2003 WY_{25}, dessen Bahn sehr gut mit der des verschollenen D/1819 W1 (Blanpain) übereinstimmt und der fast erloschene Kern des Kometen sein dürfte –eine schwach ausgeprägte Koma konnte im Jahre 2005 nachgewiesen werden. Der Ursprungskörper des Quadrantiden-Stromes, 2003 EH_1, ist ebenfalls ein Kleinplanet und der mögliche Rest des Kometen C/1490 Y1.

▶ **Staubspuren** lassen sich besonders im Infrarot-Bereich beobachten. Das Spitzer-Weltraumteleskop konnte diese inzwischen an zahlreichen Kometen nachweisen. Die Staubspuren von 73P/Schwassmann-Wachmann lassen für das Jahr 2022 einen Meteorschauer erwarten.

Seit dem Kometen 3D/Biela vermutet man, dass verstärkte Aktivität von Meteorströmen auf Reste von zerfallenen Kometen zurückgehen. Ihr Ursprung ist aber eher in den Staubspuren der Kometen zu finden. Es sind dies besonders große Staubpartikel, die nicht vom Sonnenwind weggetragen werden, sondern in zahlreichen

Meteorströme mit Kometen als Ursprungskörper

Bezeichnung	Maximum	Ursprungskörper
Quadrantiden	3./4. Januar	2003 EH_1 – C/1490 Y1
Aurigiden	5.–10. Februar	C/1911 N1 (Kiess)
Eta-Virginiden	18./19. März	D/1766 G1 (Helfenzrieder)?
Lyriden	22. April	C/1861 G1 (Thatcher)
Pi-Puppiden	23./24. April	26P/Grigg-Skjellerup
Eta-Aquariden	5./6. Mai	1P/Halley
Eta-Lyriden	8. Mai	C/1983 H1 (IRAS-Araki-Alcock)
Arietiden	7./8. Juni	96P/Machholz, 1566 Icarus
Tau-Herculiden	9./10. Juni	73P/Schwassmann-Wachmann
Juni-Bootiden	28./29. Juni	7P/Pons-Winnecke
Pegasiden	9. Juli	C/1979 Y1 (Bradfield)?
Südliche Delta-Aquariiden	29. Juli	96P/Machholz
Alpha-Capricorniden	29. Juli	169P/NEAT
Perseiden	12./13. August	109P/Swift-Tuttle
Draconiden	9./10. Oktober	21P/Giacobini-Zinner
Epsilon-Geminiden	15. Oktober	C/1964 N1 (Ikeya)
Orioniden	21. Oktober	1P/Halley
Leonis-Minoriden	24. Oktober	C/1739 K1 (Zanotti)
Südliche Tauriden	30. Oktober – 7. November	2P/Encke
Nördliche Tauriden	4.–7. November	2P/Encke
Leoniden	17./18. November	55P/Tempel-Tuttle
Andromediden	14./15. November	3D/Biela
Phoeniciden	5./6. Dezember	D/1819 W1 (Blanpain)
Monocerotiden	11./12. Dezember	C/1917 F1 (Mellish)
Geminiden	13./14. Dezember	3200 Phaethon
Ursiden	22. Dezember	8P/Tuttle

(3200) Phaeton

Der Meteorstrom der Geminiden ist seit der Mitte des 19. Jahrhunderts bekannt, war aber zunächst wenig eindrucksvoll. Im Laufe des 20. Jahrhunderts nahm die Aktivität dann stetig zu. Die Sternschnuppen mit dem Radiant im Sternbild Zwillinge erscheinen jedes Jahr Mitte Dezember und treten seit den letzten Jahrzehnten sehr zahlreich auf. Eine ZHR von über 100 macht die Geminiden derzeit zum aktivsten Meteorstrom überhaupt. Ein Ursprungskörper blieb lange Zeit unbekannt, erst der Infrarot-Satellit IRAS konnte 1983 einen passenden Himmelskörper entdecken. Während für fast alle großen Meteorströme ein Komet und dessen Staubspur als Ursprung gilt, handelt es sich bei dem neu entdeckten Körper aber um einen Kleinplaneten. (3200) Phaeton läuft auf einer ungewöhnlichen elliptischen Bahn, die ihn alle 1,4 Jahre bis auf 0,14AE an die Sonne heranführt. Diese Bahn klassifiziert den 5km großen Himmelskörper als Apollo-Objekt, er kreuzt die Erd-, die Venus- und die Merkurbahn. Die Theorie, wonach es sich bei Phaeton um einen erloschenen Kometen handeln dürfte, wurde 2009 bestärkt, als Beobachtungen in Sonnennähe mithilfe der Sonnen-Satelliten STEREO einen starken Helligkeitsanstieg ergaben. Dieser könnte durch einen Staubausstoß entstanden sein, dennoch kann die große erforderliche Staubmenge, welche für die Geminidenaktivität notwendig ist, nicht erklärt werden. Auch andere Modelle, etwa eine Kollision von Phaeton mit anderen Kleinplaneten – möglicherweise 2 Pallas – konnten keine schlüssige Erklärung für den Geminiden-Meteorstrom bringen. Versuche, eine Staubspur auf der Bahn von Phaeton zu entdecken, blieben ebenfalls erfolglos.

Sonnenumläufen vom Kometen auf seiner Bahn zurückbleiben. Die Verteilung des Staubes ist dabei nicht gleichmäßig, in Sonnennähe wird jeweils verstärkt Staub ausgestoßen. Bewegt sich die Erde durch einen Bereich mit dichter Staubkonzentration, tritt ein Meteorsturm auf. Die Vorausberechnung der genauen Lage der Staubspuren bezogen auf die Position der Erde auf ihrer Bahn ist möglich und führt zu Prognosen über verstärkte Aktivitäten oder auch Meteorschauer. Dabei müssen auch weitere Einflüsse, etwa der Planeten Jupiter und Saturn, auf die Bewegung der Staubspuren berechnet werden. Eine Ablenkung des Staubes nahe der Erdbahn durch Jupiter und eine damit zusammenhängende 12-Jahres-Periode der Perseiden wird vermutet. Nach den zahlreichen Perseiden-Sternschnuppen der Jahre 1992 (Wiederkehr des Ursprungskometen 109P/Swift-Tuttle) und 2004, kann auch für 2016 wieder mit starker Aktivität gerechnet werden. Die Leoniden waren zuletzt 1999 und 2002 besonders zahlreich, für 2018, 2022 und 2027 werden erneut hohe Aktivitäten prognostiziert. Ein bisher noch nicht beobachteter Meteorstrom vom Kometen 209P/LINEAR könnte im Mai 2014 stark in Erscheinung treten: Für die Camelopardaliden wird ein Metorschauer mit einer ZHR von 400 und mehr Meteoren vorausberechnet.

Kometenforschung – einst und heute

Die Beschäftigung mit Kometen als Himmelskörper begann im Wesentlichen im 16. Jahrhundert. Zuvor waren sie seit Aristoteles als Erscheinungen in der Erdatmosphäre und als astrologische Zeichen betrachtet worden. Tycho Brahe gelang 1577 mittels Entfernungsbestimmungen der Nachweis, dass Kometen Himmelskörper im Sonnensystem sind. Ab dem 17. Jahrhundert wurde das Fernrohr als Instrument zur Kometenbeobachtung und auch -entdeckung eingesetzt. Seit 1858 ist die Fotografie von Kometen möglich, die Spektroskopie ist seit 1864 zur Erforschung der Zusammensetzung von Kometen im Einsatz. Beide Techniken kombiniert wurden erstmals 1881. Die erste fotografische Kometenentdeckung gelang 1892.

Ein wesentliches Aufgabengebiet innerhalb der professionellen Astronomie ist heute das Entdecken von Kometen, vornehmlich geht es um potenzielle Gefahren, die von erdnahen Objekten ausgehen könnten. Zu diesem Zweck gibt es seit den frühen 1990er-Jahren mehrere Projekte zur Himmelsdurchmusterung (Surveys), die sich speziell der Entdeckung von Kometen und Kleinplaneten widmen. Das Bekannteste und Erfolgreichste unter ihnen ist LINEAR, das bereits mehr als 200 Kometen entdeckt hat. Der neueste Survey ist Pan-STARRS, ein in der letzten Ausbaustufe aus vier 1,8m-Teleskopen bestehendes System, das in Zukunft einen Großteil aller Kometenentdeckungen erbringen könnte.

▲ **90cm-Spiegelteleskop** des Spacewatch-Observatoriums am Kitt Peak in Arizona. Hier fanden die ersten automatisierten Himmelsüberwachungen statt.

Surveys

Bezeichnung	Abkürzung für	Land	Zeitraum	Kometen-Entdeckungen
Spacewatch	–	USA	seit 1989	54
LONEOS	Lowell Observatory Near Earth Object Search	USA	1993–2008	42
NEAT	Near-Earth Asteroid Tracking	USA	1995–2007	54
LINEAR	Lincoln Near-Earth Asteroid Research	USA	seit 1996	215
CSS	Catalina Sky Survey	USA	seit 1998	98
SSS	Siding Spring Survey	AUS	seit 1998	93
Pan-STARRS	Panoramic Survey Telescope & Rapid Response System	USA	seit 2009	27

▲ **Das Nançay-Radioteleskop** nahe Paris ist seit 1965 in Betrieb und zählt noch immer zu den größten Radioteleskopen der Welt. Hier werden regelmäßig Kometen beobachtet, zuletzt C/2009 P1 (Garradd) und C/2011 L4 (PANSTARRS).

Radioastronomie

Als wichtige erdgebundene Methode kommt die Radioastronomie seit 1973 an Kometen zum Einsatz. Erste Messversuche gab es an C/1973 E1 (Kohoutek) und C/1975 V1 (West). Besonders regelmäßig wird die Kometenbeobachtung am Nançay-Radioteleskop in Frankreich ausgeübt: Über 50 Kometen – von C/1973 E1 (Kohoutek) bis 103P/Hartley – wurden hier über die Jahrzehnte im Wellenlängenbereich des OH-Moleküls untersucht. Dabei konnten wichtige Aufschlüsse über die Wasserproduktionsraten und die physikalischen Prozesse in der Kometenatmosphäre gewonnen werden.

Radar

Die Untersuchung mittels Radarwellen kann nur an sehr erdnahen Kometen durchgeführt werden. Erste Messungen gab es 1980 an 2P/Encke, 1983 konnte C/1983 H1 (IRAS-Araki-Alcock) beobachtet werden. Weitere Ziele waren 1P/Halley und C/1996 B2 (Hyakutake) und zuletzt im Herbst 2010 103P/Hartley. Insgesamt wurden erst 15 Kometen mittels Radar vermessen. Zum Einsatz kamen jeweils die größten Radio-Observatorien der USA – vor allem das Goldstone-Deep-Space- und das Arecibo-Observatorium in Puerto Rico. Erkenntnisse konnten dabei besonders über Aussehen, Größe und Rotation von Kometenkernen und über größere Staubteilchen innerhalb der Koma gewonnen werden.

Chronologischer Überblick über die Erforschung von Kometen	
ca. 500 v. Chr.	Pythagoras glaubt, es gäbe nur einen Kometen und dieser sei ein Planet
ca. 450 v.Chr.	Anaxagoras und Demokrit erklären Kometen als Konjunktionen von Planeten
ca. 340 v. Chr.	Aristoteles beschreibt in seiner »Meteorologica« Kometen als Erscheinungen (»feurige Ausdünstungen«) innerhalb der Atmosphäre
ca. 63	Seneca glaubt, dass Kometen sich innerhalb der Mondbahn auf geschlossenen Bahnen bewegen und regt eine genaue Aufzeichnung vergangener Kometenerscheinungen an
ca. 78	Plinius der Ältere beschreibt 10 Typen von Kometenformen
635	Li Chung-Feng beschreibt Kometen als nicht leuchtend, sondern von der Sonne erhellt und erklärt, dass Kometenschweife abends Richtung Osten und am Morgen Richtung Westen zeigen
1299	Peter von Limoges benutzt erstmals ein Instrument zur Kometenbeobachtung – mit einem »Torquetum« werden Länge und Breite am Himmel bestimmt
1456	Georg von Peurbach versucht erstmals eine Parallaxenbestimmung eines Kometen, um seine Entfernung festzustellen
1532	Peter Apian zeigt in einer Darstellung des Kometen von 1532, dass Kometenschweife von der Sonne weg weisen
1577	Tycho Brahe berechnet aufgrund der Parallaxe, dass Kometen sich jenseits des Mondes im Gebiet der Planeten bewegen. Ihre Bahnen können oval sein und Kometenschweife weisen von der Sonne weg

Chronologischer Überblick über die Erforschung von Kometen	
1664	Gioavanni Borrelli schreibt seine »Theoricae mediceorum planetarum«, worin er vermutet, dass Kometen sich auf parabelförmigen Bahnen bewegen
1665	Robert Hooke macht erste intensive teleskopische Beobachtungen der Kometen von 1664 und 1677 und schließt, dass ihre Kerne feste Körper sind. Hooke schlägt als Erster vor, dass sich Kometen auf elliptischen Bahnen bewegen und wiederkehren können
1680	Erste teleskopische Kometenentdeckung durch Gottfried Kirch
1681	Georg Dörffel formuliert, dass sich Kometen auf parabolischen Bahnen bewegen, in deren Brennpunkt die Sonne steht
1687	Isaac Newton kann am Beispiel des Kometen von 1680 die Bahn aus Beobachtungen errechnen. Fünf Bahnelemente sind nunmehr bekannt
1705	Edmond Halley errechnet, dass die Kometen von 1531, 1607 und 1682 sehr ähnliche Bahnen besitzen, erkennt sie als ein Objekt und sagt die Wiederkehr für 1758 voraus
1755	Immanuel Kant glaubt, Kometen entstehen als Kondensation eines protosolaren Nebels
1758	Johann Palitzsch gelingt die erste vorausgesagte Wiederentdeckung eines Kometen
1765	Johannes Winthrop versucht eine erste Masse- und Dichtebestimmung an Kometen
1776	Lexell, Prosperin und Burckhard errechnen erstmals die Bahn eines kurzperiodischen Kometen. Lexell erkennt erstmals den entscheidenden Einfluss Jupiters auf Kometenbahnen
1812	Heinrich Olbers erklärt Kometenschweife als Partikel, die durch Repulsivkräfte der Sonne vom Kern weggetrieben werden
1819	Johann Encke berechnet erste kurzperiodische Umlaufbahn
1835	Friedrich Wilhelm Bessel vermutet nicht-gravitative Kräfte durch Rotation und Rückstoß in Kometenkernen
1864	Erste spektroskopische Beobachtung eines Kometen durch Giovanni Donati
1868	William Huggins kann erstmals Kohlenstoff spektroskopisch in einem Kometen nachweisen
1910	Nicholas Dobrovnikoff identifiziert CN, CH und C_2 in der Koma von 1P/Halley
1932	Ernst Öpik beschreibt den Ursprung langperiodischer Kometen in einer Wolke am Rande des Sonnensystems
1935	Karl Wurm erklärt die Entstehung von in der Koma aktiven Tochter-Molekülen aus unbeobachtbaren Mutter-Molekülen
1943	Kenneth Edgeworth vermutet ein Kometenreservoir jenseits der Plutobahn
1948	Pol Swings beschreibt die Mutter-Moleküle als Wasser, Kohlendioxid, Methan, Ammoniak
1950	Fred Whipple veröffentlicht sein Eis-Konglomerat-Modell der Kometenkerne
1950	Jan Oort greift Öpiks Theorie auf und postuliert die Oortsche Wolke als Kometenreservoir
1951	Gerard Kuiper sagt eine ringförmige Kometenwolke jenseits der Neptunbahn voraus
1952	Armand Delsemme und Pol Swings veröffentlichen ihr Klathrat-Hydrat-Modell
1970	Entdeckung der Wasserstoff-Hydroxyl-Wolke um den Kometen C/1969 T1 (Tago-Sato-Kosaka)
1980	Erste Radar-Untersuchungen an einem Kometen – 2P/Encke
1985	Erste Kometen-Raumsonde ICE bei 21P/Giacobini-Zinner
1986	Erste Aufnahmen eines Kometen-Kernes durch GIOTTO an 1P/Halley
2009	Aminosäure Glycin wird in Kometenstaub nachgewiesen
2014	Erste Landung einer Sonde auf einem Kometenkern durch Rosetta (geplant)

Beobachtungen aus dem Weltraum

Erste Kometenbeobachtungen aus der Erdumlaufbahn gab es 1973 durch die Besatzungen von Skylab-4 und Sojus-13 an C/1973 E1 (Kohoutek). Auf Aufnahmen des Sonnenbeobachtungssatelliten Solwind vom August 1979 wurde die erste Kometenentdeckung vom Weltraum aus gemacht.

Sonnensonden

Das seit 1995 im Einsatz stehende Weltraum-Sonnenobservatorium SOHO brachte mit seinem Weitwinkelkoronographen LASCO die Entdeckung von bisher etwa 2400 sonnennahen Kometen. Auch mit dem UV-Instrument SWAN der Sonde können gelegentlich Entdeckungen gemacht werden. Besonders interessante Beobachtungen gelangen damit 1997 am Kometen C/1995 O1 (Hale-Bopp): Bei seiner Sonnennähe konnte aus Schweifbeobachtungen ein Wasserverlust von 300 Tonnen pro Sekunde berechnet werden. Zudem gelang es, die den Kometen umgebende Wasserstoffwolke nachzuweisen. Die Zwillingssonden der Sonnenmission STEREO können ebenfalls Kometen in Sonnennähe aufnehmen. Besondere Aufmerksamkeit erlangte der helle Sonnenstreifer C/2011 W3 (Lovejoy). Der Kreutz-Komet wurde im Januar 2012 nicht nur von SOHO und STEREO, sondern auch von den Sonden Hinode, PROBA-2 und SDO bei seiner extrem nahen Sonnenpassage beobachtet. Das SDO (Solar Dynamics Observatory) ist seit 2010 in Betrieb und kann mit seinem EUV-Instrument Kometen noch beim Eintritt in die Sonnenkorona im extremen UV-Bereich abbilden.

▼ **Mit den Instrumenten des Sonnenobservatoriums SOHO** werden immer wieder sonnennahe Kometen entdeckt und beobachtet.

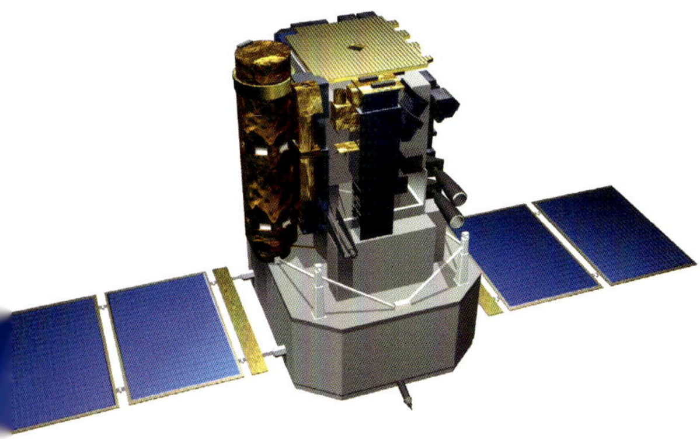

Weltraumteleskope

Infrarot

Mit dem im Jahr 1983 aktiven IRAS (Infrared Astronomical Satellite) wurde nicht nur der Komet C/1983 H1 (IRAS-Araki-Alcock) entdeckt, es entstanden auch interessante Infrarot-Beobachtungen, besonders am Kometen 22P/Kopff. Es gelang damit, Staubspuren entlang der Kometenbahn noch wesentlich länger und entfernter als im sichtbaren Bereich nachzuweisen. ISO, ein weiteres Infrarot-Observatorium, beobachtete im Jahr 1996 den Kometen C/1995 O1 (Hale-Bopp) intensiv. Das Spitzer-Infrarot-Weltraumteleskop kann fallweise ebenso zur Kometenforschung herangezogen werden. 1995 wurden damit die zahlreichen Bruchstücke des Kometen 73P beobachtet. Seit 2009 ist das Herschel-Teleskop der ESA im Einsatz und machte an 103P/Hartley eine interessante Entdeckung: Erstmals wurde auf diesem Kometen Wasser in erdähnlicher Zusammensetzung (im entsprechenden Deuterium-Wasserstoff-Verhältnis) nachgewiesen.

Ultraviolett

Im UV-Bereich waren die Kometen C/1979 Y1 (Bradfield) und 1P/Halley Untersuchungsziele des International Ultraviolet Explorers (IUE). Ab 1992 war der Extreme Ultraviolet Explorer (EUVE) im Einsatz und lieferte unter anderem Bilder vom Einschlag des Kometen Shoemaker-Levy auf Jupiter im Juli 1995.

Röntgenstrahlen

Nach Beobachtungen an C/1996 B2 (Hyakutake) mit dem Röntgenobservatorium ROSAT wurde im März 1997 nachgewiesen, dass manche Kometen auch Röntgenstrahlung aussenden. Eine Reihe von

Kometen – unter anderem 153P/Ikeya-Zhang, 2P/Encke und 9P/Tempel – wurden nachfolgend mit dem Röntgenteleskop Chandra untersucht. Gleichzeitig im Röntgen- und UV-Bereich konnte C/2007 N3 (Lulin) bei seiner Erdnähe im Februar 2009 mit dem NASA-Satelliten Swift beobachtet werden.

Optisches Licht

Das seit 1990 in der Erdumlaufbahn befindliche Hubble Space Telescope wurde immer wieder zur Beobachtung außergewöhnlicher Kometen herangezogen. Besonders eindrucksvoll waren die Aufnahmen der auf Jupiter stürzenden Teile des Kometen Shoemaker-Levy im Juli 1995. Auch 17P/Holmes wurde nach seinem überraschenden Helligkeitsausbruch im Herbst 2007 mit dem Hubble Space Telescope beobachtet.

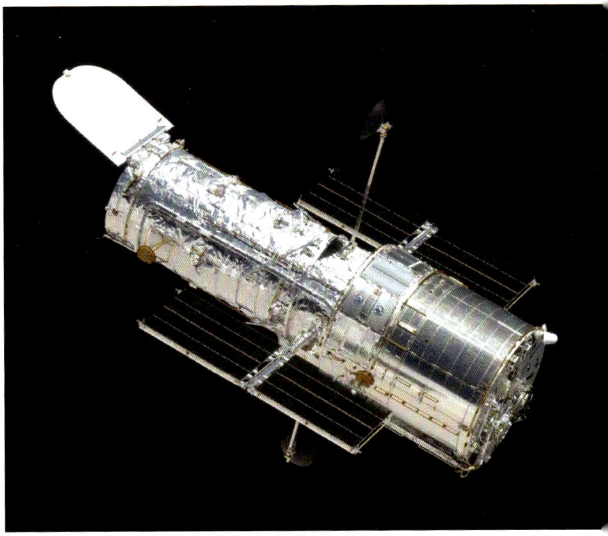

▲ **Das Hubble Space Telescope** ist seit 1990 in Betrieb und wird zur Beobachtung besonders interessanter Kometen herangezogen. Als erster Komet wurde C/1990 K1 (Levy) beobachtet, zuletzt C/2009 P1 (Garradd) im UV-Bereich.

Kometenmissionen

ISEE-3/ICE (1985/1986)

Am 12. August 1978 mit einer Delta-Rakete in einen Orbit um den Lagrange-Punkt L1 gebracht, sollte »ISEE-3« (International Sun-Earth Explorer) von dort aus ursprünglich die Wechselwirkung des Erdmagnetfeldes mit der Sonne und den Sonnenwind erforschen. Ab Mitte 1983 wurde mit mehreren Bahnkorrekturen und Mond-Swing-by-Manövern eine Flugbahn zum Kometen 21P/Giacobini-Zinner eingeschlagen, den die nunmehr ICE (International Cometary Explorer) genannte Sonde im September 1985 erreichte. Am 11. September durchflog ICE den Plasmaschweif des Kometen und konnte vor allem die Interaktion zwischen Sonnenwind und Kometenatmosphäre erforschen. Die Sonde wurde anschließend noch zu 1P/Halley weitergelenkt, wo sie in 28 Mio. km Abstand Ende März 1986 erfolgreich Messungen durchführte.

▼ **Die erste Kometen-Sonde ICE** erforschte im September 1985 den Kometen 21P/Giacobini-Zinner. Die Mission galt als Test für die wenig später folgenden Halley-Missionen.

Vega 1 und 2 (1986)

Die beiden Sonden starteten im Dezember 1984 als Teil eines kombinierten Planeten- und Kometenprogrammes. Im Juni 1985 wurde der Planet Venus erreicht und nach dem Absetzen

▲ **Die russische Sonde Vega** erreichte Anfang März 1986 den Kometen 1P/Halley.

▲ **Die besten Ergebnisse der Halley-Armada** lieferte die ESA-Sonde Giotto. Die zylinderförmige Konstruktion in der Größe von 2m × 1m wog knapp 1000kg.

von Landemodulen mittels Swing-by ein Weiterflug zu 1P/Halley ermöglicht. Am 6. und 9. März 1986 flogen die Raumsonden in 8000km bzw. 9000km Abstand am Kern des Kometen vorüber. Während der nur drei Stunden dauernden Annäherung gelangen etwa 1500 Aufnahmen und wertvolle Messungen, unter anderem mit UV- und IR-Spektrometer, Magnetometer und Staubpartikel-Impakt-Detektor.

▼ **Sakigake bzw. Susei,** die ersten Raumsonden aus Japan, flogen ebenfalls im März 1986 zum Kometen Halley.

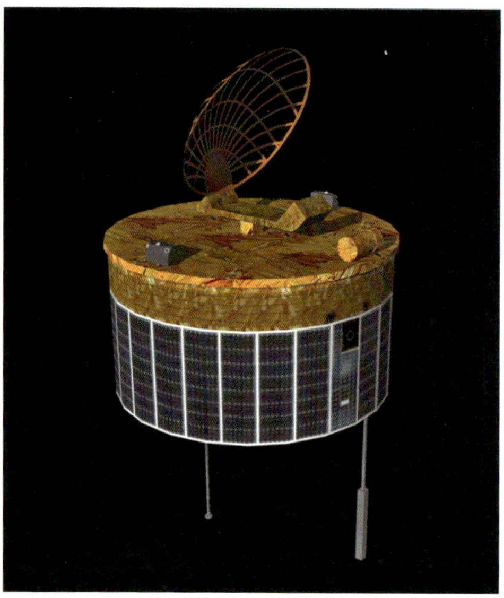

Sakigake und Susei (1986)

Die beiden Sonden sind baugleich, besitzen aber unterschiedliche Instrumente. Sie wurden Januar bzw. August 1985 gestartet. Es waren die ersten Raumsonden Japans und sie flogen im März 1986 in relativ großem Abstand an 1P/Halley vorbei. Mit an Bord waren UV-Kameras, Magnetometer und Instrumente zur Messung des Sonnenwindes. Beide Sonden sollten zu weiteren Kometen – unter anderem 21P/Giacobini-Zinner – weitergeleitet werden, was aber nicht gelang.

Giotto (1986/1992)

Am 2. Juli 1985 mit einer Ariane-1-Rakete gestartet, flog die ESA-Sonde am 13. März 1986 in nur 600km Abstand am Kern von 1P/Halley vorbei. Es war die dichteste Annäherung aller Raumsonden an diesen Kometen, Die erwartete Zerstörung durch einschlagendes Kometenmaterial trat zwar nicht ein, die Kamera und einige Instrumente fielen allerdings nach der Passage aus. Im Juli 1992 wurde ein weiterer Komet – 26P/Grigg-Skjellerup – in nur 200km Distanz passiert und untersucht.

Deep Space 1 (2001)

Die Sonde wurde nach Verzögerungen am 24. Oktober 1998 mit einer Delta-II-Rakete gestartet.

▲ **Die Sonde Deep Space 1** verwendete im Zuge des Millennium-Programms der NASA zahlreiche neue Technologien, unter anderem kam ein Ionen-Antrieb zum Einsatz.

Die ursprünglichen Ziele – unter anderem der Komet 76P/West-Kohoutek-Ikemura – konnten nicht mehr angeflogen werden. Nach der Passage am Kleinplaneten (9969) Braille 1999 fiel ein geplantes Rendezvous mit 107P/Wilson-Harrington aufgrund von Problemen mit dem Navigationssystem aus. Am 22. September 2001 konnte aber der Komet 19P/Borrelly aus 2200km Distanz untersucht werden und nach 1986 entstanden zum zweiten Mal Aufnahmen eines Kometenkernes.

Stardust (2004/2011)

Erstmals sollten bei einer Kometenmission Proben gesammelt und zur Erde zurück gebracht werden. Der Start erfolgte am 7. Februar 1999 und nach einem Swing-by-Manöver an der Erde im Januar 2001 erreichte die Sonde den Kometen 81P/Wild am 2. Januar 2004. In 236km Abstand wurden Staubpartikel der Koma in einer Aerogelschicht aufgefangen und zwei Jahre später mit einer Rückkehr-Kapsel zur Erde gebracht. Auch diese Sonde wurde reaktiviert und zu einem weiteren Kometen geleitet. Am 15. Februar 2011 konnte der Kern von 9P/Tempel aus 180km Entfernung abgebildet werden und die Aufnahmen mit den Ergebnissen von Deep Impact von 2005 verglichen werden.

▲ **Die 300kg schwere Stardust-Sonde** besuchte die Kometen 81P/Wild und 9P/Tempel.

Deep Impact/EPOXI (2005/2010)

Gestartet am 12. Januar 2005, erreichte die Sonde am 3. Juli 2005 den Kometen 9P/Tempel und setzte einen 370kg schweren Impaktor ab. 24 Stunden später traf der Impaktor den Kometenkern und die 8600km entfernte Mutter-Sonde konnte Aufnahmen und Messungen des explosionsartig ausgeworfenen Materials machen. 2007 beschloss die NASA, die Mission weiterzuführen.

▼ **Die 650kg schwere Sonde Deep Impact/EPOXI** mit dem Impaktor im Hintergrund.

▲ **2014 soll die NASA/ESA-Sonde Rosetta** den Kometen 67P/Churyumov-Gerasimenko erreichen und ihn auf seinem Weg ins innere Sonnensystem begleiten.

Als EPOXI (Extrasolar Planet Observation/eXtended Investigation of comets) wurde der Vorbeiflug an 85P/Boethin geplant. Der Komet konnte aber bei seiner erwarteten Wiederkehr 2007/2008 nicht wiedergefunden werden. Als neues Missionsziel wurde daher 103P/Hartley ausgewählt, den die Sonde am 4. November 2010 in 700km Abstand passierte. Es war der fünfte und bislang letzte Kometenkern, der von einer Raumsonde aufgenommen wurde.

Rosetta (2014)

Die am 2. März 2004 gestartete ESA-Sonde soll im Jahr 2014 den Kometen 67P/Churyumov-Gerasimenko aus einer Umlaufbahn heraus kartografieren und einen Lander absetzen. Diese 10-Jahres Mission sollte die Kometenforschung wesentlich voranbringen.

Überblick der Kometenmissionen

Name	Zielkomet	Land/Organisation	Start	Termin der Annäherung	Distanz der Annäherung
ISEE-3/ICE	21P/Giacobini-Zinner 1P/Halley	USA/NASA	12.8.1978	11.9.1985 28.3.1986	7800km 31000000km
Vega 1 Vega 2	1P/Halley	UdSSR, Österreich, Bundesrepublik Deutschland, Frankreich	15.12.1984 21.12.1984	6.3.1986 9.3.1986	8890km 8030km
Sakigake	1P/Halley	Japan	8.1.1985	11.3.1986	7000000km
Giotto	1P/Halley 26P/Grigg-Skjellerup	ESA	2.7.1985	13.3.1986 10.7.1992	596km 200km
Susei	1P/Halley	Japan	18.8.1985	8.3.1986	151000km
Deep Space 1	19P/Borrelly	USA/NASA	24.10.1998	22.9.2001	2200km
Stardust	81P/Wild 9P/Tempel	USA/NASA	7.2.1999	2.1.2004 14.2.2011	240km 181km
Deep Impact EPOXI	9P/Tempel 103P/Hartley	USA/NASA	12.1.2005	3.7.2005 4.10.2010	500km 700km
Rosetta	67P/Churyumov-Gerasimenko	ESA	2.3.2004	November 2014	Landung

Kometen – Praxis

Ausrüstung

Fernglas

Ferngläser sind das ideale Einstiegsinstrument für die Kometenbeobachtung. Sie sind relativ preisgünstig, transportabel und einfach zu benutzen. Die Leistungsfähigkeit dieser Doppelfernrohre wird oft unterschätzt: In jedem Jahr kommen mehrere Kometen in die Reichweite eines mittelgroßen Fernglases. Dauerhafte und ernsthafte Kometenbeobachtungen nur mit einem solchen Instrument sind möglich. Auch für den gut ausgerüsteten Sternfreund leistet ein Fernglas wichtige Dienste: Das große Sehfeld gestattet die strukturelle Beurteilung ausgedehnter Kometen als Ganzes, die geringe Vergrößerung erleichtert die Helligkeitsschätzung heller Schweifsterne.

Öffnung und Vergrößerung

Eine große Objektivöffnung ergibt ein großes Lichtsammelvermögen und bestimmt die Leistungsfähigkeit maßgeblich. Die meisten Ferngläser sind für die Freihandbeobachtung irdischer Ziele ausgelegt, so dass schon aus Gewichtsgründen die Öffnung begrenzt bleiben muss. Standardgläser haben 40mm bis 50mm, höchstens 70mm Öffnung.

Die zweite wichtige Maßzahl ist die Vergrößerung. Ein größeres Bild erhöht die Erkennbarkeit von Details – zu Lasten der Bildhelligkeit. Stark vergrößernde Gläser lassen sich nicht mehr freihändig benutzen. Aus diesem Grund bewegt sich die Vergrößerung von Universalgläsern zwischen 6× und 10×, höchstens 15×. Je größer die Öffnung, desto höher ist die Mindestvergrößerung, welche noch alles gesammelte Licht in die Pupille des Beobachters trägt.

Hellere Kometen sind meist ausgedehnte Objekte. Aus diesem Grund ist ein großes wahres Sehfeld, also das Gesichtsfeld in Grad am Himmel, wünschenswert. Auch dieses sinkt mit der Vergrößerung. Es hängt außerdem von der Okularkonstruktion und der Dimensionierung der Prismen ab. Moderne Gläser verfügen über Weitwinkelokulare, bei guten Standardferngläsern sind wahre Sehfelder zwischen 6° und 8° üblich.

Die Austrittspupille ist der Durchmesser des in das Auge eintretenden Lichtbündels. Sie bestimmt die Helligkeit des Himmelshintergrundes und von flächigen Beobachtungszielen.

Austrittspupille = Öffnung / Vergrößerung

Bei einem astronomisch genutzten Fernglas sollte die Austrittspupille nicht wesentlich unter 4mm liegen, um eine ausreichende Bildhelligkeit zu erhalten. Austrittspupillen, die über der Pupillenweite des dunkelangepassten Auges liegen, sind unwirtschaftlich: Das vom Instrument gesammelte Licht gelangt nicht in vollem Umfang ins Auge. Die Wirkung ist dieselbe wie eine Abblendung des Instruments.

Kleinferngläser

Kleinferngläser bieten das Potenzial sehr großer wahrer Sehfelder. Leider wird aus Vermarktungsgründen konstruktiv meist eine unnötig hohe Vergrößerung festgelegt. Es gibt wenige Taschenferngläser mit nur 5-facher Vergrößerung. Sie bieten ein wahres Sehfeld von etwa 10° und sind zur Beobachtung sehr ausgedehnter Kometen wertvoll. Die Austrittspupille liegt bei akzeptablen 4mm. Für denselben Verwendungszweck können auch hochwertige Theatergläser benutzt werden: Hier erreicht man bis zu 20°.

Bestimmung der Pupillenweite

Man kann die Größe der eigenen Pupille mit einer Genauigkeit von 0,5mm bestimmen, unter Zuhilfenahme eines Satzes Spiralbohrer. Man versucht, einen hellen Stern mit einem Bohrer abzudecken. Die Entfernung zwischen Bohrer und Auge ist dabei unwichtig, es spielt keine Rolle, ob er 10cm oder 50cm vom Auge entfernt gehalten wird. Der Durchmesser des kleinsten Bohrers, der den Stern gerade noch abdeckt, liegt etwas über der Pupillenweite. Die Bestimmung sollte mit dunkelangepassten Augen erfolgen.

Handhabung

Ferngläser sind für den visuellen Gebrauch bestimmt. Die Beschränkung auf eine kurze Objektivbrennweite verbunden mit dem Prismensystem führt zu einer geringen Baulänge, wie sie mit Teleskopen gleicher Öffnung nicht erreicht werden kann. Für den astronomischen Gebrauch ist die Freihandbeobachtung ebenfalls bequem, wenngleich der steile Blick zum Himmel nicht ganz so einfach ist. Das genussvolle Durchstreifen des Firmaments ist mit keinem anderen Instrument auf diese Weise möglich. Außerdem ist ein Fernglas ohne zusätzliche Einrichtungen wie Montierung oder Stativ benutzbar, und damit ein ideales Reiseinstrument. Für die zielgerichtete Kometenbeobachtung – vielleicht verbunden mit Messungen und Zeichnungen – ist die Freihandbeobachtung nicht sehr zweckmäßig. Man muss dann drei Probleme lösen:

- Bildruhe, Vermeidung von Zittern und Verwackeln
- Benutzung von Aufsuchkarten
- Dokumentation der Ergebnisse

Für eine höchstmögliche Bildruhe bei der Freihandbeobachtung müssen alle erdenklichen Maßnahmen getroffen werden. Die Bildruhe kann wesentlich erhöht werden, wenn man die Ellbogen aufstützt oder den Kopf anlehnt, z.B. an einen Baum. Das Bild wird außerdem stabiler, wenn man das Glas weit vorn anfasst (in der Nähe der Objektive) und das Glas gegen die Stirn drückt, falls dies zu einem angenehmen Einblick führt. Höher stehende Kometen können besser beobachtet werden, wenn man sich schräg hinstellt und anlehnt oder gar hinlegt. Für Letzteres sind Isomatten oder Liegestühle bzw. Stühle mit verstellbarer Lehne zweckmäßig. Falls man so etwas mit sich führen will, gehen freilich die Vorteile eines kompakten Reiseinstrumentes verloren. Aber eine Unterlage lässt sich improvisieren und Ferienunterkünfte haben oft Liegestühle in irgendeiner Form.

▼ **Angelehnt kann man sich bei sicherem Stand ziemlich schräg stellen.** Auf diese Weise sind recht steile Blicke komfortabel möglich. Das Fernglas sollte nahe dem Schwerpunkt gehalten werden, da hierdurch die Bildruhe erhöht wird.

Bildstabilisierende Ferngläser

Eine Freihandbenutzung ohne Wahrnehmungsverlust ist nur mit Ferngläsern möglich, die über eine interne Bildstabilisierung verfügen. Diese Geräte verfügen über Stellglieder, welche dem Zittern entgegenwirken. Der Effekt ist verblüffend. Leider sind solche Geräte für den Tageseinsatz ausgelegt und haben eine auf die Öffnung bezogen hohe Vergrößerung, die für Kometenbeobachtungen tendenziell ungeeignet ist. Dennoch kann man mit stabilisierten Ferngläsern erfolgreich arbeiten. Es stehen Öffnungen zwischen 32mm und 50mm zur Verfügung. Ein Satz Batterien genügt bei allen Modellen für einen Beobachtungsabend. Stabilisierte Ferngläser sind deutlich schwerer als konventionelle Geräte gleicher Öffnung.

Problematisch bleibt die Benutzung von Aufsuchkarten. Ein heller, sofort auffallender Komet kann direkt angepeilt werden, hierbei hilft das große Sehfeld. Kometen in der Nähe der Grenzgröße des Glases erfordern Starhopping, wie bei Benutzung eines Teleskops auch. Es ist sehr lästig, das Glas wegen eines Blicks in die Karte abzusetzen und dann mit dem Starhopping wieder von vorn zu beginnen. Dazu muss man sich den gesamten Weg von Ausgangsstern einprägen.

Eine genaue Beobachtung von Größe und Gestalt eines Kometen erfordert eine lang andauernde Beobachtung, welche immer neue Einzelheiten zum Vorschein bringt. Hierbei

▼ **Für die Benutzung eines Fernglases** wurde die Säule des Statives verlängert. Die Stabilität ist noch ausreichend. Das abgebildete Fernglas verfügte über keinen Stativanschluss. Ein Universal-Klemmadapter, der an der Mittelachse angreift, behebt diesen Mangel.

▼ **Mit einer Parallelogramm-Montierung** kann jede Himmelsregion erreicht werden, auch der Zenit. Die Beobachtung ist im Sitzen oder sogar im Liegen auf einem Stuhl mit Klapplehne möglich. Es wird ein hoher Beobachtungskomfort erreicht.

ist es bei lichtschwachen, schwer auffindbaren Schweifsternen kaum ausführbar, das Glas abzusetzen, etwas zu notieren und die Beobachtung fortzusetzen. Es bleibt, sich das Gesehene zu merken und erst nach Ende der Beobachtung zu notieren. Hilfreich sind Diktiergeräte, die bei Stille nichts aufzeichnen und erst durch die Stimme aktiviert werden. Solche Geräte sind klein und nicht sonderlich teuer. Sie finden Platz in jedem Reisegepäck.

Die Verwendung eines Stativs erhöht die Leistungsfähigkeit eines Fernglases erheblich. Voraussetzung ist, dass ein Stativadapter vorgesehen ist: Darauf sollte man beim Kauf achten. Da Ferngläser eine kurze Baulänge aufweisen, können Stativbeine beim Beobachten stören: Zum Blick auf sehr hoch stehende Objekte gelangt man bei Benutzung eines normalen Fotostativs nicht unter das Glas. Es ist deshalb günstiger, im Stehen zu beobachten und die Stativsäule auszufahren, sofern dies möglich ist. Stehende Beobachtung erfordert Stative von 160cm bis 200cm Höhe. Die meisten Fotostative erreichen diese Höhe nicht. Selbst mit einem hohen Stativ bleibt die Zenitregion unerreichbar. Hierfür benötigt man aufwendige Konstruktionen.

Großferngläser

Großferngläser sind von vornherein nicht für die Freihandbeobachtung gedacht. Dies trifft für Instrumente oberhalb von 80mm bis 100mm Öffnung generell zu. Solche Ferngläser wiegen mehrere Kilogramm, die Vergrößerung liegt über meist über 15×. Großferngläser müssen montiert werden und stellen erhebliche Anforderungen an die Aufstellung. Sie verfügen über Vorteile gegenüber einem kurzbrennweitigen mittelgroßen Fernrohr:

- Zumindest geradsichtige Ferngläser sind relativ preisgünstig
- Das beidäugige Beobachten sorgt für eine bessere Wahrnehmung kontrastschwacher Nebelobjekte
- Die geringe Vergrößerung erleichtert die Beurteilung ausgedehnter Objekte

Geradsichtferngläser erleichtern das intuitive Absuchen großer Himmelsgebiete. Dies wird durch die kurze Baulänge unterstützt.

Seine Vorteile spielt ein Großfernglas vor allem bei der visuellen Kometensuche aus. Stativ und Montierung müssen so ausgelegt sein, dass auch hoch stehende Himmelsregionen gut erreicht werden können. Die Beobachtung hoch stehender Objekte bleibt jedoch immer unbequem.

Ferngläser mit gewinkeltem Einblick lösen dieses Problem. Man erkauft den Komfort durch zwei Nachteile: Die Instrumente sind deutlich teurer und die direkte Verbindung zwischen dem freien Blick an den Himmel und dem Blick durch Fernglas geht verloren.

Angemessene Montierungen für Großferngläser müssen massiv sein. Kamerastative mit Schwenkneigern, wie sie für normale Gläser benutzt werden können, sind kaum brauchbar. Dies gilt auch für schwere Ausführungen. Der Handel bietet Gabelmontierungen an, deren Selbstbau ist natürlich möglich. Diese Konstruktionen

▼ **Der japanische Amateur Yuji Hyakutake** entdeckte den »Großen Kometen des Jahrs 1996« C/1996 B2 (Hyakutake) mit einem 25×150-Großfernglas.

kommen meist ohne Gegengewichte aus. Die ausladenden Parallelogramm-Montierungen, welche eine gute Wahl für Normalgläser darstellen, werden zu schwer und zu ausladend und sind für Großferngläser nicht zu empfehlen.

Einige Großferngläser verfügen über Wechselokulare. Bei diesen Instrumenten sollte darauf geachtet werden, dass die Justage nach einem Okularwechsel noch stimmt. Insbesondere wenn normale 1¼"-Okulare einsetzbar sind, führen geringe Toleranzen der Steckhülsendurchmesser dazu, dass die Achsen bei einigen Okularpaaren nicht parallel sind, was die Bildvereinigung im Gehirn erschwert oder verhindert.

Teleskop

Das Teleskop als optisches Instrument dient dazu, Licht zu sammeln und ein vergrößertes Bild zu liefen. Das Lichtsammelvermögen wird durch die Öffnung bestimmt, die Vergrößerung resultiert aus der Instrumentenbrennweite in Kombination mit der Okularwahl. Die Brennweite bestimmt auch das fotografisch nutzbare Bild maßgeblich. Die Kontrastübertragung hingegen wird von der Bauart und der Fertigungsqualität des Fernrohrs beeinflusst.

Fernrohre haben eine begrenzte Fähigkeit, feine Strukturen aufzulösen: Je größer die Öffnung, desto feinere Einzelheiten sind dies. In der Nähe dieser Auflösungsgrenze sinkt der Kontrast und damit die Schärfe. Außerdem wird auch der Kontrast großflächiger Einzelheiten vermindert, z.B. durch Streulicht. Dadurch vermindert sich die Brillanz der Abbildung. Diese beiden Kontrastdegradationen werden durch unterschiedliche technische Maßnahmen beeinflusst: die Schärfe hauptsächlich durch die Apertur und saubere (beugungsbegrenzte) Ausführung der Optik, die Brillanz vor allem durch die Streulichtunterdrückung und eine geringe Oberflächenrauigkeit von Spiegeln. Für die meisten Beobachtungsaufgaben an Kometen ist die Brillanz wichtiger als die Schärfe.

Öffnung

Die Wahrnehmungsfähigkeit des menschlichen Auges ist begrenzt: Sehr dunkle oder sehr kleine Lichteindrücke werden nicht registriert. Für die visuelle Beobachtung besteht die Aufgabe des Teleskops darin, die Grenzen der Wahrnehmung zu erweitern. Der Schlüssel dazu ist die Teleskopöffnung.

Sternartige Lichtquellen (z.B. kompakte Kometen mit kaum ausgebildeter Koma) benötigen eine Mindesthelligkeit, um vom Auge erfasst zu werden. Für den freien Blick zum Himmel liegt

▼ **Das in ein Fernrohr eintretende Lichtbündel** ist viel zu groß, um über die Pupillenöffnung in das Augeninnere zu gelangen. Je stärker das Bild durch die Wahl geeigneter Okulare vergrößert wird, desto kleiner wird der Durchmesser des Lichtbündels, welches das Instrument verlässt. Von Minimalvergrößerung spricht man, wenn dieser Durchmesser gleich der Pupillenöffnung ist. Flächige Objekte wie Kometen erscheinen dann genauso hell wie beim Blick mit dem freien Auge, aber eben vergrößert.

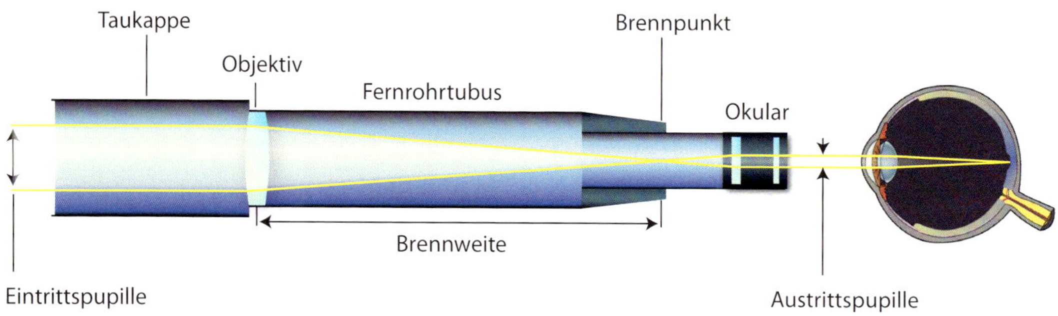

Öffnungsverhältnis

Die Lichtstärke eines Teleskops wird als Öffnungsverhältnis bezeichnet:

Öffnungsverhältnis = Öffnung / Brennweite

In der Astronomie wird dieses Verhältnis häufig in der Blendenzahl angegeben, welche bei der Fotografie benutzt wird. Die Blendenzahl (auch als Öffnungszahl bezeichnet) ist reziprok zum Öffnungsverhältnis.
Beispiel: Ein 100/1000-Teleskop hat die Blendenzahl 10, auch geschrieben als Öffnungsverhältnis f/10. Optiken mit kleinerer Blendenzahl oder größerem Öffnungsverhältnis sind lichtstärker (»schneller«): Ein flächiges Objekt kann in kürzerer Belichtungszeit abgebildet werden. Im Gegenzug steigt der Aufwand für die Begrenzung optischer Fehler.

diese Grenze bei ca. $6{,}^{\mathrm{m}}5$, falls der Himmel dunkel genug ist. Wenn das Beobachtungsobjekt beim vergrößerten Anblick durch das Teleskop immer noch nahezu punktförmig erscheint, dann wird die verbesserte Sichtbarkeit durch einen helleren Sinneseindruck erzeugt. Die lichtsammelnde Wirkung des Fernrohrs wird in einen Helligkeitsgewinn umgesetzt, die visuelle Grenzgröße verschiebt sich zu schwächeren Sternen, also größeren Magnituden.

Flächige, nebelartige Objekte können mit einem Fernrohr nicht heller wahrgenommen werden als mit dem freien Auge. Genau genommen sind sie sogar ein wenig lichtschwächer, da im Teleskop Lichtverluste unvermeidlich sind. Aber solche Objekte können bei gleicher Helligkeit größer dargestellt werden. Je größer die Teleskopöffnung, desto größer ist das Beobachtungsziel bei gleicher Flächenhelligkeit. Schwache Objekte lassen sich besser erkennen, wenn sie eine angemessene scheinbare Größe haben. Darüber hinaus ist es mit einem Teleskop möglich, die scheinbare Ausdehnung eines flächenhaften Objektes auf Kosten der Flächenhelligkeit weiter zu erhöhen, indem man eine größere als die Mindestvergrößerung einsetzt. Dies kann für die Wahrnehmung vorteilhaft sein.

Für die Himmelsfotografie gelten ähnliche Gesetze wie für die visuelle Beobachtung. Punktförmige Objekte, welche der Sensor nicht auflösen kann, werden umso heller, je größer die Öffnung des Objektives bzw. des Teleskopes ist. Die Intensität flächenhafter Objekte hängt vom Öffnungsverhältnis ab. Dieses Intensitätsverhältnis ist durch die Bauart der Optik weitgehend festgelegt und kann kaum verändert werden. Tendenziell gilt aber für die Fotografie: Größere Teleskope gleicher Bauart bilden flächige Objekte größer ab.

Eine geringere Öffnung bzw. größere Blendenzahl kann in der Bildaufzeichnung durch eine Verlängerung der Belichtungszeit kompensiert werden. Neben der Geduld des Fotografen setzen zwei Effekte Grenzen:

- Das Hintergrundrauschen, welches ein Sensor erzeugt, steigt mit der Belichtungszeit.
- Kometen bewegen sich im Verhältnis zu den Sternen. Wenn nicht auf den Kometen selbst nachgeführt werden kann, dann setzt dessen Bewegung eine Grenze für die Belichtungszeit.

Brennweite

Die Brennweite bestimmt die Bildgröße und damit die Eigenschaften eines Teleskops maßgeblich. Große Brennweiten können durch relativ flache, schwach gekrümmte Oberflächen der Linsen oder Spiegel realisiert werden. Dies erleichtert die Konstruktion – optische Bildfehler lassen sich mit einem geringeren Aufwand beheben.

Für die visuelle Kometenbeobachtung sind kurzbrennweitige Instrumente universell einsetzbar, falls die Abbildungsfehler angemessen korrigiert werden konnten. Kometen werden typischerweise bei niedrigen bis mittleren Vergrößerungen beobachtet. Die meisten Bildfehler werden jedoch erst bei hohen Vergrößerungen störend deutlich. Aus diesem Grund kann man für die Kometenbeobachtung ein größeres Maß an optischen Unzulänglichkeiten akzeptieren als z.B. für die Planetenbeobachtung, die Fehlerkorrektur

Chromatische Aberration

Die farbabhängige Brechung führt bei einem Linsenfernrohr zu zwei Farbfehlern, die in Summe als Chromatische Aberration bezeichnet werden. Zum einen liegt der Fokus für verschiedene Farben in verschiedenen Brennebenen. Dieser Effekt ist auch auf der optischen Achse wahrnehmbar. Außerdem unterscheidet sich die Bildgröße in Abhängigkeit von der Wellenlänge. Dieser Fehler wird umso größer, je weiter man sich von der optischen Achse entfernt. Man spricht auch von Farblängs- und Farbquerfehler. Der Farblängsfehler kann durch ein kleines Öffnungsverhältnis bzw. durch Abblenden eines gegebenen Teleskopes reduziert werden, da die Tiefenschärfe steigt. Der Farbquerfehler kann durch Abblenden nicht reduziert werden.

darf also geringer ausfallen. Kurzbrennweitige, aber nicht bis zur Beugungsgrenze korrigierte Refraktoren werden deshalb auch als Kometensucher bezeichnet. Wegen der geringen Brennweite dieser Instrumente können große Bildfelder mit handelsüblichen Okularen erreicht werden. Bei Instrumenten mit langen Brennweiten ist nicht sichergestellt, dass die Minimalvergrößerung tatsächlich erreicht werden kann.

Für die fotografische Anwendung führt die Verringerung der Brennweite bei gegebener Öffnung zu einer lichtstärkeren Optik, das Öffnungsverhältnis wird größer, die Blendenzahl kleiner. Im Gegensatz zum visuellen Gebrauch kann auf die Korrektur von Bildfehlern nicht verzichtet werden: Es wird eine über das Aufnahmeformat »saubere« Sternabbildung erwartet. Die gleichzeitige Forderung von Lichtstärke und der Beseitigung der optischen Fehler unter die Nachweisgrenze führt zu aufwendigen Teleskopkonstruktionen oder der Verwendung zusätzlicher Korrekturoptiken.

Lichtstärkere Optiken gestatten die Verwendung kürzerer Belichtungszeiten, um ein nebelhaftes Objekt mit derselben Helligkeit abzulichten. Die Wahl der Optik legt den Abbildungsmaßstab fest, dieser kann nur in geringem Umfang durch Hilfsoptiken an die Objektgröße angepasst werden. Aus diesem Grund verwenden Astrofotografen oft mehrere Optiken parallel, z.B. eine Auswahl von Fotoobjektiven, welche ein Fernrohr ergänzen. Mit Objektiven im Brennweiten-Bereich zwischen 100mm und 300mm können bereits zahlreiche Kometen fotografiert werden.

Refraktor

Refraktoren erzeugen eine Abbildung infolge Lichtbrechung beim Durchgang durch Glas. Die Brechung ist von der Wellenlänge, also von der Farbe des Lichtes abhängig. Aus diesem Grund können mit einer einfachen Linse nicht alle Farben vereinigt werden: Die Linse wirkt wie ein Prisma und spaltet die Farben auf. Ein brauchbares Bild erhält man nur, wenn das Licht nur ganz gering gebrochen wird, also durch Verwendung einer sehr schwach gekrümmten Linse. Dies führt zu einer extrem langen Brennweite, solche Instrumente sind deswegen kaum handhabbar. Dennoch folgten die ersten Linsenteleskope diesem Prinzip. Heute werden Einzellinsen nur noch für Spielzeugfernrohre eingesetzt.

Wenn man zwei Linsen unterschiedlicher Brechkraft kombiniert, dann kann man den Brennpunkt für zwei Farben vereinigen. Man spricht dann von einem Achromaten. Da man nur zwei Farben vereinigt, kann es trotz dieses Namens zu Farbsäumen kommen. Objektive dieser Art mit einem optisch wirksamen Luftspalt zwischen den Linsen werden als Fraunhofer- oder FH-Typ bezeichnet. Solche Instrumente sind die typischen Refraktoren für Kometenbeobachter. Sie liefern bei niedrigen bis mittleren Vergrößerungen ein kontrastreiches Bild und ein großes Sehfeld. Preis, Größe und Gewicht sind akzeptabel.

Für Kometenfotografen sind FH-Teleskope weniger zu empfehlen. Besser sind aufwendiger korrigierte Refraktoren, sog. Apochromaten. Da bei dieser Konstruktion drei Farben exakt vereinigt werden, fallen die anderen Wellenlängen fast in denselben Brennpunkt. Somit ist die Konstruktion sehr kurzbrennweitiger Instrumente möglich, ohne dass der verbleibende Farbfehler wahrnehmbar wird.

Der größte verbleibende Fehler ist die Bildfeldwölbung, welche visuell kaum stört. Bei Himmelsaufnahmen führt er zu Unschärfe in den Bildecken und muss durch eine Hilfsoptik zur Bildfeldebnung korrigiert werden. In fotografisch ausgelegten Instrumenten ist dieses Korrekturglied mitunter schon enthalten oder die Bildfeldwölbung wurde durch eine bessere Objektivkonstruktion behoben.

Apochromaten sind unterhalb von 100mm Öffnung ein gute Wahl. Größere Instrumente sind sehr schwer und vor allem außergewöhnlich teuer. Dennoch werden sie von einigen Kometenfotografen benutzt.

Helle, sehr ausgedehnte Kometen erfordern große Bildfelder, die mit gewöhnlichen Teleskopen nicht erreicht werden können. Unterhalb von 300mm Brennweite sind deshalb Fotoobjektive die erste Wahl. Diese werden nach anderen Entwurfszielen konstruiert als Teleskope. Von Fernrohren wird eine beugungsbegrenzte Abbildung zumindest in der Nähe der optischen Achse erwartet. Kameraobjektive sind auf große Lichtstärke getrimmt, die mit einer akzeptablen Abbildung über das Bildfeld verbunden sein muss. Bei voller Öffnung werden die Kompromisse des Entwurfs sichtbar: An den Rändern und insbesondere in den Bildecken wird das Bild unscharf. Die Ursache dafür ist hauptsächlich der Astigmatismus. Um diesen Bildfehler zu reduzieren, sollte jede Fotooptik um ein bis zwei Blendestufen abgeblendet werden, auch wenn dabei etwas von der Lichtstärke eingebüßt wird.

Newton-Reflektor

Das Newton-Fernrohr ist das am einfachsten aufgebaute praktisch wirklich nutzbare Teleskop. Als abbildendes Element dient ein Hohlspiegel. Zusätzlich wird ein Planspiegel benötigt, um den Lichtkegel für Okular oder Kamera zugänglich zu machen. Das Reflexionsgesetz »Einfallswinkel = Ausfallswinkel« wirkt für alle Wellenlängen in gleicher Weise, aus diesem Grund können an Spiegelteleskopen keine Farbfehler auftreten.

Ein einfach zu fertigender Kugelspiegel ist außerstande, eine punktförmige Lichtquelle – also einen Stern – im Brennpunkt tatsächlich auch zu vereinigen. Bei relativ langbrennweitigen Newton-Teleskopen ist dieser Fehler so gering, dass eine beugungsbegrenzte Abbildung erreicht wird. Das Öffnungsverhältnis muss hierzu kleiner f/8 sein. Zu finden ist dies nur bei einfachen Teleskopen bis 150mm Öffnung.

Ein Spiegel mit parabelförmigem Querschnitt ergibt auf der Achse eine perfekte Abbildung. Neben der Parabolisierung sind hierzu keine weiteren optischen Maßnahmen

▼ **Astigmatismus** äußert sich in einer kreuzförmigen Verzeichnung von punktförmigen Objekten. Die Ursache liegt darin, dass die Brennpunkte für radiale und tangentiale Strahlen nicht übereinander fallen. Astigmatismus ist der größte verbleibende Fehler gut korrigierter Linsenfernrohre.

Koma

Außerhalb der Bildachse arbeitet ein Newton-Teleskop nicht fehlerfrei. Der weit überwiegende Fehler ist die Koma – nicht zu verwechseln mit der Gas- und Staubhülle um den Kometenkern. Fotografen benötigen eine zusätzliche Korrektionsoptik, welche diese reduziert, einen Komakorrektor. Lichtstarke Newton-Fernrohre stellen erhebliche Anforderungen an den Konstruktionsaufwand der Okulare, ein einzelnes Okular kann dann mehr kosten, als ein mittleres Teleskop.

erforderlich. Newton-Teleskope können deshalb lichtstark konstruiert gebaut werden, ein Öffnungsverhältnis von f/6 gilt schon als lichtschwach. Dies kommt den Anforderungen der Kometenbeobachter entgegen.

Schmidtkamera

Eine Schmidtkamera besteht aus einem sphärischen Spiegel mit einer asphärischen Korrektionslinse. Bernhard Schmidt fand ca. 1930 eine Methode, diese Linse herzustellen. Schmidtkameras sind ausschließlich für die fotografische Arbeit gedacht, da der Brennpunkt nicht zugänglich ist. Die Kamera befindet sich im Inneren des Teleskops. Mit dieser Konstruktion können alle Bildfehler bis auf die Bildfeldwölbung für ein großes nutzbares Feld beseitigt werden. Das Bildfeld wird nicht geebnet, sondern es wird ein gekrümmter Film eingesetzt. Bei den klassischen chemischen Filmen war dies unproblematisch möglich. Damit war die Schmidtkamera ein herausragendes Werkzeug für Kometenfotografen. Der einfache Aufbau verbunden mit einem hohen Korrekturzustand und großen Bildfeldern wird von keinem anderen Instrument erreicht. Amateure haben meist mit Mittelformatfilm gearbeitet und Bildfelder von über 5° erreicht.

▼ **Die Schmidtkamera** ist über ein großes Feld frei von Koma, Astigmatismus und sphärischer Aberration. Die Schmidtkamera ist extrem lichtstark, typische Öffnungsverhältnisse liegen zwischen f/2 und f/1,5.

Die Digitalisierung der Astrofotografie hat diesen Kameratyp aus dem Amateurbereich weitgehend verdrängt. Elektronische Sensoren lassen sich nicht wölben. Aus diesem Grund können an diesen Instrumenten nur Kameras mit geringer Chipgröße benutzt werden, der Vorteil des großen Bildfeldes geht verloren. Möglich ist auch eine Hilfsoptik zur Bildfeldebnung. Diese bringt optische Fehler in das System, welche sich nur zum Teil durch konstruktive Veränderungen beheben lassen. Professionelle Instrumente wurden mit CCD-Matrizen ausgerüstet, die auf einer gewölbten Fläche montiert sind. Bei den Berufsastronomen werden Schmidtkameras auf diese Weise weiter betrieben.

Andere Typen

James Baker entwickelte 1940 die Schmidtkamera weiter, in dem er einen Fangspiegel hinzufügte. Dieter Lichtenknecker entwickelte und verkaufte sog. »Flatfieldkameras«, die auf dem Baker-Schmidt-Entwurf beruhen. Es wurden Öffnungen zwischen 150mm und 300mm produziert.

Die Lichtstärke ist etwas geringer als bei Schmidtkameras und liegt im Bereich f/4.

Die weit verbreiteten Schmidt-Cassegrain-Teleskope werden auch von Kometenbeobachtern eingesetzt, vor allem fotografisch. Dieser Teleskopentwurf gestattet es, eine große Öffnung in einen kompakten Tubus zu bringen, was den Transport erleichtert und die Anforderungen an die Montierung senkt. Wegen der kleinen Bildfelder (meist <1°) sind diese Instrumente vor allem zur Kometensuche und zur Fotografie schwacher Kometen geeignet.

Jedes andere Teleskop ist prinzipiell zur Kometenbeobachtung einsetzbar, sowohl fotografisch als auch visuell. Ein vorhandenes Teleskop ist immer die erste Wahl zum Einstieg in die Kometenbeobachtung.

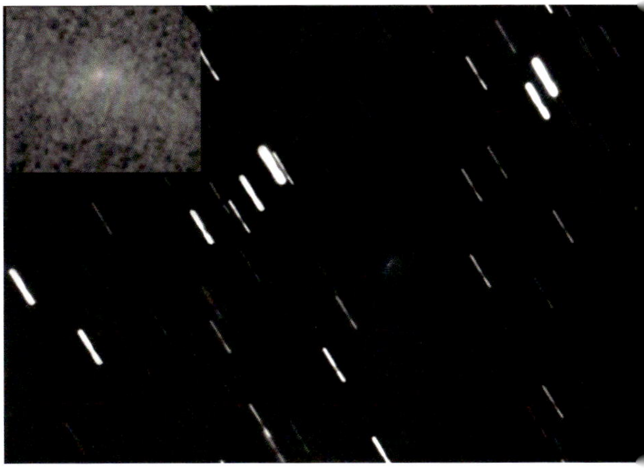

▲ **Mit einem Schmidt-Cassegrain-Teleskop** gelang Bernhard Häusler der Nachweis einer zweiten Kondensation am Kern des Kometen 19P/Borrelly.

Montierung

Jedes Teleskop benötigt eine Montierung, die es gestattet, das Fernrohr auf die Beobachtungsregion zu richten und auf das Beobachtungsziel nachzuführen. Montierungen sollen stabil sein, um auch nach einer Fokussierung und bei Windbelastungen ein ruhiges Bild zu liefern. Gleichzeitig sollten sie leicht sein, wenn sie transportiert werden müssen. Diese Forderungen lassen sich nur bedingt vereinen. Montierungen werden nach Tragkraft verkauft. Die vom Hersteller angegebenen Höchstwerte sind oft praxisfern: Üblicherweise trägt eine Montierung die Hälfte dieser Angabe. Bei gleichem Gewicht werden kurze kompakte Geräte stabiler gehalten als ein gleich schweres, langes Gerät, dessen Hebelkräfte für starke Schwingungen sorgen.

Jede Montierung benötigt eine Verbindung zum Untergrund, meist ein Stativ oder eine Säule. Dieses Element trägt wesentlich zur Gesamtstabilität bei. Transportable Montierungen werden auf Stativen montiert. Die wenigsten Schwingungen erzeugen schwere Holzstative, die bis 100kg Tragkraft ausgelegt sein können. Stationäre Montierungen ruhen meist auf Säulen, die in der Regel mit dem Untergrund verschraubt sind. Säulen sind nicht so ausladend wie Stative, das Teleskop kann nirgends anstoßen.

Azimutale oder parallaktische Montierung?

Azimutale Montierungen werden oft zur visuellen Kometenbeobachtung und -suche eingesetzt. Ihr Vorteil besteht darin, dass sie nicht eingerichtet werden müssen und dass große Himmelsgebiete auf einfache Weise durchsucht werden können. Für den fotografischen Einsatz eignen sie sich nicht. Für die visuelle Beobachtung ist dieser Montierungstyp empfehlenswert.

▼ **Die Kugelschalenmontierung** kommt ohne Achsen aus und kann damit sehr intuitiv bewegt werden.

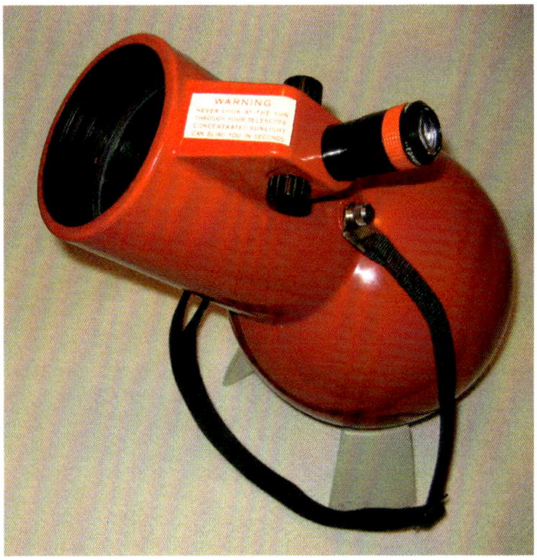

▲ **Wegen ihres niedrigen Schwerpunktes** können Newton-Teleskope auf eine besonders günstige Weise azimutal aufgestellt werden, mittels der Dobson-Montierung. Durch eine zusätzliche sog. Äquatorialplattform lässt sich unaufwendig eine elektrische Nachführung realisieren.

▼ **Eine Deutsche Montierung** ergibt große Freiheitsgrade bezüglich der Instrumentenbeweglichkeit. Nachteilig sind die Notwendigkeit von Gegengewichten und die großen Hebel.

Fest installierte Montierungen sind in der Regel parallaktisch eingerichtet, um die Fotografie zu ermöglichen. Im Feldeinsatz erfordern parallaktische Montierungen die Einrichtung auf den Himmelspol, was einige Zeit in Anspruch nimmt. Außerdem sind meist Gegengewichte erforderlich, was das Transportgewicht erhöht. Kometenfotografen müssen sich jedoch diesen Nachteilen stellen.

Zubehör

Okulare

Okulare sind für die visuelle Beobachtung ebenso wichtig wie das Instrument selbst. Kometenbeobachter haben besondere Anforderungen an Okulare:

- Die Bildbrillanz soll hoch sein
- Der Lichtverlust soll gering sein
- Das Okular soll ein großes Gesichtsfeld bieten, um ausgedehnte Kometen in Gänze einschätzen zu können
- Die Vergrößerung sollte sich über das Sehfeld nicht ändern, um Helligkeitsschätzungen zu erleichtern

Leider sind diese Forderungen widersprüchlich. Glas-Luft-Flächen erzeugen Streulicht und damit sowohl Lichtverlust als auch Brillanzminderung. Okulare mit sehr großem Gesichtsfeld sind optisch aufwendig. Außerdem vergrößern ausgesprochene Weitwinkelokulare in den Randbereichen stärker als im Zentrum.

Die beste Brillanz ergeben die orthoskopischen Okulare oder solche vom Plössl-Typ, da sie nur zwei Linsengruppen enthalten. Es sind Bildfelder bis ca. 55° erreichbar, was akzeptabel sein kann. Der Pupillenabstand und damit der Einblickskomfort verschlechtern sich mit kürzer werdender Brennweite.

Ein besonders großes Gesichtsfeld ergeben die Okulare von Nagler-Typ und deren Nachfolger. Die große Anzahl der optischen Gruppen führt zu einem gewissen Verlust an Brillanz. Außerdem geht zusätzlich durch den großen Glasweg Licht

Goto-Funktion

Instrumente mit elektronischer Steuerung können auf Knopfdruck beliebige Himmelskoordinaten anfahren. In der Steuersoftware sind Objektlisten enthalten, welche vom Teleskop eingestellt werden können. Üblicherweise sind diese Listen erweiterbar, so dass die Bahndaten von neuen Kometen hinzugefügt werden können. Die Steuerung kann von der Nachführung selbst oder von einem angeschlossenen Steuerrechner (meist ein Laptop) erfolgen. Die Ausrichtung erfolgt über das Anpeilen von einem bis drei Sternen, ist kein GPS-Modul eingebaut, müssen auch Datum, Uhrzeit und die geographischen Koordinaten eingegeben werden. Die Aufsuchgenauigkeit eines gut ausgerichteten Teleskops mit steifer Montierung ist besser als 10'.

verloren. Die Vergrößerung am Bildrand weicht erheblich von der im Zentrum ab, so dass bei der Helligkeitseinschätzung Sterne am Rand nicht benutzt werden sollten. Die Bildschärfe ist über das gesamte Gesichtsfeld gut, der Einblickskomfort über alle Brennweiten hoch.

Einen Kompromiss stellen Okulare vom Erfle-Typ dar. Mit ihnen sind Gesichtsfelder bis knapp 70° erreichbar, bei drei Linsengruppen und wenig Glasweg. Die Vergrößerung ändert sich zum Rand hin nur wenig. Allerdings ist die Bildschärfe am Rand nur mäßig und der Einblick verschlechtert sich bei kurzen Brennweiten.

▼ **Größenvergleich** zwischen einem Nagler- und einem Plössl-Okular vergleichbarer Brennweite.

Von großer Bedeutung ist die Fertigungsqualität. Markenprodukte verfügen über eine Mehrfachvergütung der optischen Flächen, Schwärzung der Linsenkanten und Maßnahmen zur Streulichtverminderung am Okularkörper.

Zenitspiegel und -prismen

Bei geradsichtigen Teleskopen erhöht ein Zenitspiegel oder ein Zenitprisma den Beobachtungskomfort erheblich. Dieses Bauteil erzeugt aber auch Streulicht und bewirkt einen gewissen Lichtverlust. Empfehlenswert sind dielektrisch beschichtete Zenitspiegel, welche bis zu 99% des Lichtes reflektieren. Für Newton-Teleskope sind derartig hochwertige Spiegel zumindest als Fangspiegel einsetzbar.

Brennweitenveränderung und Bildkorrektur

Die meisten Teleskope bilden abseits der optischen Achse nicht so gut ab, wie man es sich für die Himmelsfotografie wünscht: Bildfeldwölbung und Koma rufen Abbildungsprobleme an den Rändern des Bildfeldes hervor. Hierfür gibt es Korrekturoptiken, sog. Bildfeldebner (»Field Flattener«) und Komakorrektoren.

Für Kometenfotografen ist eine geringe Brennweite bzw. ein großes Öffnungsverhältnis optimal. Mit einem sog. »Reducer« bzw. einer Shapley-Linse kann die Brennweite um einen Faktor typischerweise zwischen 1,5 und 3 verkürzt werden. Diese Bauteile ebnen oft gleichzeitig das Bildfeld.

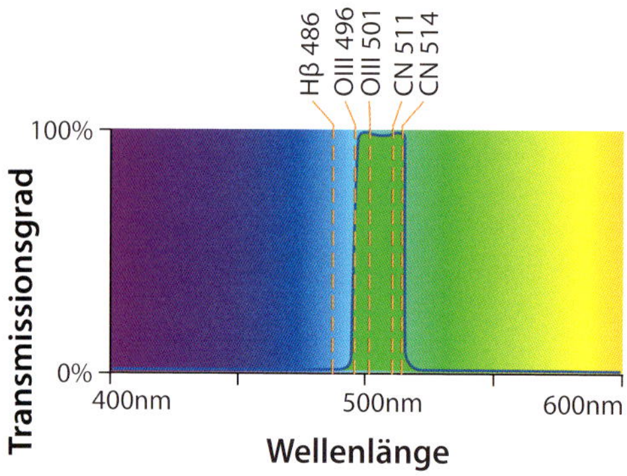

▲ **Durchlasskurve** eines Kometenfilters.

Für die visuelle Beobachtung ist es mitunter erforderlich, die Brennweite und damit die Vergrößerung eines Instrumentes zu erhöhen. Hierzu dienen Barlow-Linsen, mit typischen Verlängerungsfaktoren ebenfalls zwischen 1,5 und 3.

Filter

Die Kometenatmosphäre besteht aus Gas und Staub. Der Gasanteil enthält molekularen Kohlenstoff C_2. Wenn dieser angeregt wird, strahlen er und seine Verbindungen engbandig Licht in verschiedenen Wellenlängen ab. Besonders kräftig und nahe des Empfindlichkeitsmaximums des menschlichen Auges gelegen sind die beiden Linien des Dicyans C_2N_2 bei 511nm und 514nm, die sog. Swan-Banden (nach dem Physiker William Swan). Ein Swan-Band-Filter ist ein Interferenzfilter mit einem 25nm breiten Durchlass um 505nm. Außer den beiden Dicyan-Bändern werden die [OIII]-Linien bei 496nm und 501nm durchgelassen. Dieser Filter ergibt bei gasreichen Kometen eine erhebliche Kontrastanhebung. Solche »Kometenfilter« sind sowohl visuell als auch fotografisch einsetzbar.

Verwendung von Interferenzfiltern

Gewöhnliche Farbfilter absorbieren die unerwünschten Spektralanteile im Glasvolumen. Interferenzfilter beruhen auf der Lichtauslöschung durch Interferenz an Schichten, deren Dicke im Bereich der Lichtwellenlänge liegt. Visuell sichtbar sind solche Schichten bei Öllachen auf Wasser und bei Seifenblasen kurz vor dem Zerplatzen. Um die gewünschte Durchlasskurve zu erhalten, sind mehrere Hundert solcher Schichten nötig. Die Transmissionscharakteristik dieser Filter ist winkelabhängig, da die effektive Schichtdicke steigt, wenn ein Lichtbündel schräg auf den Filter trifft. Sie müssen deshalb in die objektivseitige Fassung von Okularen geschraubt und sollten nicht zwischen Okular und Auge benutzt werden.

Visuelle Beobachtung

Auffinden

Einen Kometen aufzufinden bedeutet zweierlei: Zuerst den richtigen Ort am Himmel aufzusuchen und danach das Ziel auch wirklich zu sehen. Bei recht hellen Kometen genügt die ungefähre Kenntnis der Position, um ihn mit dem Leuchtsucher oder Aufsuchfernrohr direkt anzupeilen. Schwache Schweifsterne an der Wahrnehmungsgrenze werden so nicht zuverlässig gefunden. Ähnliches gilt für die Benutzung einer Goto-Montierung: Diese ersetzt nicht die Kenntnis der genauen Lage im Zielgebiet. Die Identifikation hängt bei schwachen Kometen davon ab, dass man den Zielort mit »Starhopping«'genau findet. Der Maßstab der verwendeten Aufsuchkarte sollte nicht wesentlich schlechter als 0,5°/cm sein, bei sehr schwachen Kometen oder in dichten Sternfeldern ist eine noch höhere Auflösung besser.

Es bietet sich an, zum Kartendruck ein computergestütztes Planetariumsprogramm zu benutzen. Diese Anwendungen enthalten Sterne bis zur Grenzgröße mittlerer Fernrohre und gestatten die komfortable Übernahme von Bahndaten aus dem Internet.

Damit ein nebelhaftes, flächiges Beobachtungsziel wahrgenommen werden kann, muss die Gesamthelligkeit über der visuellen Grenzgröße des benutzten Instruments liegen. Dies allein genügt nicht: Der Helligkeitsunterschied zum Hintergrund (Kontrast) muss groß genug sein. Kontrastschwache Kometen werden erkannt, wenn sie im Okular eine Mindestgröße aufweisen – selbst bei sehr schwachen Vertretern lohnt es sich zu vergrößern. Als Faustregel gilt: So weit vergrößern, bis entweder der Hintergrund fast schwarz ist oder die scheinbare Größe des Kometen 1° erreicht. Dazu muss man allerdings die wahre Größe kennen.

▼ **Aufsuchkarte für den Kometen C/2011 L4 (PANSTARRS)** für den 21. März 2013, 20:30 MEZ. Wegen der geringen Horizonthöhe und der Dämmerung wurde als Ausgangspunkt α And benutzt.

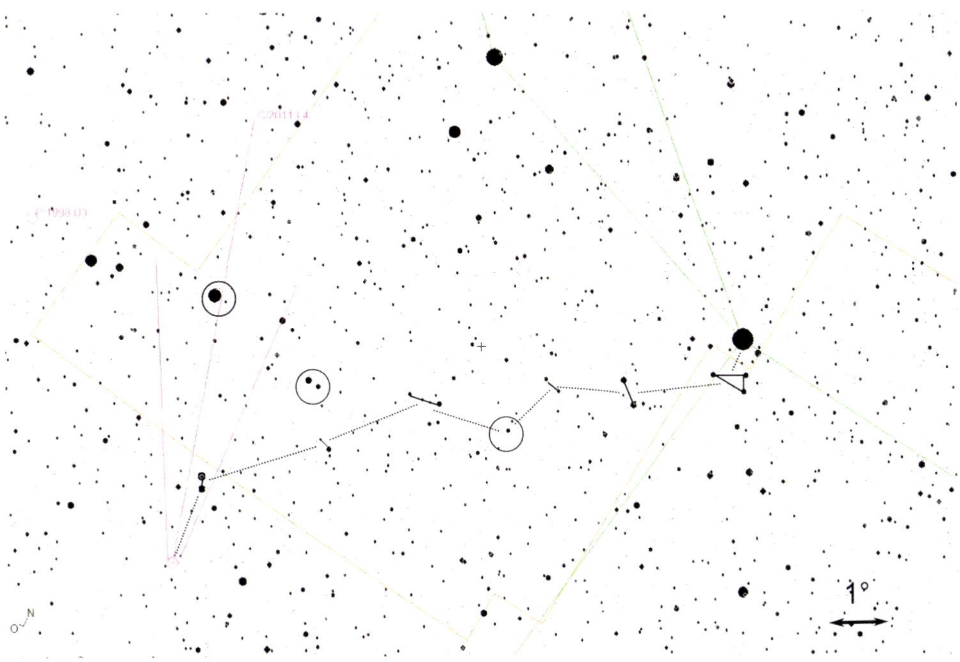

Karten und Software

Die klassische Vorbereitung zur Kometenbeobachtung bedient sich gedruckter Kartenwerke. Für Kometen ist das Kartenwerk Uranometria 2000.0 geeignet, welches Sterne bis $9^{m}_{,}75$ in einem Maßstab von 0,54°/cm zeigt. Noch deutlich tiefer geht der Millennium Star Atlas: Sterne bis 11^{m} und 0,28°/cm. Beide Atlanten bereiten Schwierigkeiten bei der Suche nach schwächeren Kometen, da sie nicht tief genug reichen. Der Millennium Star Atlas ist durch Größe und Gewicht unhandlich. Planetariumsprogramme gestatten es, Aufsuchkarten in jedem gewünschten Maßstab auszudrucken. In diese Karten kann auch skizziert werden. Verbreitete Produkte sind Guide, The Sky, Sky Map Pro und das Freewareprogramm Cartes du Ciel.

Beispiel: Ein Komet mit 1' Komadurchmesser sollte zum Aufsuchen etwa 60× vergrößert werden, sofern der Himmelshintergrund hierbei nicht tiefschwarz wird. Dabei sollte das Indirekte Sehen benutzt werden. Auf diese Weise werden die stärker lichtempfindlichen Sinneszellen im Auge benutzt.

Selbst wenn ein Komet nur schwach erkennbar ist, können sich weitere Einzelheiten (z.B. ein Schweifansatz) offenbaren, wenn man höher vergrößert. Was zunächst für das gesamte Objekt gilt, lässt sich ebenso auf ein Detail anwenden: Die Erkennbarkeit ist am besten, wenn das Detail eine scheinbare Ausdehnung von 1° hat. Wieder muss die Feldblende im Okular sichtbar bleiben, der Himmel darf nicht völlig schwarz erscheinen. Fein abgestufte Okularbrennweiten sind hierbei nützlich.

Helligkeitsbestimmung

Die Bestimmung unbekannter variabler Helligkeiten beruht auf dem Vergleich mit bekannten Sternhelligkeiten. Die Verfahren wurden von den Beobachtern Veränderlicher Sterne entwickelt und sind ausgereift. Sie eignen sich ohne Modifikation für alle stellaren oder fast stellaren Objekte. Damit können diese Methoden für kompakte Kometen angewandt werden. Ausgedehnt-flächige Objekte sind deutlich schwieriger zu vermessen, hier sind Variationen dieser Methoden notwendig.

Die tatsächlich messbare Magnitude ist stets eine geozentrische Helligkeit, welche den Einfluss der Erdentfernung Δ auf die Gesamthelligkeit enthält. Mit Annäherung an die Erdnähe erhöht sich die leuchtende Fläche und damit die Gesamthelligkeit quadratisch. Dieser Einfluss kann rechnerisch berücksichtigt werden:

$$\mathbf{m = M + 5 \log \Delta}$$

Bestimmt wird die visuelle Helligkeit des gesamten Kometen, also der Koma in voller Ausdehnung zuzüglich eines ggf. vorhandenen Schweifes. Dies erfordert eine Festlegung der äußeren Begrenzung für die Koma und den Schweif. Da die Helligkeit von Kometen nach außen hin abnimmt, ist dies ein fehleranfälliger Schritt der Magnitudenbestimmung. Bis heute ist die elektronische Messung der Magnitude ausgedehnter Kometen nicht mit einer verwendbaren Genauigkeit möglich. Die Magnitude heller Kometen kann nur auf visuellem Weg mit akzeptabler Genauigkeit ermittelt werden. Sehr diffuse Kometen bereiten auch hier Schwierigkeiten, da bei extrem gutem Himmel viel größere Teile der Koma erkannt werden können und in die Messung eingehen.

Schätzmethoden für Sternhelligkeiten

Für die Bestimmung von Sternhelligkeiten haben sich zwei Verfahren etabliert: die Interpolationsmethode nach Pickering und die Argelandersche Stufenschätzmethode. Für flächige Objekte – also für die Bestimmung der Gesamthelligkeit von Kometen – wird fast ausschließlich die Interpolationsmethode eingesetzt. Für die Bestimmung der Pseudokern-Magnitude oder für sternförmig erscheinende Schweifsterne sind beide Methoden geeignet.

Visuelle Grenzgröße

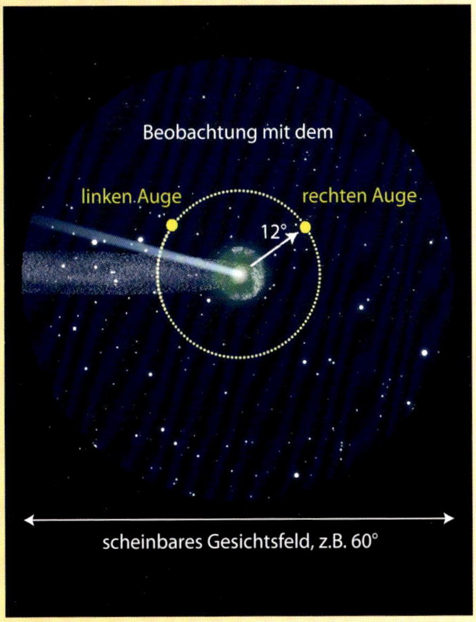

Mit steigender Teleskopöffnung können immer schwächere Sterne wahrgenommen werden. Wenn ein Beobachter mit dem freien Auge Sterne 6. Größe erkennt, dann kann man die teleskopische Grenzgröße berechnen durch $m_g = 6^m + 5^m \log(D/7mm)$. Diese Formel ist konservativ. Bei großer Luftruhe können durch Anwendung einer hohen Vergrößerung noch deutlich schwächere Sterne gesehen werden:

Öffnung D	Grenzgröße m_g
50mm	$10{,}^m8$
80mm	$11{,}^m8$
100mm	$12{,}^m3$
150mm	$13{,}^m2$
200mm	$13{,}^m8$
250mm	$14{,}^m3$

▲ **Der zentrale Teil der Netzhaut,** auf welche der direkte Blick fällt, ist für scharfes Farbsehen optimiert. Licht- und kontrastschwache Beobachtungsziele können mit dem Indirekten (afovealen) Sehen viel besser wahrgenommen werden. Am empfindlichsten ist die Methode, wenn man auf eine Stelle 10° bis 15° nach außen und oberhalb des Objektes blickt. Dies erfordert etwas Übung.

Helligkeiten

Die Helligkeiten der Himmelskörper werden in Magnituden gemessen, einem logarithmischen Maß. Fünf Magnituden entsprechen per Definition der 100-fachen Leuchtstärke. Der photometrische Nullpunkt wird durch eine Gruppe von Referenzsternen um den Himmelsnordpol herum festgelegt.

Unter der scheinbaren Helligkeit versteht man den Helligkeitseindruck von der Erde aus, bei Kometen wird dies geozentrische Helligkeit genannt. Die heliozentrische Helligkeit ist auf einen festen Betrachtungsabstand bezogen, für Körper des Sonnensystems wird 1AE Abstand angesetzt.

Die Magnituden beruhen also auf Vergleichen und nicht auf physikalischen Tatsachen. Der große Nachteil dieser Vorgehensweise ist die Abhängigkeit der Helligkeit von der spektralen Empfindlichkeit des Empfängers. Wichtige Helligkeitssysteme sind die visuelle Helligkeit, die auf der Empfindlichkeitskurve des menschlichen Auges basiert, die auf blauempfindliche Fotoplatten bezogene fotografische Helligkeit und die sog. bolometrische Helligkeiten, welche eine Summation über das gesamte Spektrum enthält. Bolometrische Helligkeiten sind schwer bestimmbar, da die Erdatmosphäre einen Teil der Strahlung absorbiert. Kometenhelligkeiten sind normalerweise visuelle Helligkeiten. Für ihre Bestimmung verwenden elektronische Detektoren spezielle Filter.

▲ **Der Komet P/2012 NJ (La Sagra)** erschien im Juli 2012 nahezu sternförmig. Fotografisch war ein feiner Plasmaschweif gerade eben nachweisbar. Für solche Kometen können die Helligkeits-Schätzmethoden der Veränderlichenbeobachter unmodifiziert übernommen werden.

Helligkeit des Pseudokerns

Die Helligkeit des Kometenkerns (auch bezeichnet als m_2 oder verkürzt als Kernhelligkeit) ist diejenige der inneren zentralen Kondensation, welche im Instrument sternförmig erscheint. Es handelt sich hierbei jedoch nicht um den tatsächlichen Kern, welcher infolge der dichten inneren Kometenatmosphäre unsichtbar bleibt.

Diese Helligkeit m_2 lässt sich mit der Pickering- oder der Argelander-Methode leicht bestimmen. Dabei ist dem Pseudokern immer ein Teil der Koma überlagert. Dieser Fehler lässt sich nicht korrigieren und muss hingenommen werden. Die Helligkeitsbestimmung wird erleichtert, wenn das Bild ein klein wenig unscharf gestellt wird. Die Helligkeit sowohl des Pseudokerns als auch der Vergleichssterne lässt sich dann besser beurteilen.

Pseudokern-Helligkeiten werden nicht allzu häufig bestimmt. Ihr großer Wert liegt in der Beurteilung von Ausbrüchen. Diese äußern sich zunächst in einem deutlichen Anstieg der Pseudokern-Helligkeit. Bei kleinen Ausbrüchen ist die nachfolgende Erhöhung der Gesamthelligkeit sehr schwach, so dass die Messung von m_2 der einzige Nachweis für den Ausbruch bleibt. Pseudokern-Helligkeiten lassen sich besser mit den elektronisch bestimmten Magnituden vergleichen als die Gesamthelligkeit.

Gesamthelligkeit

Die Schätzung der Gesamthelligkeit eines Kometen (bezeichnet als m_1) liefert den aussagekräftigsten Einzelwert zur Beurteilung des Geschehens

Interpolationsmethode nach Pickering

Für die Interpolationsmethode nach Pickering benötigt man mindestens zwei Vergleichssterne, von denen einer heller und einer dunkler als der Komet sein müssen. Die Helligkeitsdifferenz zwischen den beiden Sternen wird gedanklich in 10 Stufen eingeteilt. Es wird angegeben, wie viele solcher Stufen entfernt sich der Komet von dem einen und dem anderen Stern befindet. Die Summe dieser Stufen muss natürlich 10 ergeben. Wenn man zwei Vergleichssterne A und B mit ihren Helligkeiten m_A und m_B benutzt, und die Helligkeit des Kometen K genau zwischen denen der Vergleichssterne liegt, dann notiert man A5K5B. Falls der Komet nur sehr wenig heller als A ist, dann stünde A1K9B im Protokoll. Die Helligkeit des Kometen berechnet man mit der Formel:

$$\mathbf{M_P = m_A + s_{AP} \cdot (m_B - m_A) / 10}$$

Hierbei ist s_{AP} die Anzahl der Stufen zwischen Stern A und dem Kometen (also die linke Zahl). Das Ergebnis wird auf zehntel Magnituden gerundet, da eine höhere Genauigkeit nicht erreichbar ist. Die Güte der Bestimmung ist größer, wenn die Helligkeitsdifferenz zwischen den Sternen A und B gering ist. Man kann die Genauigkeit außerdem erhöhen, wenn man mehrere Paare von Vergleichssternen wählt und das Ergebnis mittelt.

Stufenschätzmethode nach Argelander

Die Argelander-Methode benötigt mehrere Vergleichssterne, mindestens drei, besser vier. Die Vergleichssterne dürfen sich in der Helligkeit nicht zu sehr von der des Kometen unterscheiden. Für jeden der Sterne wird festgestellt, wie stark seine Helligkeit von der des Kometen abweicht:

0	kein Unterschied
1	auf den ersten Blick gleich hell, aber nach mehrmaligem Betrachten erscheint zumindest meist einer der Partner gerade eben heller
2	ohne jeden Zweifel vorhandener Helligkeitsunterschied
3	auf den ersten Blick ins Auge fallende Verschiedenheit
4	mehr als deutlicher, großer Unterschied

Vergleichssterne, die einen größeren Unterschied als drei Stufen besitzen, sollten nach Möglichkeit nicht benutzt werden. Es ist sinnvoll, auch halbe Stufen zu schätzen. Man notiert für alle Vergleichssterne die Helligkeitsstufen, wobei der hellere Partner vorn steht. So bedeutet A1K, dass der Vergleichsstern gerade eben heller ist, als der Komet K.

Mithilfe der bekannten Helligkeiten der Vergleichssterne wird die Helligkeit des Kometen mit einem graphischen Verfahren oder mittels einer linearen Interpolation bestimmt. Diese Bestimmungen beruhen auf der Annahme, dass die Abstände zwischen den Stufen 0–4 jeweils gleichen Magnitudendifferenzen entsprechen.

▼ **Die Auswertung der Argelander-Schätzungen** kann grafisch erfolgen, dabei dient das Auge als »Ausgleichsrechner«. Die Ergebnisse werden auf Zehntel-Magnituden gerundet. Alternativ können die Wertepaare einem linearen Regressionsverfahren vorgelegt werden. Diese ist in besseren Taschenrechnern enthalten. Stufenwerte, die in Richtung schwächerer Vergleichssterne zeigen, müssen dabei negativ angegeben werden. Die zu berechnende Helligkeit ist der Schnittpunkt mit der y-Achse. Für das obige Beispiel müsste man die Wertepaare (2,5; 7,15), (1; 6,93), (0; 6,62), (–1,5; 6,51) eingeben. Es wird die Gerade $y = 0{,}169 \times +6{,}72$ ausgegeben. Der letzte Wert (6,72) ist die zu berechnende Helligkeit.

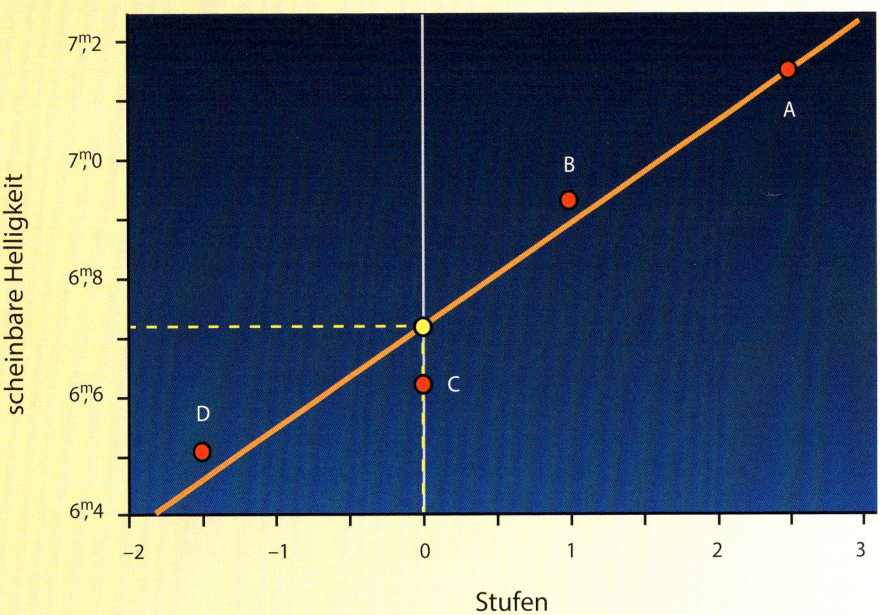

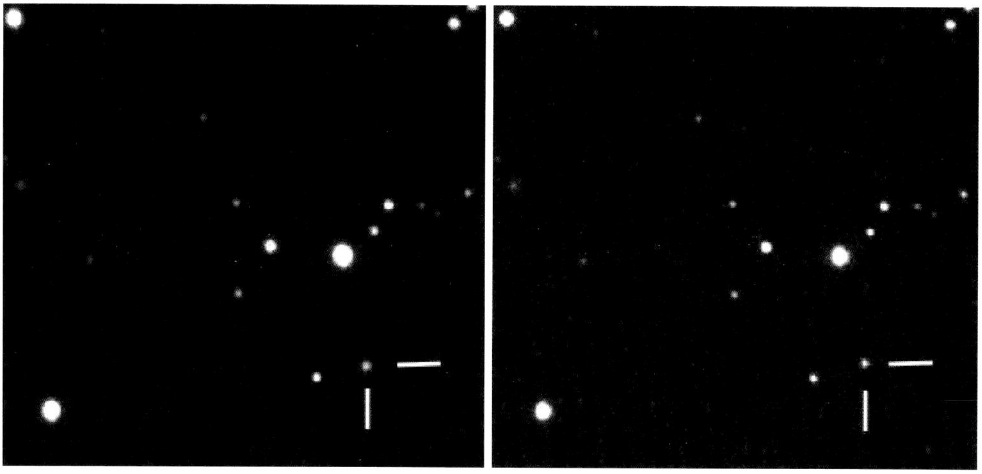

▲ **Bernhard Häusler** entdeckte Ende August 2010 einen Ausbruch des Kometen C/2010 G2 (Hill). Dieser Ausbruch äußerte sich nur in einer Veränderung der Pseudokernhelligkeit m_2. Die Bilder sind so ausgesteuert, dass der Komet gleich hell ist, man beachte die Veränderungen an den Umgebungssternen.

in der Kometenatmosphäre. Dieser Helligkeitswert ist mit der Gesamt-Gasentwicklung verbunden. Seit einigen Jahrhunderten werden die Gesamthelligkeiten bestimmt, so dass aktuelle Werte periodischer Kometen mit den Messungen weit zurückliegender Ereignisse direkt verglichen werden können. Die Gesamthelligkeit wird nahezu immer mit der Intervallmethode nach Pickering bestimmt, so dass zwei Vergleichssterne benötigt werden, welche den Kometen von der Helligkeit her einschließen. Das Verfahren wird umso genauer, je enger die Helligkeiten der Vergleichssterne an der des Kometen liegen.

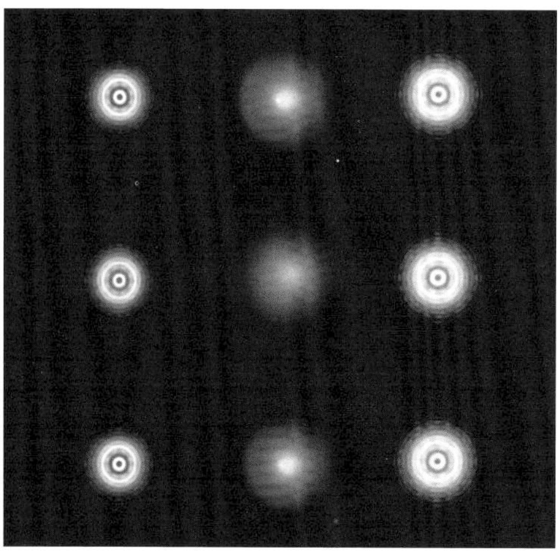

Das Hauptproblem dieser Helligkeitsschätzung besteht darin, dass ein Vergleichsstern punktförmig und der Komet flächig ist. Wenn der Komet einen ausgeprägten Schweif besitzt, dessen Helligkeit in die Schätzung mit eingehen muss, weicht die Form der Fläche zudem erheblich von der Radialsymmetrie ab.

Das grundlegende Prinzip besteht darin, den Kometen mit Sternen zu vergleichen, welche im Instrument unscharf eingestellt werden. Hierzu haben sich unterschiedliche Varianten etabliert:

- nach Sidgwick: Der scharf eingestellte Komet wird mit den unscharf eingestellten Sternen verglichen. Man muss sich also das Aussehen und die Helligkeit des Kometen einprägen, danach unscharf stellen und die Pickeringschen Helligkeitsintervalle einschätzen. Der Vorteil dieser Methode besteht darin, dass die visuelle Annäherung von Sternen und Komet besser ist als mit jeder anderen Variante. Der Nachteil besteht darin, dass man sich den

◄ **Die Helligkeitsschätzmethoden** unterscheiden sich im Maß der Unschärfe am Kometen. Von oben nach unten: nach Sidgwick, Bobrovnikoff, Morris, von links nach rechts: etwas schwächerer Stern – Komet – etwas hellerer Stern.

Genauigkeit und Vergrößerung

Alle Methoden leiden unter dem visuellen Unterschied zwischen einem Kometenbild und dem eines unscharfen Sterns. Der Unterschied ist klein, wenn die scheinbare Größe des Kometen im Okular gering ist. Große Teleskope sind bei hellen Kometen bei der Helligkeitsschätzung benachteiligt. An ihnen neigt man dazu, die Helligkeit zu unterschätzen. Am genauesten sind Bestimmungen an Instrumenten, die bei Minimalvergrößerung den Kometen gerade eben sicher zeigen. Das Maß notwendiger Unschärfe ist dann gering. Besonders schwierig ist die Situation bei obstruierten Instrumenten, da der Helligkeitsverlauf des Beugungsscheibchens nochmals anders ist und im Extremfall im Inneren ein »Loch« enthalten kann, welches vom Fangspiegel herrührt.

Die Situation kann verbessert werden, wenn man das Indirekte Sehen einsetzt. Hierbei neigt das Auge dazu, Lichteindrücke zu summieren und ist dabei wenig anfällig für die Unterschiede in der Verteilung der Helligkeit. Diese Methode funktioniert gut, solange der scheinbare Sehwinkel des Objektes 1° nicht wesentlich überschreitet.

▼ **Die Helligkeitsverteilung eines Kometen** unterscheidet sich oft erheblich von der eines unscharf eingestellten Sterns: rechts oben Refraktor (ohne Obstruktion), unten Reflektor (mit Obstruktion). Aus diesem Grund ist es zweckmäßig, mit einer geringen Vergrößerung zu arbeiten, welche nur ein geringes Maß an Unschärfe erfordert.

Helligkeitseindruck des Kometen merken muss und kein direkter Vergleich möglich ist.

- nach Bobrovnikoff: Sowohl Komet als auch die Vergleichssterne werden am unscharf eingestellten Bild eingeschätzt. Dies hat zur Folge, dass die Randbereiche des Kometen unterschätzt werden: Kometen gehen allmählich in den Himmelshintergrund über, was für den Vergleich mit Beugungsscheibchen ohnehin problematisch ist. Dieser Effekt ist an einem unscharf eingestellten Kometen verstärkt.
- nach Morris: Der Komet wird etwas defokussiert, um dessen Helligkeit zu vergleichmäßigen und insbesondere die zentrale Kondensation zu verschmieren. Dieser Helligkeitseindruck wird gedanklich festgehalten und mit einem stärker unscharf eingestellten Stern verglichen.

Die Angabe der Bestimmungsmethode ist Bestandteil der Messung und muss mit angegeben werden.

Auswahl von Vergleichssternen

Es ist verständlich, dass die Helligkeit von Vergleichssternen genügend genau bekannt sein sollte. Veränderliche Sterne dürfen auf keinen Fall benutzt werden. Nicht alle Sterne fester Helligkeit bzw. ohne vermutete Variation sind nicht mit genügend großer Genauigkeit vermessen worden. Für hellere Kometen bis ca. 12^m eignet sich der TYCHO-Katalog gut. Die Helligkeitsangaben sind genauer als $0\overset{m}{.}05$ bis $11\overset{m}{.}5$ und immer noch besser als $0\overset{m}{.}1$ bis $12\overset{m}{.}0$, wo der Katalog endet. Für schwächere Kometen muss man sich mit den Angaben des Guide Star Catalogues begnügen, welcher Fehler bis $0\overset{m}{.}3$ enthalten kann. Beide Kataloge werden durch zahlreiche Sternkartenprogramme unterstützt. Es gibt weitere zuverlässige Kataloge, die aber nur geringe Felder abdecken, und deshalb für Routinemessungen wenig praktikabel sind. Die Internet-Seiten der International Comet Quarterly geben hierüber Auskunft.

Am Teleskop kann man die Katalogsterne nicht zweckmäßig recherchieren. Wenn man die Helligkeit des Kometen größenordnungsmäßig kennt, dann kann man in der Aufsuchkarte die katalogisierten Sterne markieren. Es wird dringend davon abgeraten, auch die Helligkeitswerte zu notieren! Die Helligkeitsbestimmungen sollten so wenig wie möglich subjektiv beeinflusst werden.

Alternativ kann man die Helligkeitsbestimmungen an mehreren Sternen durchführen und bei der Auswertung die nicht in den Katalogen aufgeführten ignorieren. Eine Markierung variabler Sterne ist in jedem Falle sinnvoll – das bieten die Sternkartenprogramme an.

Größe und Gestalt

Die zentrale Kondensation

Die innerste Gashülle ist außergewöhnlich dicht und erscheint im Instrument oder auf Fotografien als zentrale Kondensation. Diese kann meist nicht als Fläche aufgelöst werden und bleibt stellar. Diese Struktur ist nicht mit dem eigentlichen Kometenkern zu verwechseln und wird daher als Pseudokern oder »false nucleus« bezeichnet.

▲ **Im April 2006 zeigte der Komet 73P** eine elongierte zentrale Kondensation. Diese war das erste Anzeichen einer Kernteilung wenige Wochen später.

Die zentrale Kondensation ist meist stellar oder strukturlos-scheibenförmig. In einzelnen Fällen kann eine andere Form belegt werden, am ehesten eine längliche Ausdehnung. Wenn ein Pseudokern eine Asymmetrie entwickelt, sich also innerhalb einiger Tage merklich verändert, dann kann dies das Anzeichen einer Kernteilung sein. Dies nachzuweisen erfordert visuell eine hohe Vergrößerung und fotografisch eine Detailaufnahme der Koma mit langer Brennweite. Den tatsächlichen Beleg einer Kernteilung bekommt

▼ **Mit einer Aufnahme** bei 1,6m Brennweite konnte Martin Fiedler die Kernteilung des Kometen 73P/Schwassmann-Wachmann-B belegen.

man durch Nachweis mehrerer, voneinander unterscheidbarer Kondensationen.

Helligkeitsausbrüche von Kometen sind mitunter so schwach, dass sie sich nur an der Pseudokernhelligkeit erkennen lassen, und es zu keinem messbaren Anstieg der Gesamthelligkeit kommt. Um dies nachzuweisen, muss die Helligkeit der zentralen Kondensation m_2 bestimmt werden.

Koma

Das Entstehen der Koma macht den Kometen für Amateure überhaupt erst sichtbar. Neben Größe und Helligkeit lassen sich weitere Eigenschaften der Koma beurteilen.

Der Helligkeitsverlauf in der Koma hängt davon ab, wie viel Gas und Staub nach außen abströmen. Typisch ist eine deutlich nachlassende Flächenhelligkeit weiter entfernt vom Zentrum. Es gibt jedoch auch Fälle einer fast gleichförmig-homogenen Koma oder seltener einer außerordentlich rasch abfallenden Flächenhelligkeit.

Die Helligkeit der Koma steigt stetig an, wenn sich ein Komet der Sonne nähert, und nimmt nach dem Perihel wieder ab. Dieser stetige Prozess wird hin und wieder durchbrochen. Man kann dann einen sprunghaften Helligkeitsanstieg beobachten, einen sog. Ausbruch. Diese Änderung kann sehr heftig sein und die Helligkeit eines Schweifsterns in kurzer Zeit im mehrere Größenklassen anheben. Auch Helligkeitseinbrüche sind gelegentlich zu verzeichnen.

Eine typische Koma ist radialsymmetrisch. Hiervon kann es verschiedene Abweichungen geben. Eine asymmetrisch gelegene zentrale Kondensation oder eine längliche Koma sind erste visuelle Anzeichen einer Schweifentwicklung. Ist der Schweif vom Beobachter weg gerichtet, wird er von der Koma verborgen: Man sieht dann nur, dass eine der Komabegrenzungen unscharf ist.

▶ **Helligkeitsausbruch des Kometen 17P/Holmes** im Herbst 2007: Die Helligkeit stieg innerhalb weniger Tage um 14 Größenklassen an! Auch seine Entdeckung im Jahr 1892 beruhte auf einem Ausbruch.

Komas laufen diffus aus

Eine Koma besitzt keine scharfe Grenze, die Teilchendichte wird nach außen hin geringer. Aus diesem Grund sind Kometen am Himmel schwieriger aufzuspüren als ähnlich helle, gleichermaßen nebelhafte Deep-Sky-Objekte: Hier sind regelrechte Helligkeitsstufen eher verbreitet und die visuelle Abgrenzung gegen den Himmelshintergrund wird erleichtert.
Ähnliches gilt für die Helligkeitsunterschiede innerhalb der Koma. Viele Effekte sind kontrastschwach und »verwischt«. Die Meisterung solcher Beobachtungsaufgaben erfordert Übung.

Der Kern eines Kometen entwickelt Gas und Staub nicht auf der gesamten Oberfläche, sondern in sog. Aktivitätszentren. Gebiete sehr hoher Aktivität erzeugen einen Gas- und Staubstrahl von solcher Geschwindigkeit, dass dieser in der Koma als Aufhellung zu sehen ist. Man spricht von einem Jet. Für visuelle Beobachter stellen diese kontrastschwachen Inhomogenitäten meist eine Herausforderung dar.

Aktivitätsgebiete können sich auch auf andere Weise äußern. Bei rasch rotierenden Kernen wirkt eine Materie-Auswurfstelle ähnlich wie ein Rasensprenger: Sie erzeugt spiralförmig Gebiete mit höherer Materiedichte. Man spricht dann von Enveloppen. Diese Spiralstrukturen sind visuell ebenfalls schwierig erkennbar.

Die Koma eines Kometen kann grünlich gefärbt sein. Dies spricht für eine gasreiche Hülle um den Kern, denn die grüne Farbe wird von Emissionserscheinungen hervorgerufen. Der Kontrast gasreicher Kometen gegenüber dem Himmel steigt, wenn man einen Swan-Band-Filter benutzt. Staubreiche Kometen, die in stärkerem Maße Sonnenlicht reflektieren, erscheinen weiß und werden durch Kometenfilter nicht deutlicher dargestellt.

Mitunter wird der innere Teil der Kometenatmosphäre optisch so dicht, dass er für Strahlung zumindest teilweise undurchsichtig ist. Die zentrale Kondensation wirft dann einen Schatten in die Koma und den Schweif. Wegen des geringen Kontrastes des Kernschattens sind Fotografen wieder im Vorteil gegenüber visuellen Beobachtern.

▼ **Am Kometen 17P/Holmes** konnte Anfang November 2007 ein Jet nachgewiesen werden. Hierzu wurde auf das Foto ein spezieller digitaler Filter angewandt.

▼ **Im April 1997** waren am Kometen C/1995 O1 (Hale-Bopp) ausgeprägte Enveloppen zu erkennen.

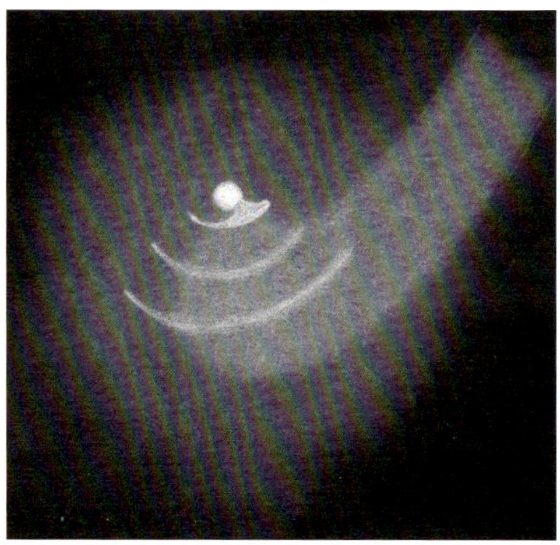

Kondensationsgrad

Die Gashüllen der Kometen werden durch die Gasentwicklung selbst und durch die Wechselwirkung mit ihrer Umgebung beeinflusst. Dabei entstehen Kometenatmosphären mit ganz unterschiedlichen radialen Dichteverteilungen. Der Grad der Helligkeitszunahme wird am Okular oder anhand von Himmelsaufnahmen visuell beurteilt. Mit dieser Angabe versucht man, das Maß der Helligkeitszunahme einheitlich zu beurteilen. Ein nahezu gleichförmig helles Koma-Scheibchen nennt man »wenig kondensiert«, einen stellaren Pseudokern mit rasch schwächer werdender Nebelhülle »kräftig kondensiert«.

Zur Standardisierung der Einschätzung wurde der Kondensationsgrad, der »Degree of Condensation«, DC eingeführt. Er wird in 10 Stufen angegeben, von 0 bis 9, Zwischenwerte sind erlaubt. Zwischenwerte werden durch einen angehängten Schrägstrich angegeben, DC=3/ steht für DC zwischen 3 und 4. Einem völlig diffusen Kometen wird DC=0 zugewiesen, während ein sternförmiger Schweifstern DC=9 erhält. Wenn der DC-Wert steigt, nimmt üblicherweise die

▲ **Der Komet C/2007 N3 (Lulin)** ließ die unterschiedliche Färbung zwischen Koma und Schweif gut erkennen.

▼ **Der Komet153P/Ikeya-Zhang** warf Mitte März einen deutlich sichtbaren Schatten in Koma und Schweif. Im Bild ist der Schatten nur im Schweif zu sehen.

▼ **Für Kometen wird beurteilt,** in welchem Maß die Helligkeit zur Mitte hin ansteigt. Der Kondensationsgrad (DC) wird in 10 Stufen angegeben, wobei der zentrale Kern getrennt eingeschätzt wird.

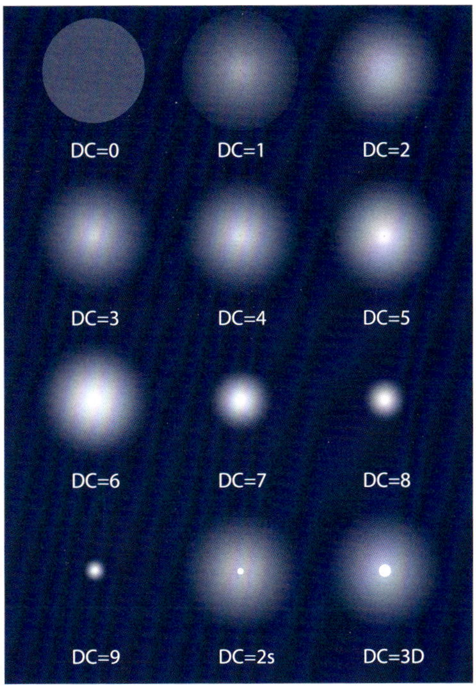

Ausdehnung der Koma ab und gewinnt mehr und mehr einen wahrnehmbaren Rand. Eine deutlich wahrnehmbare Helligkeitszunahme ist zwischen DC=3 und DC=5 wahrnehmbar. Ab etwa DC=7 ist der Helligkeitsgradient regelrecht steil.

Gemeinsam mit dem Kondensationsgrad werden Angaben zur zentralen Kondensation dokumentiert. Hierbei wird der Pseudokern bei höherer Vergrößerung beurteilt. Es werden drei Fälle unterschieden:

- Es ist kein Pseudokern sichtbar
- Der Pseudokern ist sternförmig, also im benutzten Instrument nicht auflösbar
- Es handelt sich um eine kleine Scheibe

In den beiden letzten Fällen kommt es gelegentlich vor, dass der Pseudokern die Gesamthelligkeit der Koma bestimmt und die neblige Hülle nur einen geringen Beitrag dazu leistet. Eine solche zentrale Kondensation nennt man »dominierend«. Aus dieser Beurteilung resultiert ein Kennbuchstabe, welcher der DC-Einschätzung angehängt wird:

- Kein Pseudokern: kein Kennbuchstabe
- Sternförmiger Pseudokern: Buchstabe s oder S. Der Großbuchstabe steht für einen dominierenden Kern.
- Scheibenförmiger Pseudokern (englisch disk like): Buchstabe d oder D

Der Kondensationsgrad ist damit eine Kurzbeschreibung des Erscheinungsbildes der Koma.

Die Abgrenzung von DC=0 und DC=9 ist problematisch. Ein rein stellarer Komet hat auf jeden Fall DC=9. Eine kleine homogenen Scheibe mit scharf begrenztem Rand, wie sie nach Ausbrüchen gelegentlich erscheint, ist ebenfalls DC=9 zuzuweisen. DC=0 steht für diffuse Kometen mit unscharfem verwaschenem Rand. Das ist nicht immer leicht zu entscheiden.

Schweif

Plasma und Staub der Kometenatmosphäre sind verschiedenen Kräften ausgesetzt und erzeugen in der Regel getrennt sichtbare Schweife. Da sich Ionen leichter beeinflussen lassen, erscheint

Beispiele zum Kondensationsgrad

- Kaum Helligkeitszunahme zur Mitte, kein Pseudokern nachweisbar: DC=1
- Deutliche Helligkeitszunahme zur Mitte, sternförmiger Kern: DC=5s
- Stark kondensierter Komet mit scheibenförmigem, die Helligkeit dominierendem Pseudokern: DC=7/D

◄ **Der Komet C/2008 T2 (Cardinal)** war im März 2009 diffus. Es wurden DC-Werte zwischen 1 und 3 angegeben (oben). C/2009 P1 (Garradd) war Anfang 2012 kräftig kondensiert, was sich in den DC-Angaben zwischen 4 und 6 widerspiegelt (Mitte). Im Sommer 2010 zeigte sich C/2009 R1 (McNaught) kräftig kondensiert. Der schwache Schweif war visuell nicht nachweisbar. Die Beobachter gaben einen Kondensationsgrad zwischen 7 und 8 an (unten).

Schweifstrukturen im Okular

Plasma- und Staubschweif der meisten Kometen sind kontrastschwach. Auf den ersten Blick mag es schwierig sein, sie überhaupt sicher zu entdecken. Noch deutlich problematischer ist es, in diesen feinen Nebelgebieten visuell Einzelheiten wahrzunehmen. Man sollte versuchen, Details sowohl mit Direktem als auch mit Indirektem Sehen zu erkennen. Ein Wechsel der Vergrößerung – manchmal nur um eine geringe Stufe – bringt möglicherweise neue oder andere Details hervor. Die Fähigkeiten, derartig feine Variationen der Helligkeit zu unterschieden, entwickelt sich erst durch jahrelange Übung.

der Plasmaschweif meist zeitlich früher als der Staubschweif.

Plasmaschweif

Plasmaschweife sind in der Regel gerade, schmal und fein strukturiert. Sie weisen stets von der Sonne weg. Die Wirkung des solaren Magnetfeldes und des Sonnenwindes lässt sich an der Gestalt des Schweifes ablesen. Sehr häufig findet man Verdichtungen in Richtung der Magnetfeldlinien.

Plasmaschweife enthalten oft Helligkeitsknoten, sog. Kondensationen, die sich unter Einfluss des Sonnenwindes bilden. Auf Fotografien sind sie einfacher nachzuweisen als am Okular. Im Verlauf einiger Tage wandern diese merklich nach außen, vom Kopf des Kometen weg. Noch stärker wirkt das Magnetfeld bei einem Schweifabriss, bei dem Kometenkopf und Schweif komplett voneinander getrennt werden. Es bildet sich dann in einigen Tagen ein neuer Schweif, das abgerissene Fragment kann noch eine Weile beobachtet werden. Vollständige Schweifabrisse sind selten, aber Teilablösungen können bei hellen Kometen hin und wieder beobachtet werden.

Unregelmäßigkeiten im Sonnenwind rufen außerdem Schweifstrahlen des Plasmaschweifs, sog. Streamer hervor. Oft entstehen dann zu einer oder beiden Seiten des Plasmaschweifes kurze spitze Ausläufer, die auch relativ einfach erkennbar sind. Im Laufe einiger Tage werden sie durch das Magnetfeld an den Hauptschweif herangeführt und verschmelzen schließlich mit diesem. Der Prozess lässt sich insbesondere fotografisch gut dokumentieren.

▼ **Der Komet 96P/Machholz** entwickelte bei seinem Perihel im Jahr 2012 einen ausgeprägten Plasmaschweif.

▼ **Der Komet C/2004 Q2 (Machholz)** zeigte Mitte Dezember 2004 einen deutlich strukturierten Plasmaschweif.

▲ **Der Plasmaschweif** des Kometen 45P/Honda-Mrkos-Pajdusakova war Anfang Oktober 2011 deutlich geknickt, ein Teil ist abgerissen.

▲ **Im Juni 2010** waren am Kometen C/2009 R1 (McNaught) ausgeprägte Streamer sichtbar.

Staubschweif

Es gibt keinen physikalischen Effekt, welcher den Staub des Kometen in ähnliche Weise »zusammenhält« wie das Magnetfeld den Plasmaschweif. Auf Staubteilchen verschiedener Größe wirken unterschiedliche Kräfte. Aus diesem Grund ist ein Staubschweif breit fächerförmig. Insbesondere bei staubreichen Kometen ist der Staubschweif deutlich heller als der Plasmaschweif und wird zumindest visuell als Erstes sichtbar. Die sich verbreiternde Form ist schon bei einem kleinen Schweifansatz wahrnehmbar. Dieser ist – ebenso wie der Plasmaschweif – von der Sonne weggerichtet.

Ausgeprägte Staubschweife sind gekrümmt. Dieser auffallende Effekt lässt visuell hervortreten, dass jedes Staubteilchen seiner eigenen Bahn folgt. Die Krümmung ist umso stärker ausgeprägt, je näher der Komet der Sonne steht.

Strukturen im Staubschweif sind selten nachweisbar. Bei sehr breiten Schweifen sollte aber stets darauf geachtet werden, ob die Gravitationskraft ihre Spuren hinterlassen hat und größere von kleinen Partikeln trennte: Es sind dann strahlenförmige Strukturen, sog. Striae zu finden. Auch diese lassen sich besser fotografisch belegen.

▼ **Der Komet C/2006 P1 (McNaught)** zeigte im Januar 2007 ausgeprägte Striae. Nur der Schweif des Kometen reicht über den Horizont, die Koma war für Beobachter in Europa schon nicht mehr beobachtbar.

▼ **Anfang September 2012** war am Kometen C/2012 K5 (LINEAR) ein leicht gebogener fächerförmiger Schweif zu sehen.

Gegenschweif

Der Staubschweif liegt in der Bahnebene des Kometen, er ist in dieser Ebene sehr schmal. Gelegentlich kreuzt die Erde die Bahnebene des Kometen und man sieht diesen schmalen, aber aufgefächerten Schweif. Er ragt meist über beide Seiten der Koma hinaus und ergibt die Illusion zweier Schweife. In Wirklichkeit sind es verschiedene Teile des Staubschweifs, welcher weit entfernt von der Koma so weit aufgefächert ist, dass er die Dimension der Koma weit übersteigt. Manchmal ist es nur eine feine Spitze, die an einer Seite der Koma hervorlugt. Erst bei einem sehr aufgefächerten Schweif entsteht der Eindruck getrennter Schweife.

Schweifparameter

Die Schweife bestimmen das Erscheinungsbild des Kometen maßgeblich. Aus diesem Grund werden in den Kometendatenbanken zumindest Grunddaten erfasst: Schweiflänge und der Positionswinkel. Wenn der Komet sowohl einen Staub- als auch einen Plasmaschweif ausbildet, sind diese Werte für beide Schweife zu bestimmen. Für den

▲ **Der Komet C/1956 R1 (Arend-Roland)** bewegte sich Anfang April 1957 fast genau auf die Erde zu. Sein ausgedehnter Staubschweif ist zu beiden Seiten der Koma sichtbar und erzeugt den Anschein zweier Schweife.

Fehlermöglichkeiten bei der Schweifmessung

Nahe Sterne können die Sichtung des Schweifes beeinflussen: Einzelne helle Sterne in Schweifrichtung rufen eine Blendung hervor und verkürzen die die wahrgenommene Länge. Kleine Gruppen schwacher Sterne, welche in Richtung der Schweiffortsetzung liegen, täuschen beim Indirekten Sehen Nebulosität vor und verlängern die Ausdehnung scheinbar. Aber auch die Milchstraße oder das Zodiakallicht können die Schweifwahrnehmung beeinträchtigen.

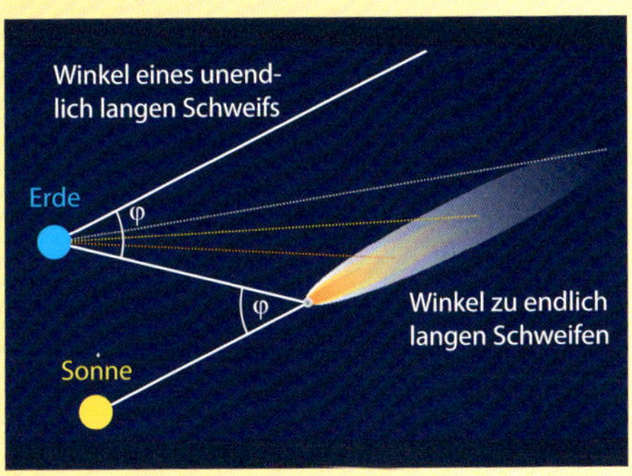

◀ **Der Schweif eines Kometen** kann nicht unbegrenzt lang werden. Da der Plasmaschweif direkt von der Sonne hinweg weist, zielt der Blick auf das Ende eines unendlich lang gedachten Schweifes in dieselbe Richtung: Schweif und Blickrichtung sind dann parallel. Der Phasenwinkel Erde-Komet-Sonne ist dann ebenso lang wie der Schweif (Gegenwinkel am geschnittenen Streifen). Diesen Wert kann die Schweiflänge nur dann geringfügig überschreiten, wenn der Schweif gekrümmt ist.

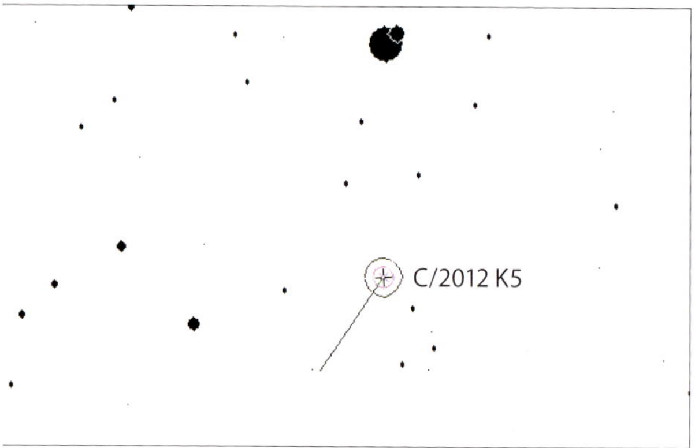

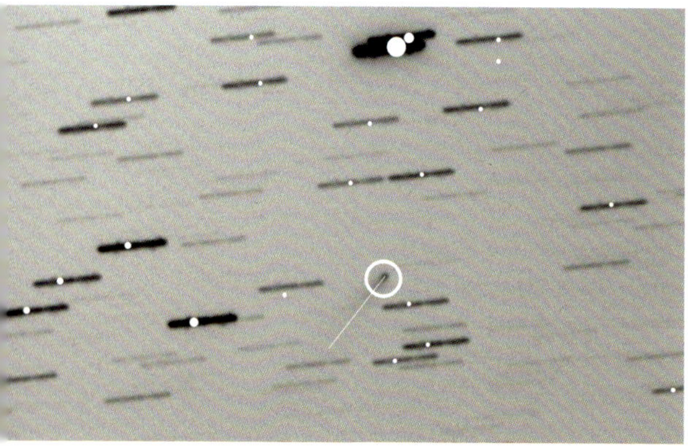

▲ **Mit einem Sternkartenprogramm** können die wichtigsten Schweifparameter bestimmt werden: Der Komet C/2012 K5 (LINEAR) trug am 26. Juli 2012 einen 2,8' langen Schweif mit dem Positionswinkel von 142°.

visuellen Beobachter ist die Beobachtung der Gesamtausdehnung eines Schweifes nicht einfach: Dessen schwaches Leuchten hebt sich meist nur gering vom Himmelshintergrund ab. Ein wirklich streulichtarmer, mondloser Himmel ist für die Schweifbeobachtung nochmals wichtiger als für die Koma.

Den numerischen Wert der Schweiflänge (in ° oder ') bestimmt man am besten, indem man das Schweifende in einer Sternkarte markiert und die Länge dann mithilfe des Kartenmaßstabes ausmisst oder von einem Sternkartenprogramm bestimmen lässt.

Die Messung am Sternkartenprogramm ergibt parallel den Schweifwinkel. In der Sternkarte muss dieser mit einem Winkelmesser abgelesen werden. Dabei ist der Winkel 0° in Nordrichtung, die Zählung schreitet am Himmel entgegen dem Uhrzeigersinn fort. Ost ist also 90°, Süd 180° und West 270°. Der Positionswinkel ist per Definition die Richtung, unter welcher der Schweif den Kern verlässt. Staubschweife sind aber häufig gekrümmt. Die Bestimmung des Winkels muss dann nahe am Kopf erfolgen. Bei breit-fächerförmigen Schweifen kann zusätzlich der Öffnungswinkel angegeben werden. Hier helfen wieder die Sternkarte und der Winkelmesser.

Der Unterschied zwischen einem geraden Plasmaschweif und einem fächerförmigen Staubschweif

Hilfsfragen für die visuelle Kometenbeobachtung

Neben den offiziell in den Kometendatenbanken abgelegten Werten wie Gesamthelligkeit, Komadurchmesser und Kondensationsgrad sollte auf morphologische Besonderheiten geachtet werden. Einige Fragen helfen, keine Details zu vergessen:

- Ist die Helligkeit oder der Helligkeitsverlauf homogen oder gibt es hellere oder dunklere Bereiche?
- Sind periodische Strukturen erkennbar? Radial (Enveloppen) oder tangential (Strahlen)?
- Wie ist die Begrenzung von Koma und Schweif gegen den Himmelshintergrund? Überall gleichmäßig diffus? Oder gibt es Bereiche, die schärfer oder gar abrupt begrenzt sind?
- Gibt es innere Grenzen, z.B. zwei voneinander abgehobene Komabereiche? Dies ist häufig nach Ausbrüchen der Fall.
- Reagiert der Komet auf Swan-Band-Filter? Sieht man mit diesem Filter andere Einzelheiten?
- Was erkennt man im direkten, was mit indirektem Sehen?
- Sind Farben erkennbar?
- Welche Form haben Koma, Schweif und zentrale Kondensation?

fällt sofort ins Auge. Da Staubschweife oft gekrümmt sind, ist es wert, das Maß der Krümmung einzuschätzen. Eine Skizze oder Zeichnung verdeutlicht dies besser als alle verbalen Beschreibungen.

Zeichnung

Zeichnen ist die älteste Methode, die Gestalt von Himmelsobjekten im Bild festzuhalten. Die Fortschritte der CCD-Fotografie haben dieses Verfahren in den Hintergrund gedrängt, Kritiker bemängeln den subjektiven Faktor. Bei genauerem Betrachten ergänzen sich Himmelsfotografie und Zeichnung gut. Nur eine Zeichnung kann den tatsächlichen Anblick am Okular oder mit dem freien Auge wiedergeben. Das persönliche Seh-Erlebnis wird unmittelbar festgehalten. Selbst in einer einfachen Skizze gelingt dies eindringlicher und genauer als in einer schriftlichen Beschreibung. Es wird möglich, die Beobachtungseindrücke mit anderen zu teilen, denn Zeichnungen können publiziert, weitergegeben und verglichen werden, phänomenologische Besonderheiten des Kometen sind im Bild festgehalten.

Nicht nur das Ergebnis zählt: Beim Darstellen eines Objektes erkennt man mehr Einzelheiten als beim bloßen Betrachten. Zeichnen schult die Wahrnehmung: Schon die Notwendigkeit, eine längere Zeit bei einem Objekt zu verweilen und dessen subtile Strukturierung zu erfassen, ist von Vorteil. Der fortwährende Vergleich zwischen Okularanblick und Papier trägt ebenfalls dazu bei.

Zeichnungen müssen keine Kunstwerke sein. Sie sollen aber stets das Gesehene angemessen und genau wiedergeben. Schon eine sorgfältig ausgeführte Umriss-Skizze offenbart mehr vom visuellen Eindruck des Kometen als ein Bericht. Besondere Vorkenntnisse benötigt man nicht: Jeder, der schreiben kann, bringt auch eine respektables Abbild des Okularanblicks eines Kometen zustande. Eine Zeichnung ist einzigartig und in viel stärkerer Form individuell als eine Fotografie.

Zeichenmaterial

Für das Zeichnen am Teleskop benötigt man eine feste Unterlage. Bewährt haben sich ein Klemmbrett oder ein Feldbuch, aber auch ein Zeichenblock mit fester Pappe als Untergrund ist geeignet. Die Unterlage muss mit schwachem rotem Licht beleuchtet werden. Die Helligkeit der Beleuchtung darf die Dunkelanpassung nicht stören und muss dennoch die Zeichenfläche hell genug und gleichmäßig ausleuchten. Am besten eignen sich hierzu Klemmlampen. Nur wenige Fabrikate beleuchten die Zeichenfläche gleichmäßig. Auch ist das Licht meist viel zu hell. Beides kann verbessert werden, wenn man die Lichtaustrittsöffnung mit mattroter Folie abdeckt, ggf. in mehreren Lagen. Dadurch wird die Lichtverteilung gleichmäßiger und das Licht vor allem schwächer.

Zeichenkarton ist wesentlich besser geeignet als Kopierpapier. Er ist widerstandsfähiger gegen Feuchtigkeit, mit der man wegen des Taues häufig zu kämpfen hat. Korrekturen und Radieren lassen sich einfacher durchführen, wenn das Papier dicker ist. Für die Ausarbeitung einer fertigen Zeichnung am Schreibtisch kann man sich für die Benutzung von schwarzem Karton entscheiden, auf welchem dann mit weißer Farbe gezeichnet wird. Alternativ kann man die Zeichnung nach dem Einscannen in einem Grafikprogramm invertieren. Weiß auf schwarz gibt den realen Anblick am Fernrohr besser wieder.

▶ **Ein Feldbuch ist in der Lage,** ein Blatt Papier allseitig zu halten. Es bietet einen sehr hohen Komfort beim Zeichnen am Instrument. Die Klemmlampe sollte gleichmäßiges, schwaches rotes Licht liefern.

Drei Grundregeln für Kometen-Zeichnungen

1. Groß zeichnen: Eine sorgfältige Beobachtung bringt viele Einzelheiten hervor, die auf dem Papier wiedergegeben werden müssen. Es ist angemessen, dass eine Zeichnung ein A5-Blatt ausfüllt. Für helle detailreiche Kometen sollten eine Übersichtszeichnung und ergänzende Detailzeichnungen angefertigt werden.
2. Vor Groben zum Feinen: Zuerst werden die großen Strukturen gezeichnet, dann innere Details hinzugefügt. Es ist verführerisch, eine besonders auffällige Besonderheit (z.B. einen Jet) in einer frühen Phase detailliert zu zeichnen und die darum liegenden Strukturen später zu ergänzen. Meist leidet darunter die Genauigkeit bis zur völligen Verzerrung der Gesamtgeometrie. Das schrittweise Verfeinern hat den Vorzug, dass in jedem Stadium eine vorzeigbare Zeichnung vorhanden ist.
3. Zwei Blicke ins Okular, einer auf das Papier: Die Zeichnung soll das Gesehene getreu wiedergeben. Man muss sicherstellen, dass eine gezeichnete Struktur tatsächlich vorhanden ist und die richtige Größe und Lage hat. Anfänger neigen dazu, kontrastreiche Details zu groß darzustellen.

Um verschiedene Grautöne hervorzubringen, benötigt man Bleistifte unterschiedlichen Härtegrades. Die Verwendung von Markenstiften lohnt sich, preisgünstige Fabrikate neigen zum Kratzen oder zum Verschmieren. Homogene Grauflächen werden mithilfe eines Filzwischers (Estompen) erzeugt. Für die Sterndarstellung kann sich der Einsatz von Tusche lohnen, bzw. von weißer Acrylfarbe, wenn man auf schwarzem Papier zeichnet. Ergänzt wird die Ausrüstung durch einen weichen Radiergummi und einen breiten Pinsel zum Entfernen der Radierkrümel. Plastikradierer erzeugen weniger Krümel und sind zu bevorzugen. Es ist günstig, wenn der Radierer eine scharfe Ecke hat, mit der man kleine Stellen freistellen kann. Ein scharfes Messer hilft dabei, solche Ecken anzuschneiden.

Skizze

Es ist unzweckmäßig, am Teleskop eine fertige, publikationsreife Zeichnung anzufertigen. Um das Erkennen feinster Einzelheiten in Koma und Schweif nicht zu vereiteln, darf nur ganz schwaches rotes Licht benutzt werden. Diese Lichtqualität ist ungeeignet, um die feinen Grautondifferenzen zu erstellen, welche man zur Wiedergabe der feinen Nebelabstufungen benötigt. Aus diesem Grund wird eine schematische Skizze empfohlen – die freilich auch ein Endresultat darstellen kann.

Im ersten Schritt muss man sich um die Umgebungssterne kümmern. Wenn man in eine ausgedruckte Sternkarte einzeichnet, dann müssen alle sichtbaren Sterne markiert werden, z.B. mit einem Strich versehen. An diesen Strich schreibt man Helligkeitsstufen, d.h. einigermaßen gleich helle Stern werden mit derselben Stufe versehen und bekommen in der fertigen Zeichnung eine vergleichbare Größe. Hier ist es angemessen, ca. in $0\overset{m}{.}5$-Schritten zu differenzieren, bei dichten Sternfeldern mit starkem Helligkeitsgradienten vielleicht auch mit 1^m-Stufen.

Wenn man mit einem leeren Blatt beginnt, muss der Sternhintergrund zuerst gezeichnet werden. Hierbei beginnt man zweckmäßigerweise mit einigen weit außen liegenden, nicht zu dunklen Sternen. Deren Abstand und Lage zueinander müssen penibel kontrolliert und ggf. korrigiert werden. Mithilfe dieses Sternrahmens werden dann die innenliegenden Sterne eingezeichnet. Jeder Stern wird auf korrekte Lageverhältnisse kontrolliert. Jetzt setzt man ein Kreuz oder einen feinen Punkt an die Stelle der zentralen Kondensation des Kometen und kontrolliert dies nochmals. Danach wird die Uhrzeit notiert.

Bei der Skizze des Kometen arbeitet man von innen nach außen. Zunächst erfolgt die Abbildung der zentralen Kondensation. Ihre Helligkeit muss in realem Verhältnis zu den umgebenden Sternen stehen. Anschließend wird die Koma gezeichnet, in Form von Isophoten, also Linien gleicher Helligkeit. Hierbei hilft u.U. ein Wechsel der Vergrößerung und Wechsel zwischen Direktem und Indirektem Sehen. Die letzte Isophote enthält das Ausmaß der letzten, gerade noch mit Indirektem Sehen wahrnehmbaren äußeren Koma. Deren Größe wird schließlich noch einmal mit den Ausmaßen am Himmel verglichen, also mit den Feldsternen in Beziehung gesetzt. Wenn sich dabei eine kleine Differenz herausstellt, dann sollte dies notiert werden (z.B. »Koma 1/4 zu groß geraten«).

Falls ein oder mehrere Schweife zu sehen sind, dann werden diese nach einem ähnlichen Verfahren gezeichnet. Erst dann hält man nach Inhomogenitäten in Koma und Schweif Ausschau wie Jets, Enveloppen, Schweifstrahlen und zeichnet diese ein.

Am Schluss der Skizze kann man die Lage des Kometen nochmals kontrollieren und die geänderte Lage der zentralen Kondensation markieren und wieder die Zeit notieren. Bei einer freien Zeichnung bestimmt man bei ausgeschalteter Nachführung die Westrichtung und markiert diese mit einem Pfeil. Bei sehr komplexen Kometen sind neben dieser Übersichtsdarstellung Detailzeichnungen angemessen, welche z.B. nur die Koma oder gar nur den inneren Teil der Koma zeigen.

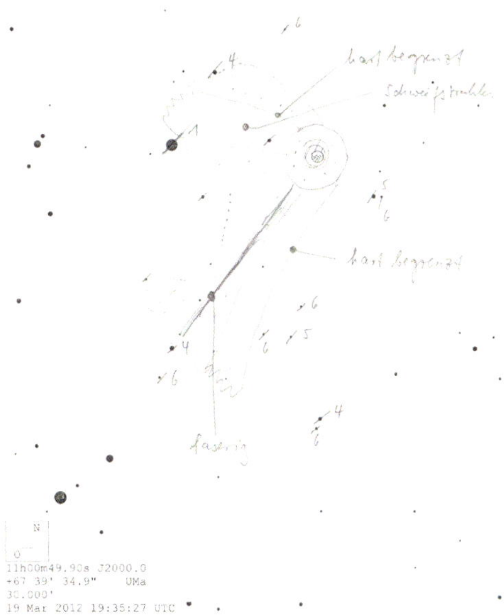

▲ **Skizze des Kometen C/2009 P1 (Garradd)** im März 2012. Die verwendeten Symbole müssen eindeutig sein und sollten auch bei schwach rotem Licht erkennbar sein. Es wurden vier Graustufen differenziert.

▼ **Beim Übertragen der Details** von der Skizze auf das endgültige Zeichenblatt ist ein Lichttisch zweckmäßig. Er kann mit einer Glasplatte, zwei Stößen Büchern und einer Schreibtischlampe improvisiert werden.

Fertige Zeichnung

Die fertige Zeichnung sollte rasch nach dem Beobachtungsabend angefertigt werden, denn die Skizze enthält einige Angaben nur in Textform: Dies muss ins Bild überführt werden, so nahe wie möglich am tatsächlich Gesehenen.

Zuerst wird der Sternhintergrund übertragen, hierzu ist ein behelfsmäßiger Lichttisch oder einfach ein ins Tageslicht führendes Fenster hilfreich. Danach überträgt man mit einem sehr harten Bleistift mit ganz wenig Druck die Lage der zentralen Kondensation und die Isophoten. Am Schreibtisch wird die Zeichnung jetzt fertiggestellt. Es gibt mehrere Möglichkeiten, dies zu tun. Die hier beschriebene führt mit geringen Zeichenfertigkeiten zu einem ansprechenden Ergebnis.

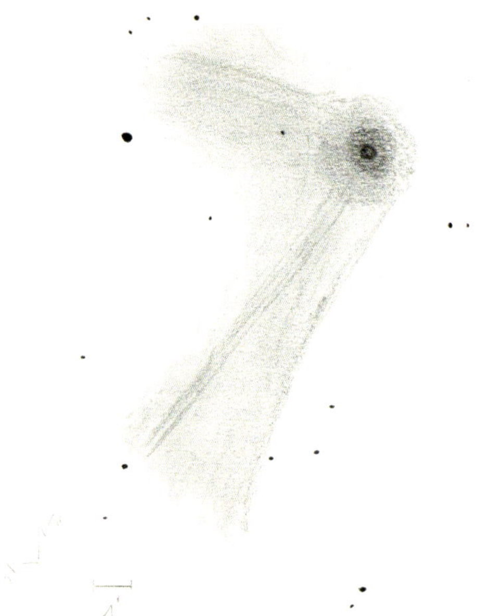

▲ **Fertige Zeichnung** des Kometen C/2009 P1 (Garradd). Außer den Graustufen wurden die in der Skizze enthaltenen Kommentare angemessen umgesetzt.

▼ **Die Firma Unihedron** brachte vor einigen Jahren ein kleines Gerät in den Handel, mit dem die Himmelshelligkeit gemessen werden kann: das Sky Quality Meter (SQM). Damit sind Amateure nicht mehr auf subjektive Schätzmethoden nach der Bortle-Skala oder dem schwächsten sichtbaren Stern angewiesen. Es sind zwei Versionen im Handel, eine für Weitfeldmessung (SQM) und eine für enges 20°-Messfeld (SQM-L). Kometenbeobachtern ist das SQM-L zu empfehlen, weil damit die Himmelsgüte derjenigen Region bestimmt werden kann, in welcher der Komet tatsächlich steht.

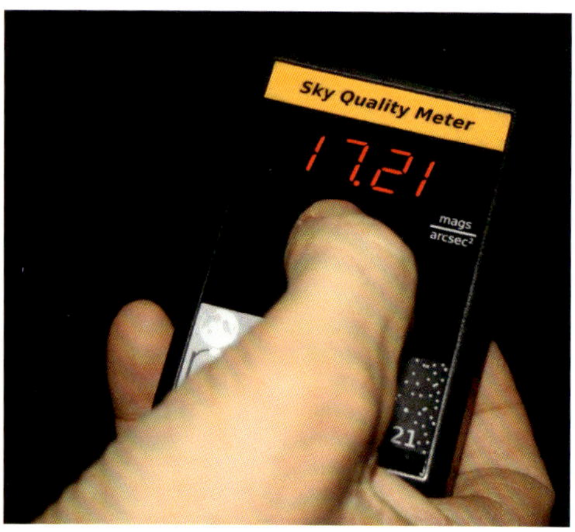

Mit Bleistiften verschiedener Härte und unter Einsatz des Filzwischers werden die Isophotenumrisse in Graustufen umgesetzt. Für Graustufen sollte der Bleistift schräg angesetzt werden. Auch die Zeichenrichtung ist zu beachten: Strukturlose Grauflächen erzielt man, wenn man mit dem Bleistift kleine Kreise zeichnet und diese dann mit dem Estompen verwischt. Eine hin und wieder bei Kometen beobachtete radiale Struktur erfordert natürlich auch einen radialen Strich. Dieser wird dann so weit verwischt, bis die Zeichnung dem visuellen Eindruck nahekommt. Schließlich werden die kontrastreichen Struktur-Einzelheiten hinzugefügt und ggf. ein Kreuz an die Stelle gesetzt, bei welcher die zentrale Kondensation am Ende der Beobachtung zu finden war. Ganz zum Schluss werden die Himmelsrichtungen und ein Maßstabsbalken eingefügt.

Die mit z.T. weichem Bleistift ausgeführte Zeichnung neigt zum Verschmieren. Dies kann verhindert werden, wenn man sie am Schluss mit Fixativ sichert. Fixativ ist ein alkohollöslicher Sprühlack. Er kann auch in geringer Dosierung inmitten der Arbeit benutzt werden, es ist also möglich, ein fixiertes Bild zu ergänzen. Das Bild dunkelt bei dieser Behandlung ein wenig nach.

Datensammlung

Beobachtungsbuch

Beobachtungsergebnisse sind wertvoll: für den Beobachter selbst und möglicherweise auch für die Astronomiegemeinde. Die Kometenbeobachtung ist eines der wenigen Teilgebiete der Astronomie, wo Amateure wertvolles Material für die Fachastronomen liefern. Dies gilt auch für rein visuelle Untersuchung und Messung. Um Ergebnisse langfristig verfügbar zu haben, sind Aufzeichnungen nötig. Wer schon lange Zeit astronomisch tätig ist, weiß, dass scheinbar unwichtige Einzelheiten einer weit zurückliegenden Beobachtung an Bedeutung gewinnen können. Was nicht notiert wurde, ist meist verloren.

Zu jeder Aufzeichnung gehören die Rahmenbedingungen der Beobachtung:

- Beobachtungsort und -zeit
- Instrumente und Zubehör
- Meteorologische Bedingungen (auf jeden Fall Himmelshelligkeit, ggf. Luftruhe)

Es ist unzweckmäßig, direkt am Teleskop das endgültige Protokoll zu erstellen. Dies ist im Dunkeln nicht in der notwendigen Güte möglich. Zweckmäßig sind Notizen, z.B. auf Begleitmaterialien wie Aufsuchkarten und Planungslisten, oder mithilfe eines Diktiergerätes.

Die endgültigen Aufzeichnungen sollten so rasch wie möglich nach dem Beobachtungsabend erfolgen. Die Niederschrift sollte so genau wie möglich sein – dabei ist man auch auf die Erinnerung angewiesen. Diese verblasst schon nach wenigen Tagen.

Man muss sich entscheiden, ob man ein konventionelles Beobachtungsbuch in Papierform oder elektronisch gestützte Aufzeichnungen führen möchte. Die klassische Lösung hat den Vorzug, dass ohne weitere technische Maßnahmen alle Aufzeichnungen auch nach noch Jahrzehnten einsehbar sind. Skizzen und Zeichnungen der Kometen können den Texten direkt hinzugefügt werden. Der große Nachteil ist der ausschließlich chronologische Aufbau. Andere Sortierkriterien sind nur aufwendig erreichbar. Besser auswertbar wird das Beobachtungsbuch durch zusätzliche Maßnahmen:

- Führen eines Inhaltsverzeichnisses oder gar eines Index, diese ggf. elektronisch
- Keine chronologische, sondern kometenweise Sortierung. Dazu muss auf einzelne Blätter (Karteikarten oder Ringbucheinlage) geschrieben werden.

Ein Beobachtungsbuch oder dessen Blätter sollten aus nichtliniertem, etwas dickerem Papier bestehen, auf die man auch zeichnen kann. Für Ringbücher kann man sich Einlagen aus Zeichenkarton herstellen, wenn man diesen selbst zuschneidet und locht.

▼ **Der Beobachtungsplaner »Eye & Telescope«** enthält eine Logbuch-Funktion, die sich auch für Kometen eignet.

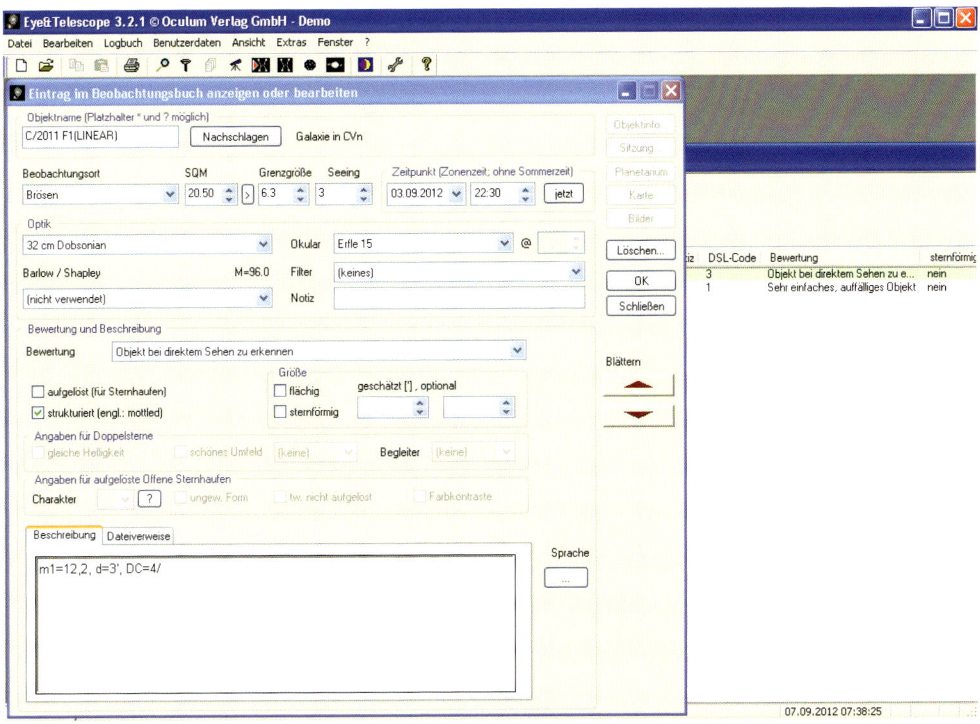

Der klassische papierbezogene Bericht bietet sich für visuelle Beobachter an, da kaum primär-elektronische Daten verwaltet werden müssen. Aber auch die Benutzung von Computerlisten oder Datenbanken kommt in Frage, wenn man die Vorteile der elektronischen Verwaltung nicht missen möchte.

Wenn man nicht skizzieren möchte, ist eine eigene Formensprache von Vorteil, unter deren Elemente man stets dasselbe versteht. Beispiele: Rund, oval (mit Achsenangaben), dreieckig, nierenförmig, wie ein Nike-Symbol.

Die Größe der textuell beschriebenen Elemente sollte angegeben werden, am einfachsten als Bruchteil oder Vielfaches von Sternabständen. Die Sterne müssen so beschrieben werden, dass man sie bei der Auswertung in der Sternkarte auch wiederfindet. Im endgültigen Bericht werden diese Angaben in Winkelmaße umgerechnet.

Fotografie

Die Fotografie von Kometen ist ein breites Betätigungsfeld für Amateurastronomen, das sich aus zwei grundsätzlichen Motivationen ergibt und in zwei Bereiche gliedert. Eine ästhetische Motivation finden viele Fotografen in der Darstellung heller Kometen und ihrer Schweifphänomene vor dem stets wechselnden Himmelshintergrund. Diese »pretty pictures« werden fast durchwegs in Farbe erstellt und sind oft mit erheblichem Bildbearbeitungsaufwand verbunden. Das Besondere an dieser Fotografie von Kometen im Gegensatz zu vielen anderen Gebieten der Astrofotografie ist dabei die Einzigartigkeit und Nicht-Wiederholbarkeit jeder Aufnahme. Dadurch hat jedes Kometenfoto einen gewissen dokumentarischen Wert. Wichtig ist dabei das Festhalten der grundsätzlichsten Aufnahme-Daten wie etwa Aufnahmezeit, Belichtungszeiten, benutzter Optik und Brennweite.

Daneben gibt es eine Reihe von Amateuren, die regelmäßig auch lichtschwache Kometen verfolgen. Hier wird meist mit CCD-Astrokameras gearbeitet, der Zweck ist weniger ein ästhetischer, sondern es wird versucht, einen eigenen wissenschaftlichen Beitrag zu leisten. Dazu gehört die Überwachung

▼ **Besonders ästhetische Fotomotive** ergeben sich, wenn ein heller Komet einem Deep-Sky-Objekt begegnet. Im Januar 2005 passierte C/2004 Q2 (Machholz) die Plejaden (M 45) und der Schweif des Kometen zog scheinbar über den Sternhaufen hinweg.

Vor- und Nachteile DSLR- vs. CCD-Kamera	
DSLR-Kamera	**CCD-Kamera**
+ einfache Handhabung	+ besseres Signal-Rausch-Verhältnis
+ großes Bildfeld	+ größere Empfindlichkeit (Kühlung)
+ auch ohne Laptop verwendbar	+ für Photometrie und Astrometrie wesentlich besser
+ gutes Preis-Leistungs-Verhältnis	+ Arbeit mit Schmalbandfiltern
– mehr Rauschen	– höherer Preis
– geringe Rot-Empfindlichkeit (H-Alpha)	– schwierigere Bedienung (z.B. bei Farbaufnahmen)

hinsichtlich Ausbrüchen oder Teilungen, die Helligkeits- und Positionsbestimmung oder die Entdeckung oder Wiederentdeckung von Kometen.

Kameras

Für die Astrofotografie allgemein und für die Fotografie von Kometen im Speziellen kommen zwei Arten von Kameras in Betracht: Zum einen Digitale Spiegelreflexkameras (DSLR) und zum anderen spezielle CCD-Astrokameras. Letztere gibt es als Schwarz/Weiß-Version und als Farb-Version (»One Shot Color«). Besonders helle Kometen lassen sich unter Umständen auch mit Bridgekameras oder normalen Kompaktkameras aufnehmen.

DSLR-Kameras

Digitale Spiegelreflexkameras sind inzwischen weit verbreitet und sind auch unter Astrofotografen beliebt. Um hellere Kometen zu fotografieren, stellen sie ein nützliches und einfach zu

Farbbilder mittels CCD-Kamera und Bayer-Matrix

In Kameras mit CCD-Sensoren wird das einfallende Licht in digitale Bildpunkte umgewandelt. Dabei erzeugt jedes einzelne lichtempfindliche Pixel je nach auftretender Helligkeit eine entsprechende Ladung, die ausgelesen wird. Es entsteht ein monochromes Bild. Farbbilder werden erst durch das externe Vorschalten von Farbfiltern in Rot, Grün und Blau und die anschließende additive Farbmischung in der Nachbearbeitung am Computer erzeugt. Da hier die einzelnen Farbkanäle getrennt vorliegen, lässt sich die Erzeugung eines Farbbildes wesentlich besser steuern. Es kann auch eine differenzierte Gewichtung der einzelnen Farbkanäle vorgenommen werden.
Bei der »One-Shot«-Technologie entsteht die Farbinformation durch Interpolation aus 4 Pixeln, die mit winzigen Filtern (Rot, Blau und 2× Grün) bedampft sind. Die verstärkte Empfindlichkeit im grünen Spektralbereich wurde der Natur des menschlichen Auges nachempfunden. Ein direkt erzeugtes Farbbild ist die Folge, allerdings wird dabei nur die 0,7-fache Auflösung gegenüber einem Schwarz-Weiß-Sensor erreicht. Diese »Bayer-Matrix« findet in fast allen Farbkameras Verwendung.

▼ **Aufbau eines Bayersensors,** mit 50% Anteil an Grün und je 25% Anteil an Blau und Rot. Jeweils 2×2 Pixel werden zusammengefasst und die Information interpoliert.

handhabendes Werkzeug dar. Besonders bei guter Himmelsqualität lassen sich mit diesen Kameras heute hervorragende Ergebnisse erzielen. Zu den größten Vorteilen zählt ihr großes Bildfeld, das zwar auch mit CCD-Kameras zu erreichen ist, hier aber mit einem wesentlich höheren Anschaffungspreis verbunden ist. Am besten eignen sich die preislich etwas höher angesiedelten Vollformat-Modelle, da sie durch ihre größeren Chips weniger störendes Bildrauschen aufweisen. Aber auch die beliebten und preiswerten APS-C-Kameras sind sehr gut verwendbar. Die geringe Empfindlichkeit der DSLR-Kameras im roten Spektralbereich kann durch einen Filter-Umbau behoben werden. Grundsätzlich ist diese Eigenschaft an Kometen weniger störend, da diese vorwiegend grünes und blaues Licht aussenden.

CCD-Kameras

CCD-Astrokameras in der Schwarz-Weiß-Version haben ihre Vorteile in der Empfindlichkeit und im Signal-Rausch-Verhältnis. Durch die interne Kühlung ist das Bildrauschen stark vermindert und durch die Linearität (zeitlich gleich bleibende Umwandlung von Photonen in Ladungen) und das erzeugte Fits-Bildformat eignen sie sich gut für Auswertungen hinsichtlich Photometrie und Astrometrie. In Verbindung mit einer Optik von etwa 200mm bis 300mm Öffnung sind damit auch für Amateure lichtschwache Kometen bis ca. 17^m zu erreichen. Ihre geringere Anfälligkeit für Lichtverschmutzung macht sie besser als DSLR-Kameras unter Stadt- oder Stadtrandhimmel einsetzbar.

Bei der RGB-Technik lassen sich mittels vorgeschalteter Farbfilter in Rot, Grün und Blau auch mit CCD-Kameras farbige Kometenbilder erzeugen. Eine unterschiedliche Gewichtung einzelner Farbkanäle ist möglich und manchmal sinnvoll, etwa kann eine längere Belichtung mit dem Blaufilter einen vorhandenen Plasmaschweif besser zur Geltung bringen. Auch Aufnahmen in speziellen Wellenlängen des Lichtes (Schmalband) lassen sich mit entsprechenden Filtern herstellen.

Ein möglicher Nachteil der RGB-Technik ist, dass ein Komet sich während einzelner Farb-Belichtungen so rasch gegen den Himmelshintergrund verschiebt, dass beim Überlagern der Bilder unschöne Rot-Blau-Grün-Muster an Sternen entstehen können.

Neben DSLR-Kameras sind Farb-CCD-Kameras eine gute Möglichkeit, um Kometen auf einfachem Weg in ihrer Farbigkeit wiederzugeben. In diesen »One-Shot-Kameras« sind ebenfalls

▼ **Bei dieser RGB-Aufnahme** von C/2009 P1 (Garradd) wurde der Blaukanal durch eine verlängerte Belichtungszeit stärker gewichtet und der Plasmaschweif tritt besser hervor.

▼ **Mit einer modernen Farb-CCD-Kamera** mit »One-Shot-Technologie« entstand dieses Bild von C/2009 P1 (Garradd).

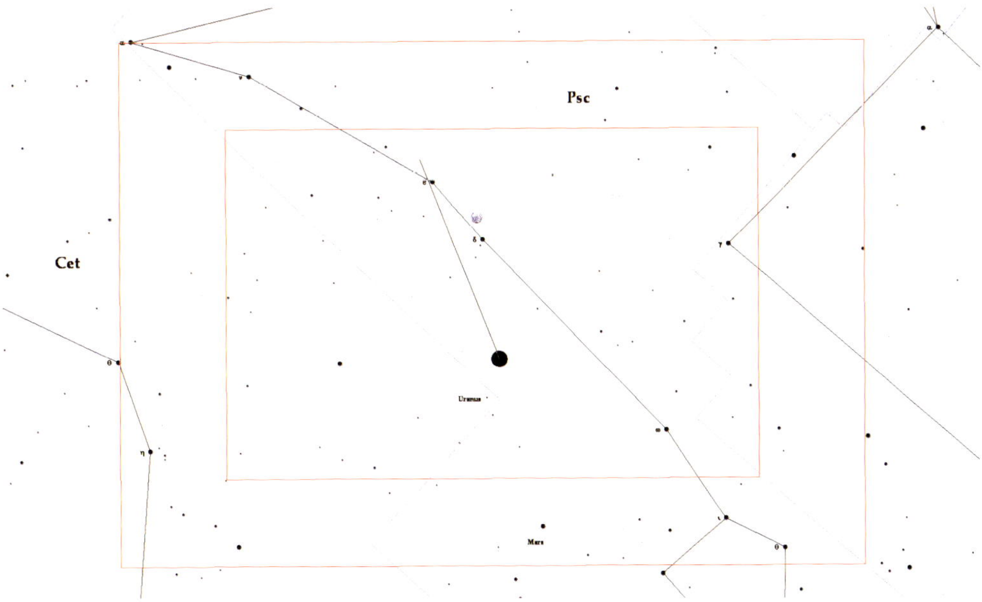

▲ **Voraussichtliche Koma-Größe und Schweif** des Kometen C/2011 L4 (PANSTARRS) am Abend des 13. März 2013. Solche Darstellungen in Planetariumsprogrammen (hier »Cartes du Ciel«) sind als Anhaltspunkt für die Wahl der geeigneten Optik hilfreich, können aber von der Realität beträchtlich abweichen. Es lassen sich hier auch Bildfeldgrößen einblenden, im Bild entspricht das kleinere Rechteck dem Bildfeld einer handelsüblichen DSLR-Kamera mit APS-Chip und einem 50mm-Objektiv, das größere einem 35mm-Objektiv. Sicher ablesen kann man, dass mit 50mm Brennweite ein schönes Motiv mit Komet und Mondsichel abzubilden sein wird, mit 35mm könnte man auch noch den tiefstehenden Planeten Mars mit in den Bildausschnitt bekommen.

Sensoren mit Bayer-Matrix verbaut und es wird bei jeder Belichtung ein Farbbild in der Kamera erzeugt. Sie sind damit ein Mittelweg zwischen DSLR und monochromer Astrokamera.

Vorbereitung

Wie bei der visuellen Beobachtung muss zunächst ein Komet ausgewählt und sein Stand am Himmel festgestellt werden. Nicht immer ist jede Region am Himmel erreichbar – besonders in Horizontnähe, wo des öfteren hellere Kometen zu finden sind, ist es oft schwierig zu fotografieren. Um für die Planung interessante Daten, wie Helligkeit, scheinbaren Koma-Durchmesser und zu erwartende Schweiflänge abzuschätzen, sind Kometen-Seiten im Internet mit aktuellen Beobachtungen und Bildern hilfreich, sowie Sternkartenprogramme wie »Cartes du Ciel«, »The Sky« oder »Guide«. Letzteres gibt die Kometen-Parameter dank einer speziellen Formel am genausten wieder und kann daher am besten zur Vorab-Einschätzung dienen. Wenn mehrere Optiken oder Kameras zur Verfügung stehen, kann dann je nach Helligkeit und Ausdehnung des Schweifsterns die am besten geeignete Ausrüstung ausgewählt werden.

Ruhende Kamera

Besonders helle Kometen, die im Durchschnitt etwa alle zehn Jahre erscheinen, lassen sich schon mit einfachsten Mitteln fotografieren. Für 2013 sind sogar zwei entsprechend helle Kometen – C/2011 L4 (PANSTARRS) und C/2012 S1 (ISON) – zu erwarten. Als Minimalausrüstung genügt jede handelsübliche Kamera (bevorzugt aber eine DSLR-Kamera) und ein Stativ. Um ein Verwackeln zu vermeiden, ist ein Fern- oder Kabelauslöser von Vorteil. Schweifsterne dieser Helligkeit sind

Dokumentation von Kometenfotos

Himmelsfotografen sollten alle Begleitumstände einer Aufnahme notieren:

- Start- und Endzeit aller Belichtungen
- Art der Nachführung: Auf einen Stern, auf den Kern, indirekt
- Besondere Ereignisse und Störungen (z.B. ein Meteor) während der Belichtung, mit Uhrzeit
- Zeiten von Belichtungsunterbrechungen, die infolge von Störungen notwendig waren (z.B. bei durchziehenden Wolken)
- Änderung der meteorologischen Bedingungen während der Aufnahme
- Ablageort der Rohdaten, ggf. Lage der Sicherheitskopie

Fotografen müssen ihre Daten ohnehin auf dem Computer speichern, meist sogar die mehrerer Bearbeitungsschritte. Es ist naheliegend, auch die begleitenden Aufzeichnungen im Computer zu führen. Die normalen Büroanwendungen, v.a. Tabellenkalkulation und Büro-Datenbanken, decken ein weites Spektrum an Anforderungen ab. Der Vorteil dieser »Werkzeugkästen« besteht in der Konfigurierbarkeit: Die eigenen Anforderungen können leicht in eine Liste oder kleine Applikation gebracht werden. Man kann dann alle Vorteile einer Datenbank ausnutzen: Suche, Gruppierung und Auswertung nach allen strukturiert abgelegten Datenfeldern, Weitergabe von Daten, Verknüpfung von Daten und Bildern. Der Nachteil besteht in der Flüchtigkeit elektronisch gespeicherter Daten – zumindest, wenn man Zeiträume von mehreren Jahrzehnten in Betracht zieht: Datenträger werden unlesbar, Speicherformate veralten, Computerabstürze zerstören Inhalte. Die Daten zu bewahren bedeutet, sich regelmäßig darum zu kümmern. Unverzichtbar sind Sicherheitskopien und regelmäßige Konvertierungen auf aktuelle Hard- und Software. Möglicherweise bieten Internetdienste künftig die dauerhafte Speicherung von Daten an. Diese Entwicklung hat gerade erst begonnen, ihre Chancen und Risiken sind noch nicht klar absehbar.

meist horizontnah am Dämmerungshimmel zu sehen, was mit einem reizvollen Vordergrund zu besonders ästhetischen Bildern kombiniert werden kann. Die geeignete Objektiv-Brennweite kann bei ausgedehnten Schweifstrukturen bis in den Weitwinkelbereich (10mm bis 24mm) gehen.

Maximale Belichtungszeiten bei ruhender Kamera

Brennweite	Belichtungszeit
14mm	35s
20mm	25s
24mm	20s
35mm	14s
50mm	10s
70mm	7s
100mm	5s
135mm	3s

Ansonsten empfehlen sich Normalobjektive und leichte Telebrennweiten (50mm bis 200mm).

Die Wahl der Belichtungszeit richtet sich einerseits nach der Helligkeit des Kometen und des Himmelshintergrundes (Lichtverschmutzung durch künstliche Beleuchtung oder Mondlicht), andererseits gilt es zu bedenken, dass durch die Erddrehung nach einigen Sekunden Belichtung Komet und Hintergrundsterne zu Strichspuren verwischt werden. Die noch tolerierte Belichtungszeit hängt dabei von der Objektivbrennweite und der Deklination am Himmel ab.

Der Vorteil der einfachen Ausrüstung ist die dadurch mögliche Mobilität. Handelt es sich um einen Kometen, der in nur geringer Höhe über dem Horizont steht, empfiehlt es sich einen erhöhten Punkt mit freier Horizontsicht (Anhöhe, Berg) aufzusuchen. Die meisten Bilder des Kometen C/2009 P1 (McNaught) entstanden im Januar 2007 auf diese Weise. Auch der Komet C/2011 L4

▲ **Nur selten werden Kometen so hell,** dass sie mit ruhender Kamera bei wenigen Sekunden Belichtungszeit abgebildet werden können. Zusammen mit einem reizvollen Vordergrund oder einer Horizont-Silhouette ergeben sich dann aber schöne Motive. Aufnahme von C/2006 P1 (McNaught) im Januar 2007 mit feststehender Kamera und einem 135mm-Teleobjektiv. Die Belichtungszeit betrug nur eine Sekunde.

(PANSTARRS) wird zur Zeit seiner größten Helligkeit rund um den 10. März 2013 abends sehr tief über dem westlichen Horizont stehen und zunächst nur von Standorten mit Sicht bis zum Horizont zu fotografieren sein.

Ist ein geeigneter Standort erreicht, sollte noch genug Zeit für die letzten Vorbereitungen eingeplant werden. Die Kamera wird mit geladenem Akku und Speicherkarte bestückt und auf die richtigen Einstellungen überprüft. Bei der Bildqualität sollte das RAW-Format gewählt werden, bei der ISO-Zahl wird ein mittlerer Bereich (200 bis 800) gewählt. Die Belichtungszeit muss auf manuell gestellt sein – später wird in der Dämmerung von kurzen Belichtungszeiten auf allmählich längere gewechselt. Entscheidend ist nun die richtige Fokussierung, diese kann zuerst auf entfernte Objekte (den Horizont) erfolgen, muss aber noch verfeinert werden, wenn die ersten Himmelsobjekte, etwa Mond, hellste Sterne oder der Komet selbst zu sehen sind. Schließlich wird die Kamera auf die Himmelsgegend ausgerichtet, wo der Komet in der Dämmerung sichtbar werden sollte, und das Bildfeld – idealerweise mit einem interessanten Horizont – gewählt. Zur Verbesserung der Abbildungsqualität sollte die Objektiv-Blende nicht ganz geöffnet, sondern leicht abgeblendet werden. Nun kann mit der Belichtung von Aufnahmen begonnen werden. Um ein Verwackeln beim Auslösen zu vermeiden, wird mit Fern- oder Kabelauslöser gearbeitet. Alternativ kann der Selbstauslöser verwendet werden oder bei Belichtungen im Bereich über einigen Sekunden das Objektiv beim Auslösen (etwa mit dem Objektivdeckel) kurz abgedeckt bleiben.

Nachgeführte Kamera

Durch die Beschränkung auf Belichtungszeiten bis etwa 20s oder 30s genügt die Fotografie mit ruhender Kamera nur für die wenigsten, sehr hellen Kometen. Will man nur ein wenig lichtschwächere Objekte ablichten, muss die Kamera der Erddrehung (dem scheinbaren Lauf der Sterne) nachgeführt werden. Es gibt Lösungen, die ausschließlich der Kamera-Nachführung dienen (»Polarie Star

Weiß- und Dunkelbilder

In der Astrofotografie genügt es nicht, das entsprechende Motiv (den Kometen) aufzunehmen, um Fehler in den Optiken und Kameras in der Bildbearbeitung ausbessern zu können (Kalibrierung), müssen rundherum noch weitere Belichtungen durchgeführt werden:
Es gilt die Formel:

Fertiges Bild = Rohbild – Dunkelbild/ Weißbild

Weißbilder (engl. flat frames) dienen dazu, Unregelmäßigkeiten in den Bildern herauszurechnen. Dazu zählen ungleiche Ausleuchtung (Vignettierung) und Staub oder Schmutz auf der Chip-Oberfläche oder innerhalb der Optik. Sie sind sowohl für das Gelingen von »pretty pictures« als auch für CCD-Aufnahmen (besonders zur Photometrie) unabdinglich.
Zu ihrer Erstellung gibt es mehrere Methoden: Man kann gegen den gleichmäßig hellen Dämmerungs-Himmel oder gegen eine andere, gleichmäßig beleuchtete helle Fläche (Hauswand) fotografieren. Zur Verbesserung dieser Technik gibt es lichtstreuende Diffusor- und Opalscheiben. Da die Anordnung von Kamera und Optik und der Fokus nach der Aufnahme nicht mehr verändert werden sollte, sind diese Methoden nicht besonders praktikabel. Besser geeignet ist die sog. Licht- oder Flatfield-Box, eine eigens dafür gebaute, indirekt ausgeleuchtete Schachtel, die über das Teleskop gestülpt wird, oder eine Flatfield-Leuchtfolie, die vor der Optik platziert wird. Die einfachste Lösung ist es, die Teleskop-Optik mit weißem Papier oder einem weißen Stück Stoff abzudecken und von vorne mit einer Lampe zu beleuchten. Die Belichtungszeit sollte kurz gehalten werden, die Durchbelichtung der Bilder sollte dennoch bei etwa 50% bis 70% liegen. Aus den gewonnenen Bildern wird in der Nachbearbeitung mit entsprechender Software ein Master-Flat errechnet.
Dunkelbilder (engl. dark frames) sind wichtig für das Vermindern von Rauschen, die Entfernung von Pixelfehlern (»hot pixel«) und allfälligem Verstärkerglühen am Bildrand (bei modernen Kameras kaum noch vorhanden). Sie sind einfach zu erstellen, indem die Objektivabdeckung geschlossen bleibt und Bilder bei gleicher Temperatur, mit gleichen Einstellungen hinsichtlich Belichtungszeit und ISO geschossen werden – am besten am Anfang und am Ende einer Aufnahme-Serie. Auch hier entsteht später am Computer aus der Summe der Bilder ein »Master-Dark«.

▼ **Typisches Aussehen eines Weißbildes (Flats):** Gut erkennbar sind die Randabschattung (Vignettierung) und Spuren von Staubpartikeln.

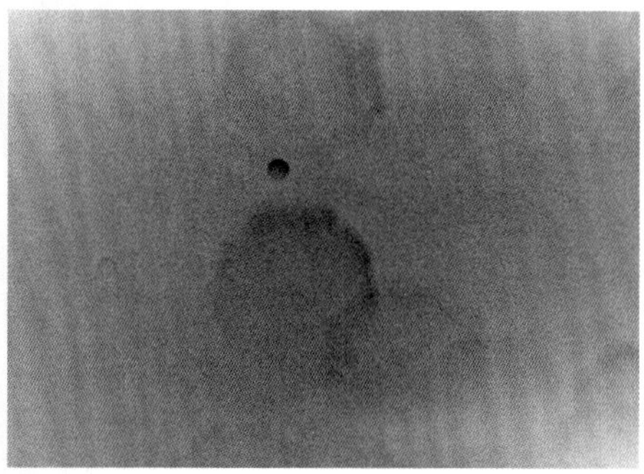

Tracker«, »Astrotrac«, »Photo Guider«), im Prinzip kann aber jede parallaktische Fernrohr-Montierung verwendet werden. Besitzt man schon ein Teleskop mit einer solchen Montierung, kann die Kamera huckepack auf das Teleskop oder auf die Gegengewichtsstange montiert werden. Diese »Piggyback«-Technik in Verbindung mit einem Teleobjektiv erschließt bereits ein weites Feld der Kometenfotografie. Es kann sowohl mit DSLR- als auch mit CCD-Kameras gearbeitet werden. Mit einem 200mm-Objektiv sind so bereits Kometen bis etwa 12^m Helligkeit zu erreichen.

Verfügt die Montierung über keine motorische Nachführung, muss durch das Teleskop per Hand und mit der Hilfe eines Fadenkreuz-Okulars nachgeführt werden. Mit einer gut arbeitenden

Nachführung sind Aufnahmen mit Objektiven bis etwa 200mm Brennweite und Belichtungszeiten von rund 60s möglich. Voraussetzung ist eine richtig aufgestellte und eingenordete Montierung. Es werden immer eine Reihe von Aufnahmen erstellt, die in der Nachbearbeitung übereinander gelegt (»gestackt«) werden. Dies verbessert das Signal-Rausch-Verhältnis und hebt den Kometen im fertigen Bild besser vom Hintergrund ab. Zusätzlich müssen Dunkel- und Weißbilder aufgenommen werden, um das Bild zu kalibrieren.

Ist die Piggyback-Kamera eine CCD-Astrokamera, muss diese mit einem Laptop verbunden sein, aber auch eine DSLR-Kamera wird meist auf diese Weise betrieben. Der größte Vorteil ist dabei die bessere Kontrollmöglichkeit der richtigen Bildschärfe. Man kann sich an der Kamera direkt zwar mit Live-View oder einer Zoom-Funktion behelfen, aber die erreichte Genauigkeit mittels Anzeige am Laptop-Bildschirm ist ungleich höher.

▲ **Teleskop mit huckepack montierter Kamera (»Piggyback«),** in Verbindung mit einem Laptop eine gängige und noch relativ einfach beherrschbare Technik der Kometen-Fotografie. Mit einer ähnlichen Ausrüstung gelangen in den letzten Jahren sogar einige Amateur-Kometenentdeckungen.

Aufnahme durch das Teleskop

Um durchschnittlich helle Kometen in entsprechendem Abbildungsmaßstab ablichten zu können, sind Brennweiten zwischen 300mm und 1000mm erforderlich. Auch wenn es Teleobjektive in diesem Bereich gibt, ihr Anschaffungspreis in entsprechender Qualität ist sehr hoch und die Handhabung bei der Himmelsfotografie (etwa das Auffinden des Kometen) schwierig. Will man Kometen-Fotografie regelmäßig und ernsthaft betreiben, muss daher durch ein Teleskop belichtet werden (Fokalfotografie). Die Voraussetzungen sind grundsätzlich ähnlich wie bei der »Piggyback«-Technik, durch die längeren Brennweiten ist aber eine größere Genauigkeit der Nachführung notwendig.

Zur notwendigen Ausrüstung zählen wiederum eine DSLR- oder CCD-Kamera, ein Laptop und eine richtig dimensionierte parallaktische Montierung mit motorischer Nachführung. Hilfreich für das Auffinden schwacher Kometen ist eine automatische Positionierung (Goto). Außerdem benötigt wird ein 2"-Anschlussadapter, um die Kamera an das Teleskop anzuschließen.

▼ **Hauptvorteil der Fotografie mit Teleobjektiven** ist das große Bildfeld, welches für das Abbilden langer Kometenschweife oder Begegnungen mit Deep-Sky-Objekten ideal ist. Die Aufnahme mit einer DSLR-Kamera und einem 200mm-Objektiv zeigt 8P/Tuttle und die Galaxie M 33 im Dezember 2007.

Nachführkorrektur

Die Genauigkeit nicht gesteuerter Nachführungen ist zumeist geringer als das Auflösungsvermögen der Fernrohr-Sensor-Kombination. Die klassische Nachführkorrektur ist die manuelle: Ein Leitstern in einem Hilfsfernrohr wird unter einem Fadenkreuz gehalten. Heutzutage lässt sich dieser Prozess automatisieren (sog. »Autoguiding«). Dabei wird während der Belichtung ein Stern (Leitstern) mittels Software auf Abweichungen in Deklination oder Rektaszension überprüft, diese werden an die Motorsteuerung zurückgemeldet und automatisch korrigiert. Dazu werden drei Prinzipien benutzt:

- Wenn die Kamera über zwei Sensoren verfügt, von denen der kleinere ausschließlich der Nachführkontrolle dient, kann die Nachführung hiermit erfolgen. Das Bild des kleineren Sensors kann so oft ausgelesen werden, wie es die Nachführung erfordert.
- Es ist technisch möglich, einen Teil des von Instrument erzeugten Bildes seitlich auszulenken und dort eine getrennte Kamera anzuschließen, welche nur der Nachführung dient. Diese Methode wird als »Off-Axis-Guiding« bezeichnet. Meist werden CCD-Kameras oder sogar Webcams verwendet. Wichtig ist eine ausreichend hohe Empfindlichkeit.
- Die Nachführkamera kann mit einem eigenen Teleskop, dem Leitrohr verbunden sein. Problematisch kann sein, dass Hauptinstrument und Leitrohr während lang andauernder Belichtungen und damit unter wechselnden mechanischen Verhältnissen nicht parallel bleiben.

Wenn die Mechanik der Nachführkorrektur nur ein geringes Spiel besitzt, kann theoretisch über Stunden belichtet werden. In der Praxis werden aber immer Einzelbilder – meist im Bereich von 30s bis 10min angefertigt.
Es gibt seit kurzem auch »Stand-Alone-Guider«, Kameras mit integrierter Steuerungselektronik, die keinen Laptop und keine weitere Software benötigen. Diese werden an ein Leitrohr (es genügt ein Sucherfernrohr) angeschlossen und erledigen das Autoguiding auf sehr einfache Weise.

Bei laufendem Auto-Guiding ist die Belichtungszeit nur durch die Himmelshelligkeit und die Bewegung des Kometen eingeschränkt. Die einzelnen Rohbilder werden meist zwischen 1min und maximal 5min belichtet. Ab einer Belichtungszeit von ca. 3min besteht bereits die Gefahr, dass die Bewegung des Kometen auf den Bildern merklich wird. Lichtstarke Optiken und empfindliche Kameras sind in der Kometenfotografie daher besonders bevorzugt. Die Kometenbewegung wirkt sich zwar auch bei der Aufnahme einer Serie von kürzer belichteten Einzelbildern aus, kann aber in der Nachbearbeitung später behoben werden.

Farbbilder in LRGB-Technik

Die besten Ergebnisse, um mit monochromen CCD-Kameras Farbbilder von Kometen zu erzeugen, liefert die LRGB-Technik. Die Abkürzungen stehen für Luminanz (L), Rot (R) Grün(G) und B(Blau). Bei dieser Weiterentwicklung der RGB-Technik werden in der Bildbearbeitung Farbaufnahmen mit ungefilterten Luminanz-Aufnahmen kombiniert. Die ungefilterten Bilder liefern dabei die Helligkeit, Schärfe und Details des Gesamtbildes, die restlichen Bilder die Farbinformationen. Entsprechend werden die Luminanz-Aufnahmen 5× bis 10× länger und zum Teil auch mit besserer Auflösung belichtet.

Bildbearbeitung

Die Bildbearbeitung am Computer nimmt in der Astrofotografie inzwischen mehr Zeit in Anspruch als die Belichtung der Aufnahmen selbst. Verwendung finden hier eine Reihe von Programmen und Techniken, wobei sich die Abläufe und

▲ **An den Okularauszug** eines Teleskopes angeschlossene DSLR-Kamera zur Fokalfotografie.

▲ **C/2006 W3 (Christensen)** – monochrome CCD-Aufnahme eines schwächeren Kometen im Teleskop-Fokus.

Arbeitsschritte in den Grundzügen – Bildkalibrierung, Überlagerung und Nachbearbeitung – ähnlich sind.

Eine Besonderheit von mit langen Brennweiten aufgenommenen Kometenbildern ist, dass die Bewegung des Kometen während der Aufnahmen gegenüber den Hintergrundsternen bemerkbar wird. Eigentlich müsste der Komet auf vielen »pretty pictures« nicht vor punkt-, sondern strichförmigen Sternen zu sehen sein. Hier helfen sich viele Fotografen mit relativ aufwendigen Bearbeitungstechniken, in denen zunächst die Hintergrundsterne zum Verschwinden gebracht werden. Das ist relativ einfach mittels der sog. Sigma-Überlagerung im verwendeten Bearbeitungsprogramm zu erreichen.

Wesentlich schwieriger ist es, ein Bild des Hintergrundes ohne den Kometen zu gewinnen. Eine eigene Aufnahme des Himmelshintergrundes ohne den Kometen (in der Nacht zuvor oder danach) zu machen, geht den meisten Fotografen zu weit. Der Grat zwischen »noch Astrofoto« und »bereits Montage« ist hier bereits sehr schmal. Also bleibt nur ein mühevolles Wegrechnen und Weichzeichnen des Kometen. Am Ende können dann beide Bildebenen passend überlagert werden. Das Ergebnis ist dann ästhetisch sehr ansprechend und zeigt einen Kometen vor scharfen, punktförmigen Hintergrundsternen.

Meist wird die Verarbeitung der Bilder aber automatisch mittels Software durchgeführt. Empfehlenswert sind beispielsweise »DeepSkyStacker«, »Iris« oder »Fitswork«, allesamt kostenlos verfügbar. Zunächst erfolgt die Kalibrierung durch Dunkelbilder und Weißbilder. Dann werden die einzelnen Kometen-Rohbilder überlagert (»gestackt«). Die Bilder müssen dabei auf den Sternhintergrund oder auf den Kometen ausgerichtet werden. Bei der ersten Variante erscheinen die Sterne punktförmig, aber der Komet wird verwaschen, bei der zweiten ist der Komet scharf, aber die Sterne werden zu Strichen oder punktierten Linien. Manche Programme z.B. »DeepSkyStacker«, verfügen über einen eigenen Stacking-Modus für Kometen und bieten beide Möglichkeiten zur Auswahl.

Ähnlich der bereits erwähnten Technik steht sogar eine dritte Möglichkeit zur Auswahl – beim »star freeze effect« sollen Sterne und Komet »eingefroren« und scharf abgebildet werden. Diese Automatik ist allerdings nicht vollständig ausgereift und sehr rechenaufwendig. Die Ergebnisse

▲ **C/2006 M4 (SWAN) im Oktober 2006.** Die Hintergrundsterne werden zu »Strichspuren«, bedingt durch die Bewegung des Kometen während der Bildaufnahmen.

▲ **C/2006 M4 (SWAN) mit punktförmigen Hintergrundsternen** – hinter solchen Aufnahmen steckt eine aufwendige Bearbeitungstechnik.

führen dabei eher selten zu zufriedenstellenden Ergebnissen. Als Alternative kann man auch versuchen, auf die Sterne gestackte und auf den Kometen gestackte Aufnahmen manuell in einem Bildbearbeitungsprogramm (etwa »Photoshop«) zusammenzufügen. Am Ende muss das entstandene Summenbild dann noch durch Anpassung von Helligkeit, Kontrast, Farbe und Schärfe fertig bearbeitet werden. Es empfiehlt sich dabei, Werkzeuge wie »Gradationskurven« und »Unscharf maskieren« zu verwenden. Sollte noch Bildrauschen vorhanden sein, kann hier auch noch mit spezieller Software – z.B. »Neat Image« – nachgeholfen werden.

Spezielle Techniken und Filter

Auch dem Amateur stehen heute mittels zum Teil frei verfügbarer Software unzählige Möglichkeiten der Auswertung und speziellen Nachbearbeitung und Bildmanipulation zur Verfügung. Umfangreiche Filter sind beispielsweise in den Programmen »Iris«, »Astroart« und »Fitswork« enthalten. Einige dieser Filter wurden von Astronomen entwickelt und dienen dem besseren Sichtbarmachen von Details und Strukturen in Koma und Schweif. Ihre Anwendung muss aber mit dem richtigen Maß durchgeführt werden, es können sonst ungewollte Artefakte entstehen

Der bekannteste Filter in dieser Hinsicht ist der Larson-Sekanina-Filter oder Rotationsgradient. Bei dieser Technik wird von der Software ein Negativbild erzeugt, das dann in einem bestimmten Winkel (meist zwischen 1° und 20°) um ein zuvor markiertes Helligkeitszentrum des Kometen gedreht wird. Zusätzlich kann das Bild radial verschoben werden und wird schließlich vom Originalbild subtrahiert. Dabei werden Kanten und starke Übergänge heller dargestellt, gleichmäßige Flächen werden dunkler. Er eignet

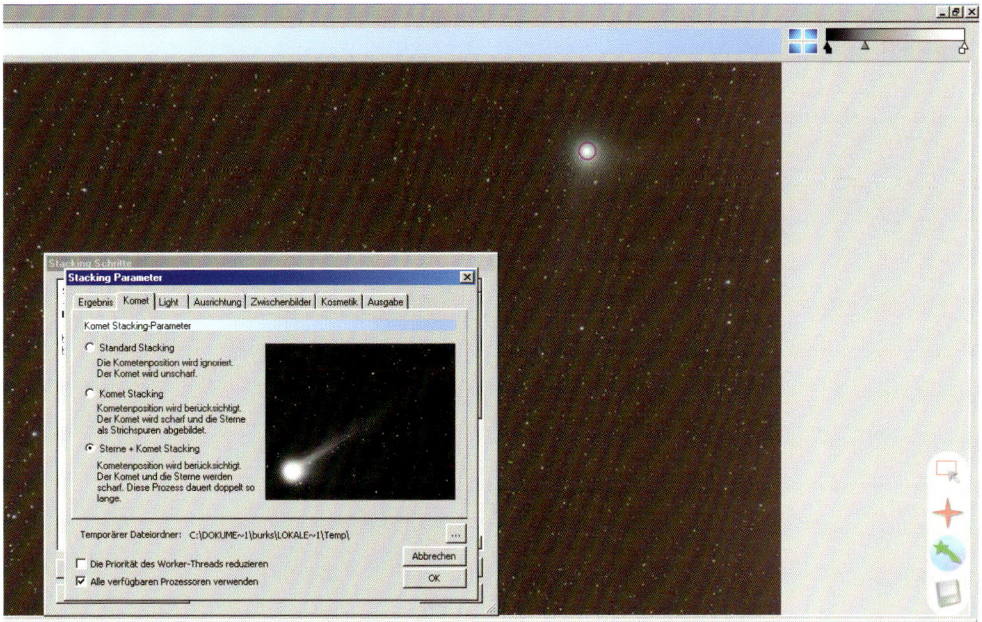

▲ **Auch wenn die Ergebnisse** nicht der aufwendigeren manuellen Manipulations-Technik entsprechen – die »star freeze effect«-Methode in DeepSkyStacker ist eine interessante Möglichkeit. In den Bildern muss ein sternförmiges Zentrum (»false nucleus«) erkennbar sein, das vor der Berechnung mit Mausklick markiert wird. Dann werden die Bilder automatisch einmal auf den Kometen und einmal auf das Sternfeld gestackt und am Ende beide Bilder überlagert.

sich besonders dafür, radial um den Kern angeordnete Strukturen (etwa Jets und Enveloppen) aufzuzeigen, erzeugt aber auch Artefakte.

Weitere Bildverstärkungs-Filter für Komastrukturen, die an Kometenaufnahmen angewandt werden können, sind vor allem Azimutal-Median und Radial-Subtraktion. In Isophoten- bzw. Äquidensiten-Bildern werden Zonen gleicher Helligkeit als Linien oder Flächen dargestellt. Kombiniert werden viele dieser Filter mit Falschfarbendarstellung und Scharfzeichnungsfiltern (Unscharfe Maske).

Wissenschaftliche Beiträge

Unter Amateurastronomen sind heute mittlere und größere Teleskope mit Öffnungen zwischen 200mm und 400mm weit verbreitet. In Verbindung mit CCD-Kameras, Computern und geeigneter Software sind damit interessante und wichtige Beiträge auch im wissenschaftlichen

▼ **Der Larson-Sekanina-Filter** kann auch mit Farbaufnahmen kombiniert werden. In der ausgeprägten Koma von 17P/Holmes im November 2007 kamen Strukturen damit wesentlich besser zur Geltung. Enthalten ist dieser Filter unter anderem in den Programmen »Astroart« und »Fitswork«.

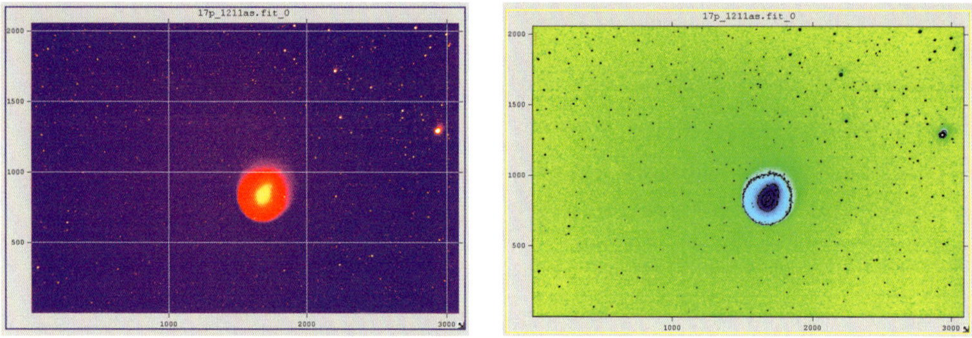

▲ **Falschfarbendarstellung und Isophotendarstellung** einer Aufnahme von 17P/Holmes vom 12. November 2007. Mit solchen Verstärkungs- und Verfremdungsfiltern können Helligkeitsverteilung und Strukturen in der Koma sichtbar gemacht werden.

Sinne möglich. Dazu gehören in erster Linie die exakte Positionsmessung (Astrometrie), Helligkeitsbestimmung (Photometrie) und die eher selten betriebene Spektroskopie. Die wissenschaftliche Bedeutung solcher Beobachtungen ergibt sich vor allem aus der Chance, Kometen über längere Zeiträume zu verfolgen, eine Möglichkeit, die an professionellen Observatorien nur selten gegeben ist.

Astrometrie

Jeder entsprechend ausgerüstete und interessierte Amateur kann am CCD-Beobachtungsprogramm des MinorPlanetCenter (MPC) teilnehmen und astrometrische Messungen an Kleinplaneten und Kometen durchführen und melden. Damit kann ein wichtiger wissenschaftlicher Beitrag geleistet werden, denn solche

▼ **Kometen-Astrometrie** mit der Software »Astrometrica«: Die Vergleichssterne werden automatisch erkannt, dazu muss ein Sternkatalog (USNO-A 2.0 oder UCAC 2) geladen sein.

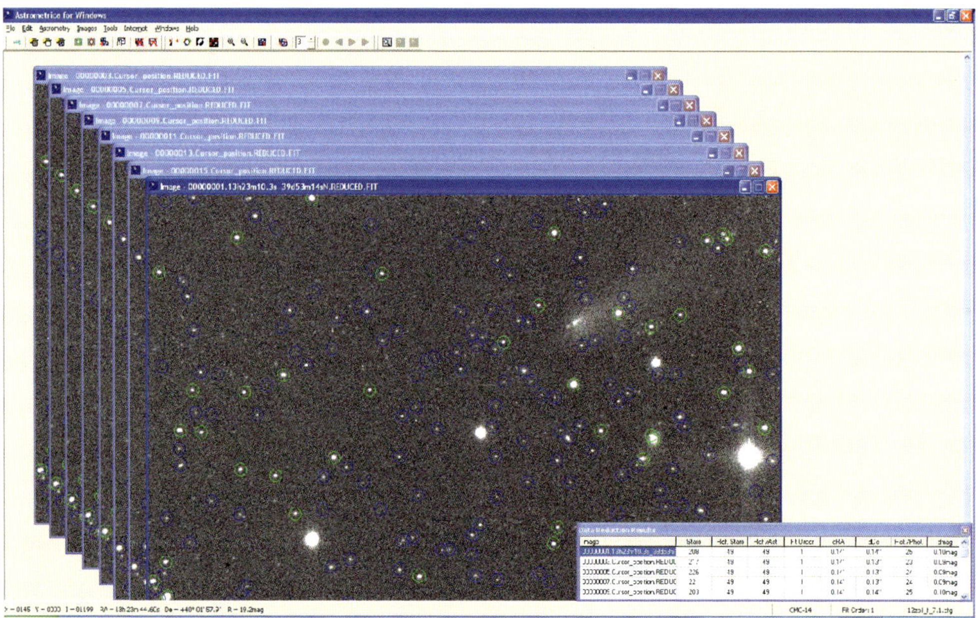

Messung der geozentrischen Helligkeit

Amateure bestimmen CCD-Helligkeiten bis ca. 18^m und kommen damit wesentlich »tiefer« als visuelle Beobachter. Die Helligkeitsbestimmung mittels CCD-Kamera beruht auf der Summation von Ladungen. Eine solche Summe enthält neben dem Eigenleuchten des Kometen auch Anteile, welche vom Himmelshintergrund herrühren. Diese werden korrigiert, in dem man ein in der Nähe liegendes Vergleichsfeld integriert und dessen Ladungssumme subtrahiert. Das Verfahren wird bei großen berücksichtigten Himmelsausschnitten (»Aperturen«) fehleranfällig, weil immer mehr Sterne eingeschlossen werden und Vergleichs- und Messfeld ein etwas unterschiedliches Hintergrundleuchten aufweisen können. Aus diesem Grund wird meist die Helligkeit eines sehr kleinen Feldes summiert, für das diese Probleme nur sehr abgeschwächt auftreten.

Leider lässt sich die visuelle Helligkeitskurve nicht durch Messungen mit dieser kleinen Apertur komplettieren, denn nur bei sehr kleinen, schwachen Kometen enthält dieses Feld die tatsächliche Gesamthelligkeit. Problematisch ist außerdem, dass ein festes Messfeld bei unterschiedlicher Erdentfernung einen jeweils unterschiedlich großen Ausschnitt der Koma enthält. Dadurch werden selbst relative Aussagen, welche die Veränderungen des kernnahen Bereiches desselben Kometen über der Zeit oder dem Sonnenabstand betreffen, erheblich erschwert.

Beobachtungen werden zur Bahnbestimmung und -verbesserung herangezogen. Im Wesentlichen benötigt man dafür eine astrofotografische Ausrüstung, also ein Teleskop (je nach benutzter Kamera mit mindestens 1000mm Brennweite auf parallaktischer Montierung inkl. Nachführung), eine CCD-Kamera, einen Computer inklusive Software-Paket (mit einem Sternkatalog für die Referenzsterne) und die exakte Uhrzeit (am besten ebenfalls via Internet über einen Zeitserver). Bevor man seine Messungen melden kann, muss man einen eigenen Observatoriums-Code erhalten. Dazu sind testweise einige Astrometrie-Messungen an schwächeren Kleinplaneten durchzuführen und einzusenden. Diese werden vom MPC auf ihre Genauigkeit überprüft. Erst dann kann man am Beobachtungsprogramm teilnehmen und die eigenen Ergebnisse erscheinen in den Veröffentlichungen des MPC.

Nach der Gewinnung von Aufnahmen und deren Kalibrierung kann die Astrometrie selbst automatisch mithilfe von Software wie etwa »Astrometrica« durchgeführt werden. Nach der Einstellung gewisser Grundbedingungen wie Standortkoordinaten (auf 0,0001° genau), CCD-Sensor-Größe und Teleskop-Brennweite werden Sterne automatisch identifiziert, die Kometenposition daraus vermessen und die Ergebnisse im geforderten Datenformat direkt an das MPC gesendet.

Eine ausführliche Anleitung zur Astrometrie von Kometen inklusive der notwendigen Erfordernisse ist auf der Internet-Seite des MPC abrufbar.

Photometrie

Während die CCD-Astrometrie inzwischen ein Arbeitsfeld darstellt, in dem Amateure mit etwas Erfahrung regelmäßig wichtige Beiträge liefern, sind wissenschaftlich wertvolle Ergebnisse in der CCD-Photometrie schwieriger zu erhalten. So lassen sich etwa die gering leuchtenden äußeren Komabereiche vom ebenfalls aufgehellten Himmelshintergrund kaum trennen. Helligkeitsmessungen mithilfe von Kamerasensoren ergeben daher im Durchschnitt deutlich geringere Werte als visuelle Schätzungen. Auch fehlte lange Zeit eine einheitliche photometrische Methode. Verschiedene Instrumente, Kameras und Filter können sehr breit gestreute Ergebnisse liefern.

Während in der professionellen Astronomie zahlreiche Systeme in unterschiedlichen Wellenlängenbereichen (von Ultraviolett bis Infrarot) in Verwendung sind, haben sich im Amateurbereich

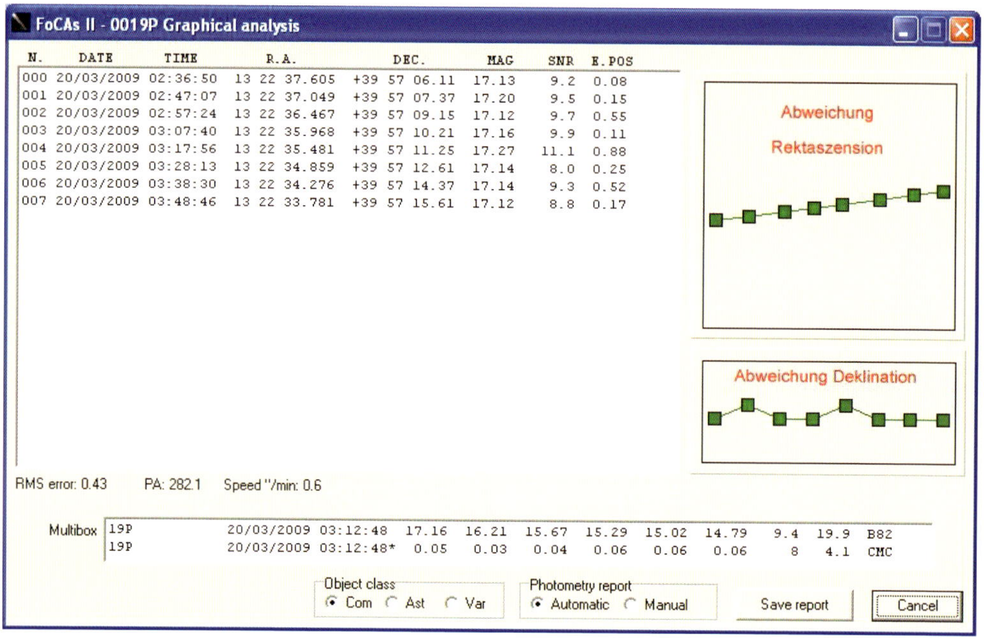

▲ **Kometen-Photometrie** mit der Software »FoCAs II«: Grafische Darstellung der Messergebnisse.

zwei Methoden durchgesetzt. Die erste geht von italienischen Beobachtern der CARA-Gruppe aus und ist näher am professionellen Ansatz, denn es werden verschiedene Schmalband-Filter verwendet. Die zweite ist vor allem unter spanischen Kometenbeobachtern weit verbreitet und besonders einfach zu handhaben. Gemessen wird ungefiltert, beschränkt auf eine Fläche von 10" × 10" rund um den Kometen (genannt »Apertur«, nicht zu verwechseln mit der Teleskop-Öffnung), als Vergleichssternkatalog wird der USNO-A 2.0 verwendet. Die ohne Filter gewonnenen Aufnahmen entsprechen – durch die erhöhte Empfindlichkeit der CCD-Sensoren in diesem Bereich – sehr gut den Sternhelligkeiten im R-Band (Rot) dieses Kataloges. Die Beschränkung auf ein Feld von 10" × 10" ergibt bei schwächeren kleinen Kometen gute Ergebnisse, bei ausgedehnteren Objekten gibt es starke Abweichungen zu visuellen Schätzungen, da immer nur der innerste Bereich gemessen wird. Wichtig ist auch hier, dass die gewonnenen Aufnahmen vor der Auswertung mit Dunkel- und Weißbildern kalibriert werden.

Als Werkzeug für den PC wurde »FoCAs« entwickelt, das mit »Astrometrica« zusammen verwendet wird. Es greift direkt auf die log-Dateien von »Astrometrica« zu. von Weitere Software-Pakete mit Photometrie-Tools sind »CCDSoft« und »AIP4Win«.

Spektroskopie

Die Spektroskopie war lange Zeit ein wichtiges Instrumentarium zur Untersuchung von Kometen und ihrer chemischen Bestandteile. Die Analyse der von Kometen ausgesendeten Strahlung zeigte, dass ihre Spektren sowohl das kontinuierliche Spektrum reflektiertem Sonnenlichtes, als auch Emissionslinien bestimmter Moleküle der Koma (etwa die bekannten Swan-Banden) enthalten. Mit dem Aufkommen der digitalen Fotografie und erschwinglicher CCD-Kameras war nach vielen Jahren geringer Betätigung in den letzten Jahren ein leichter Aufschwung der Spektroskopie unter Amateurastronomen zu verzeichnen. Am besten eignen sich für flächige Objekte Spaltspektrographen. Ein solches Gerät wird etwa von Baader Planetarium vertrieben. Damit lassen sich wissenschaftlich interessante Kometenspektren im sichtbaren Lichtbereich generieren – je nach

Kamera etwa im Bereich zwischen 350nm und 950nm. Es können Kometen bis zu einer Helligkeit von etwa 8^m sinnvoll aufgenommen werden.

Der Spektrograph wird zwischen Teleskop (oder Teleobjektiv) und Kamera angebracht, dabei sind sowohl CCD- als auch DSLR-Kameras geeignet. Um eine zu starke Beeinflussung des aufgenommenen Lichtes durch die Atmosphäre zu verhindern, sollte der zu untersuchende Komet möglichst hoch am Himmel stehen. Dann wird möglichst direkt auf das Zentrum der Koma nachgeführt und die einzelnen Belichtungen durchgeführt. Bei sehr hellen Kometen kann auch versucht werden, auf den Schweif zu belichten. Anschließend werden die Aufnahmen kalibriert und gestackt. Empfehlenswert ist ein Abzug des Nachthimmel-Spektrums von dem des Kometen.

Zur Auswertung und grafischen Darstellung der Spektren gibt es wiederum spezielle Software, etwa »VisualSpec«, »Spektrosoft« oder »ESO-Midas«. Die Identifizierung der Spektrallinien kann mithilfe eines Referenzkataloges kometarer Emissionslinien durchgeführt werden. Zu beachten gilt es, dass Kometen-Spektren stark von der heliozentrischen Distanz abhängen. Aus den Emissionslinien lässt sich auch die molekulare Ausgasung und damit Aktivität eines Kometen errechnen.

▲ **Mit einer solchen Ausrüstung** lassen sich Spektren von Kometen bis zu einer Helligkeit von ca. 8^m aufnehmen.

▼ **Kometen-Spektrum** am Beispiel C/2009 P1 (Garradd) und dessen grafische Darstellung.

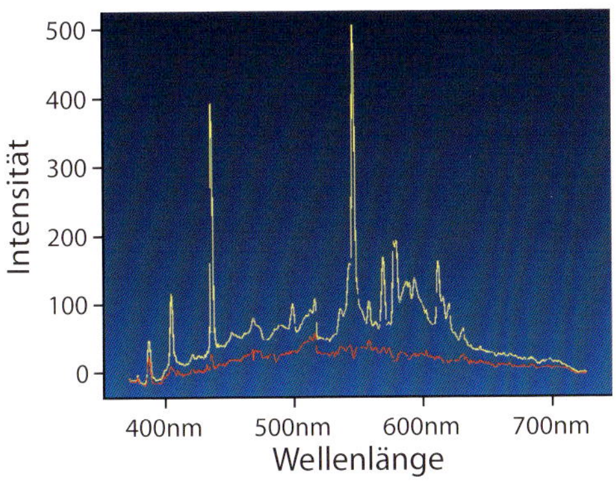

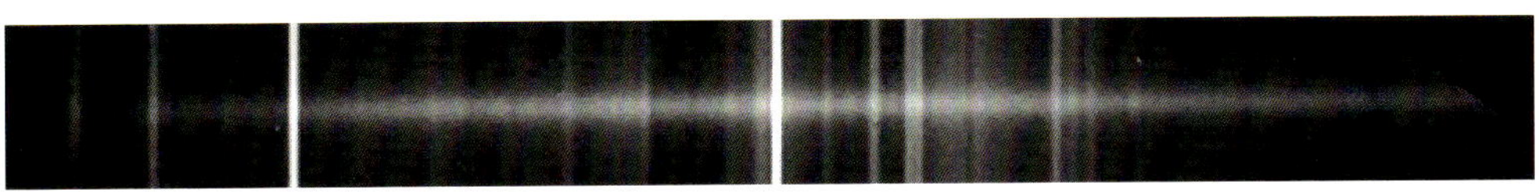

Die wichtigsten Emissionslinien von Kometen

Molekül/ Atom	Wellenlänge	bekannt seit
CN	388nm / 692nm / 787nm	1881
C_3	344nm bis 410nm	1881
C_2	516nm (Swan) / 771nm	1881
N_2^+	391nm	1910
CO^+	395nm / 427nm	1910
CH	432nm	1938
CH^+	423nm	1942
NH_2	450nm bis 735nm	1942
H_2O^+	620nm	1974

Auswertung

Lichtkurven

Kometen können sich in kurzer Zeit erheblich verändern, dies betrifft sowohl die Gestalt als auch die Helligkeit. Es ist von erheblichem Interesse, die Ursachen solcher Veränderungen zu ergründen. Die wichtigste Methode hierfür ist die Auswertung von Helligkeitsverläufen: Dies bedeutet, die Lichtkurve eines Kometen modellmäßig zu unterlegen und die Modellparameter zu bestimmen. Eine solche Vorgehensweise gestattet zudem eine Prognose. Außerdem kann ein solcherart analysierter Komet typisiert werden. Bei periodischen Kometen werden die Änderungen von Perihel zu Perihel deutlich.

Datenquellen

Die Auswertung eines Helligkeitsverlaufes ist umso deutlicher, je besser die Datenbasis ist. Dies betrifft sowohl die Anzahl als auch die Güte der Einzelmessungen. Ausschließlich auf eigene Beobachtungen sollte man eine Auswertung nicht gründen. Öffentlich zugängliche Quellen für Helligkeitsbestimmungen sind:

▼ **Prognose des Kometen 45P/Honda-Mrkos-Pajdusakova:** Die Prognose zeigt den raschen Abfall der Helligkeit ab Mitte Oktober 2011 an. Die daraus abgeleitete Prognose erleichtert die Vorbereitung auf Beobachtungen.

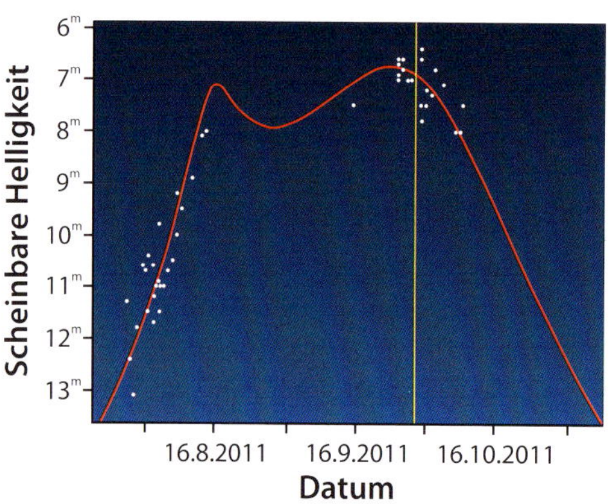

- Die jüngsten Helligkeitsschätzungen (»Recent Magnitude Estimates«), die beim ICQ-Journal eingehen und auf der Webseite des Journals abrufbar sind
- Die Publikationen von Beobachtergemeinden verschiedenen Länder: Hervorzuheben sind die deutschen, lateinamerikanischen und spanischen Gruppen.
- Die Yahoo-Gruppe der Kometenbeobachter, eine Mailing-Liste

Wenn man Daten aus mehreren Quellen zusammenträgt, dann müssen Dopplungen entfernt werden. Viele Beobachter senden gleichzeitig an mehrere Datensammlungen.

Datenaufbereitung

Die Datenbasis ist normalerweise stark heterogen: Helligkeitsbestimmungen von erfahrenen Beobachtern stehen neben Anfängerdaten, die Himmelsgüte reicht von mäßig bis exzellent, der Komet kann – von verschiedenen Stellen der Erde aus beobachtet – ganz unterschiedliche Horizontabstände gehabt haben.

Wenn ausreichend viele Daten vorhanden sind, dann kann man erwägen, als unsicher eingestufte Messungen zu eliminieren. Hierzu können verschiedene Kriterien herangezogen werden:

- Die Erfahrung der Beobachter: Es ist relativ leicht zu ermitteln, welche Beobachter schon jahrelang Helligkeiten messen und welche Neulinge auf diesem Gebiet sind.
- Die Himmelsgüte: Viele Beobachter geben die Himmelsqualität an, z.B. den schwächsten sichtbaren Stern. Außerdem kann man anhand von Standortdaten und Datum/Uhrzeit den Horizontabstand des Kometen zum Beobachtungszeitpunkt bestimmen.
- Unplausible Einzelmessungen mathematisch entfernen: Bei dicht mit Messungen besetzten Tagen kann man die Standardabweichung

bestimmen und außerhalb plausibler Grenzen liegende Werte ausschließen. Oftmals sind hierfür aber nicht genügend Daten vorhanden. In Zeitabschnitten langsamer Helligkeitsveränderung können auch die Daten mehrerer Tage zusammengefasst werden.

- Unplausible Werte nach Augenschein entfernen: Stark abseits vom offensichtlichen Kurvenverlauf liegende Werte werden nicht in die Auswertung eingeschlossen.

Wenn ein Komet während eines großen Bahnabschnittes beobachtet werden kann, dann ist die Lichtkurve unterschiedlich stark mit Helligkeitsschätzungen besetzt. Es kann vorkommen, dass zu den Zeiten großer Helligkeit mehrere Dutzend Messungen pro Tag eingehen. Die »Ränder« der Kurve hingegen sind schwach besetzt, möglicherweise mit nur einer Messung über mehrere Wochen. Die Auswerteverfahren werten ohne weitere Maßnahmen jeden der Messpunkte gleichermaßen. Dies ist nicht immer angemessen, auch wenn man berücksichtigt, dass sich helle Kometen sicherer bestimmen lassen als schwache. Es bietet sich in solchen Fällen an, Daten vor der Auswertung zusammenzufassen. Als praktikabel hat sich die tageweise Mittelwertbildung herausgestellt. Dieser Schritt muss als letztes erfolgen. Alle anderen Datenverbesserungen (Ausreißerelimination und ggf. Umrechnung auf Standardapertur) müssen vorher erfolgen.

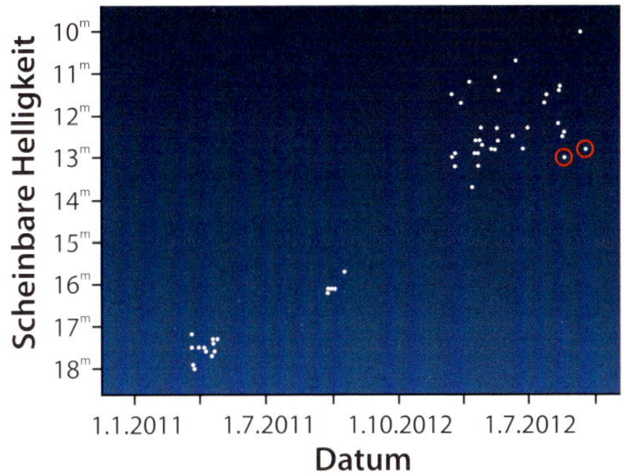

▲ **Ausreißer** lassen sich im Diagramm per Augenmaß leicht identifizieren: Werte, die auffallend abseits der Menge der Bestimmungen liegen, sollten entfernt werden. Die Datenbasis kann auf diese Weise unaufwendig verbessert werden. Mathematische Verfahren, die Ähnliches leisten, sind kompliziert. Schätzungen, welche den Kometen heller einstufen als vom Großteil der Beobachter gesehen, sollten nur bei wirklich großer Helligkeitsdifferenz von der Auswertung ausgeschlossen werden. Oft zeigt eine exzellente Himmelsqualität Teile der äußeren Koma, welche den anderen Beobachtern entgangen waren. Die Schätzungen sind dann real und beruhen nicht auf Fehlern.

Modelle der Helligkeitsentwicklung

Die Veränderung der Helligkeit bei Annäherung an die Sonne lässt sich nicht ohne weiteres physikalisch begründet modellieren. Es hat sich vielmehr eine empirisch ermittelte Formel

Standardapertur

Auswertungen haben gezeigt, dass die Helligkeitsschätzungen von der benutzten Teleskopgröße abhängen. Große Fernrohre unterschätzen die Helligkeit. Dieser Effekt ist bei Teleskopen mit zentraler Obstruktion stärker ausgeprägt. Es wird deshalb empfohlen, alle Beobachtungen mathematisch auf eine Standardapertur umzurechnen. Als Standard wurde eine Öffnung von 68mm festgelegt. Für Refraktoren/Ferngläser und Reflektoren wurden unterschiedliche Formeln ermittelt:

Refraktoren und Ferngläser:

$$m_{korr} = m_{beob} - 0{,}^{m}066 \cdot (D-6{,}8)$$

Für Reflektoren:

$$m_{korr} = m_{beob} - 0{,}^{m}019 \cdot (D-6{,}8)$$

Dabei ist D die Teleskopöffnung in Zentimetern. Diese Korrektur kann insbesondere bei diffusen Kometen in Erwägung gezogen werden.

Grafische Bestimmung der Modellparameter

Hierzu werden die Messwerte umgerechnet: Statt der gemessenen geozentrischen Helligkeit m_1 wird die heliozentrische Helligkeit

$$\mathbf{M = m_1 - 5 \log (\Delta)}$$

benutzt. Statt des Sonnenabstandes r wird dessen Logarithmus aufgetragen. Man zieht mit dem Lineal eine nach Augenschein »bestmögliche« Kurve durch die Werte und liest zwei weit auseinanderliegende Punkte auf der Kurve ab. Die Modellparameter können nun berechnet werden:

$$\mathbf{n = 0{,}4\ (M_2 - M_1) / (\log(r_2) - \log(r_1))}$$
$$\mathbf{m_0 = M_1 - 2{,}5\ n \log(r_1)}$$

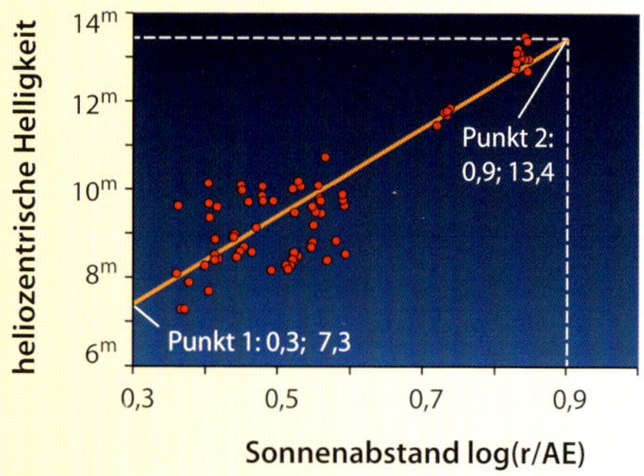

▲ **Die Bestimmung der Modellparameter** kann grafisch erfolgen. Im Beispiel ergibt sich n=4,07 und $m_0=4^{m}{,}34$. Eine Ausgleichsrechnung ergibt etwas abweichende Werte: n=3,94 und $m_0=4^{m}{,}32$.

Rechnerische Bestimmung der Modellparameter

Zur Berechnung von m_0 und n wird eine lineare Ausgleichsrechnung benutzt, in welche die Wertepaare (log(r), M) eingehen: Es sind also zunächst die Logarithmen der Sonnenabstände und die heliozentrischen Helligkeiten zu bestimmen. Alle Statistikprogramme und viele Taschenrechner enthalten die Routinen zur Ausgleichsrechnung. Ohne solche Hilfsmittel bestimmt man zunächst:

- die Anzahl N der Messwertpaare
- die Summe SR aller log(r)
- die Summe SRR der Quadrate aller log(r)
- die Summe SM aller heliozentrischen Magnituden
- die Summe SMM der Quadrate aller heliozentrischen Magnituden
- die Summe SRM aller Produkte log(r) • M

Man berechnet:

$$\mathbf{n = 0{,}4 \cdot (SRM - SR \cdot SM/N) / (SRR - SR \cdot SR/N)}$$
$$\mathbf{m_0 = (SM - n \cdot SX) / N}$$

durchgesetzt, welche für die theoretische geozentrische Helligkeit m beschreibt. Sie ist für die meisten Kometen plausibel:

$$\mathbf{m = m_0 + 5 \log(\Delta) + 2{,}5\ n \log (r)}$$

Hierbei sind Δ der Erdabstand und r der Sonnenabstand des Kometen zum Beobachtungszeitpunkt. Die zunächst unbekannten Parameter »absolute Helligkeit« m_0 und »Aktivitätsparameter« n werden aus großen Mengen von Messdatentripeln (m_1, r, Δ) berechnet. Hierzu wird ein Verfahren benutzt, welches Carl Friedrich Gauß zur Bahnbestimmung von Planetoiden entwickelte: Die Ausgleichsrechnung. Mit diesem Verfahren wird eine »bestmögliche« Kurve durch die Messwerte gelegt.

Nicht alle Kometen lassen sich zufriedenstellend mittels einer Abhängigkeit vom Sonnenabstand beschreiben. Vor allem periodische Kometen, die viele Umläufe hinter sich haben, können nicht gut abgebildet werden. In solchen Fällen

Entwicklungsmodelle der heliozentrischen Helligkeit

Jeder Körper wird bei Annäherung an die Sonne heller, da er sich der Lichtquelle nähert. Dieser Beleuchtungseffekt führt zu einer quadratischen Zunahme der Helligkeit: Die halbe Entfernung ergibt die vierfache Helligkeit bzw. einen Anstieg um $1{,}^{m}51$. Wenn sich Kometen der Sonne annähern, dann erhöht sich zusätzlich die Gas- und Staubentwicklung. Dieses kann man mit Helligkeitsmessungen belegen – die Magnitude steigt stärker, als dies nach den geometrischen Gegebenheiten zu erwarten ist. Die Veränderungen der Helligkeit geben einen Aufschluss über die Dynamik der Gasentwicklung.

Die rein physikalische Modellierung der Kometenaktivität ist nur eingeschränkt möglich. Meist wird deshalb der beschriebene empirische Zusammenhang zwischen heliozentrischer Helligkeit M und Sonnenabstand r benutzt:

$$\mathbf{M = m_0 + 2{,}5\, n \log (r) + K}$$

Hierbei ist m_0 die absolute Helligkeit. Diese ergäbe sich, wenn ein Komet sowohl von der Erde als auch von der Sonne 1AE entfernt wäre. Der Wert n kennzeichnet den sog. Aktivitätskoeffizient. K ist ein instrumentenabhängiger Korrekturfaktor, welcher oft weggelassen oder nur in vereinfachter linearisierter Form berücksichtigt wird.

Für Kleinplaneten gilt n=2. Für Kometen kann mittels theoretischer Modelle folgendes belegt werden: Wenn Gas und Staub mit konstanter Geschwindigkeit abströmen und sich der Kometenkern nicht erwärmt, dann gilt n=4. Dieser Wert wird immer dann angenommen, wenn zu wenige oder schlecht verteilte Messwerte vorliegen. Man benutzt dann

$$\mathbf{M = m_{10} + 10 \log (r) + K}$$

Der Wert m_{10} ist die absolute Helligkeit unter der Annahme $2{,}5 \times n = 10$.

Aus der heliozentrischen Helligkeit kann die Gasentwicklung abgeschätzt werden. Eine rein empirische Formel beruht auf dem Vergleich der heliozentrischen Magnitude von 37 Kometen mit spektroskopischen Messungen zum selben Zeitpunkt. Eine Ausgleichsrechnung führte zu

$$\mathbf{\log Q_W = -0{,}2453\, M + 30{,}675}$$

Hierbei ist Q_W die Wasserproduktionsrate in Molekülen je Sekunde.

Physikalisch stärker begründete Ansätze modellieren die Lebensdauer der Moleküle in der Koma und berücksichtigen die Anteile reflektierten und emittierten Lichtes auf einer gewissen Genauigkeitsstufe. Bislang enthalten auch solche theoretisch besser fundierten Formeln einige empirisch zu bestimmende Konstanten.

kann versucht werden, ob eine Abhängigkeit vom Perihelzeitpunkt zu besseren Ergebnissen führt:

$$\mathbf{m = m_P + 5 \log(\Delta) + n'\, \delta t}$$

Hierbei sind m_P die Perihelhelligkeit, n' der zeitbezogene Aktivitätsparameter und δt der zeitliche Abstand vom Perihel in Tagen, vor dem Perihel positiv und nach dem Perihel negativ zu zählen. Die Bestimmungsverfahren funktionieren analog: Statt des Logarithmus des Sonnenabstandes wird der zeitliche Abstand vom Perihel benutzt.

Beide Verfahren lassen sich abschnittsweise benutzen und sogar kombinieren. Es ist allgemein üblich, die Entwicklung vor und nach dem Perihel getrennt zu betrachten. Wenn ein Komet einen Helligkeitsausbruch erleidet, muss ab diesem Zeitpunkt in jedem Fall neu gerechnet werden. Das Aufteilen in Abschnitte ergibt natürlich eine bessere Annäherung des Modells an die Daten. Allerdings wird die Aussage über allgemeine Eigenschaften des Kometen erschwert. Aus diesem Grund sollte eine Unterteilung der Helligkeitskurve vermieden werden, wenn sich dies mit hinnehmbaren Zugeständnissen an die Abbildungsgüte vertreten lässt.

Absoluthelligkeit, Aktivität und Gasproduktion

Die Modellparameter Absolute Helligkeit m_0 und Aktivitätsparameter n können physikalisch interpretiert werden. Damit eröffnet sich die Möglichkeit, Kometen zu klassifizieren und zu vergleichen.

Die Absolute Magnitude ist die Helligkeit, welche ein Schweifstern in 1AE Entfernung sowohl von der Sonne als auch von der Erde hat. Während sich die Wirkung eines unterschiedlichen Erdabstandes rechnerisch berücksichtigen lässt, ist die Helligkeit in 1AE Sonnenabstand durch das physikalische Geschehen auf der Kometenoberfläche geprägt. Für viele Schweifstern ist m_0 ein rein hypothetischer Wert, da sie der Sonne gar nicht so nahe kommen. Insgesamt sagt m_0 am ehesten etwas über die Größe der aktiven Oberfläche aus, welche mit einer gewissen Genauigkeit einen Rückschluss auf die Kerngröße gestattet.

Der Aktivitätsparameter n gibt an, wie rasch sich die Helligkeit bei Annäherung an die Sonne ändert. Bei rein reflektierenden Körpern, also bei Kleinplaneten und Planeten, gilt wegen des quadratischen Abstandsgesetzes stets n=2. Werte über 2 bedeuten, dass die Helligkeitszunahme nicht nur durch eine stärker wirkende Lichtquelle, sondern auch durch einen größer werdenden Körper hervorgerufen wird. Am sieht in n damit die Wirkung der zunehmenden Gasentwicklung.

Für nichtperiodische Kometen liegt n in der Nähe von 4, dies ist auch die erste Annahme, wenn genauere Zahlen fehlen. Dies bedeutet, dass die Helligkeit in etwa mit der 4. Potenz der Sonnenentfernung steigt.

Periodische Kometen sind oft von einer dicken Staubschicht bedeckt, welche das wasserreiche Innere des Kerns thermisch abschirmt. Zu einer erheblichen Gasfreisetzung kommt es bei solchen Körpern oft erst bei großer Sonnennähe. Diese Eigenschaft prägt den Aktivitätsparameter, er ist sehr groß. Werte über 10 sind nicht selten.

Afρ und Staubproduktion

Die Bestimmung der Gesamthelligkeit ausgedehnter Kometen ist schwierig, wenn CCD-Beobachtungen als Grundlage dienen. Jedoch lässt sich aus Himmelsaufnahmen der Parameter Afρ bestimmen, welcher eng mit der Staubentwicklung verbunden ist. Von den drei in die Berechnung eingehenden Variablen lässt sich nur ρ, also der Radius der zur Messung benutzten Koma direkt bestimmen. Die anderen beiden Variablen Albedo (A) und Füllfaktor (f) sind nicht zugänglich. Dennoch kann Afρ aus der Partialhelligkeit recht einfach bestimmt werden, wenn man eine Magnitudenmessung mit einer kleinen Apertur durchführt. Die Auswerteprogramme schlagen hierfür ein quadratisches Fenster von 10" Kantenlänge vor. Der Wert für Afρ ergibt sich in Zentimetern, wenn in die Formel

$$\mathbf{Af\rho = 4430000\, r^2 \cdot \Delta \cdot 10^{-0{,}4 m_{10}}}$$

r und Δ in AE eingesetzt werden. Die Helligkeit m_{10} ist hier die Magnitude des Kometen mit einer quadratischen 10"-Apertur.

Abschätzung der Gasproduktion

Aus der heliozentrischen Helligkeit M kann die Gasproduktion in kg/s abgeschätzt werden:

$$\mathbf{Q_G = f_1 \cdot 10^{-0{,}2M} / \sqrt{1 + f_2 \cdot r^2}}$$

Die beiden Faktoren f_1 und f_2 hängen von der Konstellation ab:

- langperiodische Kometen: $f_1 = 45600$
- kurzperiodische Kometen: $f_1 = 63100$
- in Sonnennähe, r<1,25AE: $f_2 = 0{,}416$
- in Sonnenferne, r>1,25AE: $f_2 = 0{,}333$

Abschätzung der Staubproduktion

Aus dem Wert Afρ (in cm) kann die Staubproduktion Q_S in kg/s abgeschätzt werden.

In Sonnennähe, r<3AE:
$Q_S = 2{,}90\ Af\rho / \sqrt{r}$
In Sonnenferne:
$Q_S = 2{,}32\ Af\rho / \sqrt{r}$

▶ **Mit den angegebenen Formeln** lassen sich Gasproduktion, Staubproduktion und das Gas-zu-Staub-Verhältnis berechnen, wenn für einen Kometen genügend viele Messwerte vorliegen.

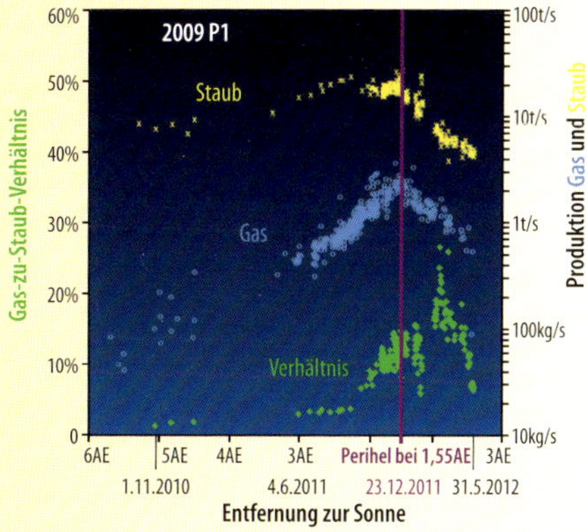

Interpretation der Afρ-Werte

Elektronische Helligkeitsbestimmungen bieten einen eleganten Weg, nahezu direkt an das physikalische Geschehen der Kometenoberfläche heranzukommen. Der Schlüssel hierzu ist der Parameter Afρ, das ist das Produkt aus der Albedo A, dem Füllfaktor f und der Messapertur ρ. Die Albedo ist dabei diejenige der Kometenatmosphäre, welche als konstant angenommen wird. Der Füllfaktor kennzeichnet den Flächenanteil reflektierenden Materials an der Gesamtfläche des Messfeldes. ρ stellt die lineare Ausdehnung des Messfeldes dar, also gemessen in Metern. ρ kann aus der Messapertur einfach berechnet werden, wenn die Erdentfernung Δ des Kometen bekannt ist. Afρ hat die Einheit einer Länge und wird üblicherweise in Zentimetern oder Metern angegeben. Afρ hat die Eigenschaft, über einen weiten Bereich der Messapertur konstant zu sein. Damit kommt der konkreten Wahl der Apertur nur noch eine untergeordnete Bedeutung zu. Afρ lässt sich physikalisch interpretieren: fρ ist die Dicke der opaken, inneren Kometenatmosphäre. Afρ ist die Dicke der opaken Atmosphäre, korrigiert um die Albedo.

▼ **Mithilfe des Afρ-Wertes** kann man auf den Zustand der Koma schließen.

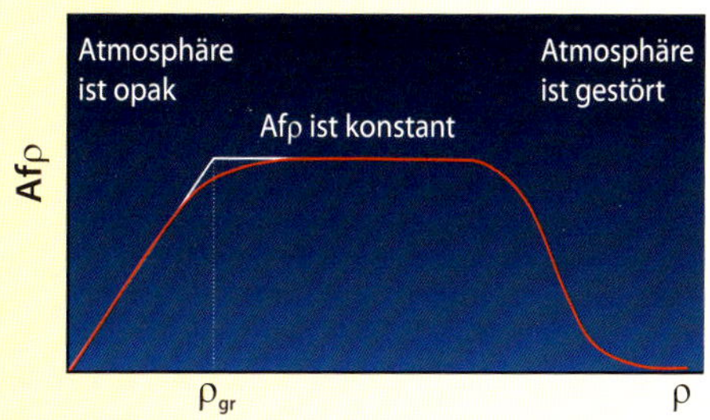

Publizieren

Kometen bewahren die Materie auf, aus denen unser Sonnensystem einst entstand. Das Verständnis für die Kometenphysik trägt zur Erhellung der Frühgeschichte der kosmischen Umgebung bei. Dies allein ist Grund genug, die eigenen Beobachtungsergebnisse der Astronomiegemeinde zur Verfügung zu stellen. Da Kometen raschen Veränderungen unterliegen, kommt ein zweiter Aspekt hinzu: Daten über Helligkeit und Ausdehnung sowie morphologische Besonderheiten sind für alle Beobachter von Interesse.

Die bedeutendste Publikation für visuelle

INTERNATIONAL
COMET QUARTERLY

Whole Number 129 JANUARY 2004 Vol. 26, No. 1

— Table of Contents —

SMITHSONIAN ASTROPHYSICAL OBSERVATORY
60 Garden Street · Cambridge, MA 02138 · U.S.A.

▲ **»The International Comet Quarterly«** ist die weltweit anerkannte Referenz für Kometenhelligkeiten und begleitende Daten. Die publizierten Werte sind zuverlässig, da die Einsender einen Evaluierungsprozess durchlaufen. Die Daten sind in abgekürzter Form für eine Zeit lang auch auf einer Webseite verfügbar.

▼ **Auf der spanischen Kometenbeobachterseite** wird für eine Vielzahl von Kometen der Verlauf des Parameters Afρ dargestellt. Die Kurven bestehen ausschließlich aus Amateurmessungen.

Beobachtungsdaten ist die Zeitschrift »The International Comet Quarterly« (ICQ). Viermal jährlich werden visuelle und z.T. auch elektronische Helligkeitsbestimmungen und morphologische Angaben publiziert. Das ICQ schreibt ein Datenformat vor, welches aus Lochkartenzeiten stammt. Es ist mühsam, die Daten mit einem Editor in diese Form zu bringen. Das ICQ selbst gibt keine Softwareunterstützung hierfür.

Die Fachgruppe Kometen der »Vereinigung der Sternfreunde« sammelt die Beobachtungen aller deutschsprachigen Kometenfreunde. Für die aktuellen Kometen der letzten Monate werden diese Werte auf einer Internetseite publiziert. Außerdem führt die Fachgruppe ein öffentlich zugängliches Beobachtungsarchiv, welches bis in die 1980er-Jahre zurückreicht und auch ICQ-Daten enthält. Die Daten werden zudem für Auswertungen benutzt, welche ebenfalls auf der Internetpräsenz dieser Gruppe einsehbar sind. Alle eingesandten Ergebnisse werden an das ICQ weitergeleitet. Die Fachgruppe bietet eine Software-Unterstützung zur Dateneingabe, welche auch dazu benutzt werden kann, Daten direkt für das ICQ aufzubereiten.

Leider gibt es keine international akzeptierte Datensammelstelle vom Rang des ICQ für den Wert Afρ. Die spanischen Amateure sammeln über ihre Internetseite »Cometas Obs« diese Bestimmungen und publizieren die jeweils jüngsten Daten. Die Fachgruppe Kometen sammelt ebenfalls Afρ-Messungen. Es beteiligen sich aber nur wenige deutschsprachige Beobachter an deren Erhebung.

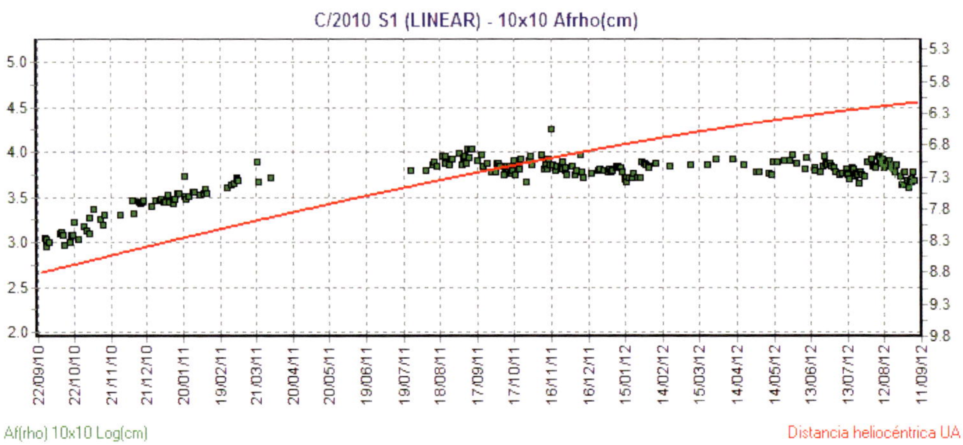

Entdeckungen

Die Suche nach neuen Kometen übt seit langer Zeit eine erhebliche Faszination auf viele Menschen aus. Die Situation der Amateur-Astronomen hat sich jedoch erheblich verschlechtert: Seit zwei Jahrzehnten erkunden automatisch arbeitende Profi-Teleskope den Himmel auf der Suche nach unbekannten Kleinkörpern. Ziel ist es, Kleinplaneten und Kometen zu erkennen, welche der Erde gefährlich nahe kommen. Diese Suchprogramme entdecken sozusagen als Nebeneffekt auch nahezu alle anderen Kometen. Es ist für den Amateur viel schwieriger geworden, einen neuen Schweifstern zu finden.

Die Kometenastronomie ist von Überraschungen geprägt: Kometen können Helligkeitsausbrüche erleiden oder verschollen sein. Als Kleinplaneten klassifizierte Körper können eine kometare Natur aufweisen. Als periodisch erkannte Kometen müssen bei ihrer nächsten Perihelannäherung gefunden werden. All dies kann man entdecken, mit geringerem zeitlichen und instrumentellen Aufwand als die Neuentdeckung eines Kometen, und mit viel höheren Erfolgsaussichten. Den eigenen Namen am Himmel verewigt zu sehen – darauf muss man allerdings verzichten.

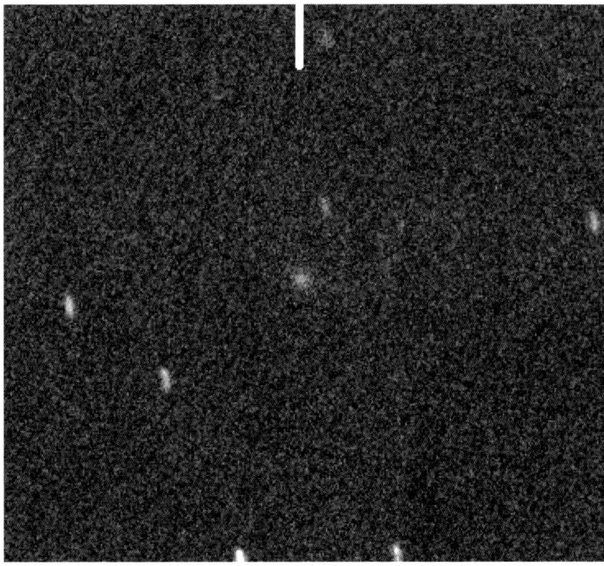

▲ **Donald Machholz** entdeckte mit einem 470mm-Newton-Teleskop den Komet C/2010 F4 (Machholz) visuell bei einer Vergrößerung von 77×. Die Helligkeit betrug 11^m, die Elongation am Morgenhimmel lag bei 35°.

Strategien für die visuelle Kometensuche

Die meisten Kometen werden bei einer Helligkeit zwischen 18^m und 20^m entdeckt. Dies ist für die visuelle Beobachtung unerreichbar. Visuell zugänglich sind Kometen bis in den Bereich zwischen 14^m und 15^m – bei bekannter Position und mit großen Teleskopen. Würde man selbst mit solchen Teleskopen visuell ohne einen speziellen Plan suchen, dann könnte man nur recht kleine Himmelsgebiete durchmustern und wäre dennoch den Suchprogrammen hoffnungslos unterlegen. Es kommt hinzu, dass in diesem Magnitudenbereich eine Unzahl von Nebelobjekten – vor allem Galaxien – im Bildfeld erscheinen, die identifiziert werden oder auf andere Weise als Nicht-Komet erkannt werden müssen. Beides kostet Zeit: Nachschlagen in Katalogen oder Nachweis, dass keine Bewegung am Himmel stattfindet.

Eine sinnvolle Strategie kann darin bestehen, Gebiete zu bearbeiten, welche die Suchprogramme auslassen. Dies betrifft insbesondere die geringen Elongationen bei teilweise aufgehelltem Himmel. Wenn man dort einen Kometen entdeckt, dann ist er relativ hell. Deshalb kann man mit mittelgroßen Instrumenten arbeiten, deren Bildfeld entsprechend groß ist. Verwechslungen mit Deep-Sky-Objekten sind viel seltener. Der Lage der Ekliptik zum Horizont kommt dann die entscheidende Rolle zu: Eine steil oder gar senkrecht stehende Sonnenbahn gewährleistet, dass das Beobachtungsgebiet bei leidlich dunklem Himmel einen angemessenen Horizontabstand hat. Die besten Bedingungen in hiesigen Breiten bietet der Abendhimmel im Januar und Februar oder der Morgenhimmel im Oktober und

Von anderen Beobachtern lernen!

Seit dem Jahr 2000 wurden elf Kometen visuell entdeckt. Acht davon hatten eine Elongation von unter 70°: die Suche am Abend- und Morgenhimmel ist also aussichtsreich. Als Instrumente kamen meist Newton-Teleskope mit Öffnungen zwischen 150mm und 500mm zum Einsatz, die Vergrößerung lag zwischen 25× und 75×. Drei Beobachter benutzten Großferngläser mit Öffnungen von 120mm oder 150mm. Insgesamt waren 16 Beobachter beteiligt, die Hälfte davon Japaner – dies belegt die Bedeutung eines südlichen Standortes. Die Entdeckungshelligkeiten lagen zwischen 7^m und 11^m. Es kommt also nicht unbedingt darauf an, sehr schwache Kometen zu finden, sondern solche, die durch Suchprogramme nicht erfasst werden.

November. Äquatornahe Beobachtungsorte sind natürlich vorteilhafter und bieten das ganze Jahr über gute Beobachtungsbedingungen.

Die visuelle Kometenjagd ist ein zeitaufwendiges Verfahren. Es ist dafür keine besonders komplexe Ausrüstung nötig. Klassische Entdeckungsinstrumente sind Großferngläser oder azimutal montierte Newton-Teleskope wie Dobsons. Computerunterstützte Fernrohre haben den Vorteil, dass man ein fragliches Objekt leichter identifizieren kann. Zu diesem Zweck verwenden einige Kometenjäger auch digitale Teilkreise. Um den Himmel rasch durchsuchen zu können, ist ein möglichst großes Gesichtsfeld ideal. Sternkarten (gedruckt oder elektronisch) sind unerlässlich, um den potenziellen Kometen von Deep-Sky-Objekten zu unterscheiden. Wichtig für den Fall eines Fundes ist es, Stift und Papier bei der Hand zu haben, um in einer Skizze die Position des Objektes eintragen zu können – im Fall der Entdeckung von C/2002 O4 (Hönig), dem einzigen in den vergangenen 50 Jahren von Deutschland aus visuell gefundenen Komet, musste Entdecker Sebastian Hönig die Rückseite eines Flaschenetiketts verwenden.

Die wichtigste Eigenschaft für den angehenden Kometenentdecker ist jedoch eine gehörige Portion Geduld. Statistisch gesehen stehen die Chancen am Morgenhimmel wesentlich besser, weil am Morgen weniger Beobachter unterwegs sind. Man muss also nicht unbedingt die ganze Nacht lang den Himmel durchforsten, es kann auch genügen, an jedem klaren Abend oder Morgen etwa ein bis zwei Stunden Zeit zu investieren. Auch das Band der Milchstraße sollte aus verständlichen Gründen von Kometen-Durchmusterungen ausgespart werden, hier ist die Suche durch die hohe Sterndichte besonders erschwert. Ebenfalls ausweichen sollte man hellem Mondlicht, die beste Zeit für die Kometensuche ist daher kurz nachdem der Mond den Abendhimmel verlässt, bzw. kurz vor Neumond, wenn er am Morgenhimmel nicht mehr entscheidend stört. Das Absuchen des Himmels sollte möglichst gleichmäßig geschehen, ein systematisches Durchschwenken in horizontalen oder vertikalen Streifen verhindert das Übersehen einer bestimmten Stelle. Horizontales Suchen ist von der Durchführung her zwar einfacher, vertikal sollen die Augen aber verdächtige Objekte leichter aufspüren können.

Strategien für die fotografische Entdeckung

Ein eigenes fotografisches Suchprogramm (auch ganz ohne Teleskop!) auf die Beine zu stellen, ist besonders seit der Einführung von erschwinglichen digitalen Spiegelreflexkameras einfacher geworden. Vorreiter in diesem Bereich ist der australische Amateur Terry Lovejoy, der 2007 als erster einen Kometen mit einer solchen Kamera fand. Begonnen hatte er mit seiner systematischen Suche gut zwei Jahre vorher. Etwa zwei Monate nach der ersten Entdeckung fand er gleich noch einen weiteren neuen Kometen. Lovejoy verwendet zwei parallel montierte Kameras, jeweils mit einem 200mm-Teleobjektiv versehen. Ausrichtung und Auslösung werden softwareseitig automatisiert und per PC gesteuert. Die gewonnenen Aufnahmen erreichen Grenzgrößen von etwa $13\overset{m}{.}0$ und werden nach der ebenfalls automatisierten Bearbeitung mit dem Programm IRIS astrometrisch ausgewertet und nach verdächtigen Objekten durchsucht.

Vello Tabur – ein weiterer Australier –wurde zunächst durch zwei visuelle Entdeckungen in den 1990er-Jahren bekannt. Er hat inzwischen ebenfalls sein eigenes fotografisches Suchsystem gestartet. Er verwendet eine CCD-Kamera und ein 100mm-Objektiv. Die Vorteile der CCD-Technik bestehen seiner Ansicht nach darin, dass auch bei Mondlicht und am Dämmerungshimmel gesucht werden kann. Tabur hat wie Lovejoy praktisch den gesamten Arbeitsablauf von der Belichtung bis zur Auswertung automatisiert. So werden die fertigen Aufnahmen etwa von Referenzaufnahmen subtrahiert und neue Objekte sind damit leicht auffindbar. 2003 gelang ihm mit diesem System dann auch ein erster Erfolg – C/2003 T3 (Tabur). Auch die Kometen C/2008 C1 (Chen-Gao) und P/2009 L2 (Yang-Gao) wurde mit Spiegelreflexkameras und lichtstarken Teleobjektiven entdeckt. Mit solch unaufwendiger Optik kommt man jedoch nicht über die 15. Größenklasse hinaus und man muss das Glück haben, einen Kometen zu finden, welcher von den Suchprogrammen entweder übersehen worden ist oder einen Helligkeitsausbruch erfährt.

Wenn man in Konkurrenz zu den Suchprogrammen treten will, dann sollte das Instrument Kometen 18. oder besser 19. Größe sicher abbilden. Bei der Stellarfotografie kann dies durch lange Belichtungszeiten bzw. viele übereinandergelegte Bilder geschehen. Dieser Methode ist bei bewegten Körpern eine Grenze gesetzt, so dass der Grenzgrößengewinn nur durch mehr Öffnung und eine hohe Quanteneffizienz der Kamera erreicht werden kann. Mit 300mm Öffnung und einer modernen CCD-Kamera betritt man diesen Bereich.

Wenn man nach verschollenen Kometen sucht oder periodische Kometen wiederentdecken möchte, dann kann man die Bilder so

▲ **Bernd Häusler** beteiligt sich mit einem 300mm-SCT und einer ST10XME-CCD-Kamera an der Suche und Identifizierung von Kleinkörpern.

überlagern, dass man die erwartete Bewegungsrichtung und -geschwindigkeit des Kometen berücksichtigt. Die Softwareunterstützung der allgemein verfügbaren Programme hierfür ist nur mäßig. Jedoch sind mit diesem Verfahren auch schwache Schweifsterne mit kleineren Öffnungen erreichbar.

Ein dritter Weg besteht darin, Beobachtungszeit an einem ferngesteuerten Teleskop zu mieten und dieses zur Kometensuche einzusetzen. Es gibt mittlerweile einige ferngesteuerte Teleskope rund um den Globus, die man per Internet bedienen kann. Das bekannteste unter ihnen ist das gut ausgestattete »iTelescope.net«-Netzwerk. Dort werden derzeit an drei Standorten in Mayhill (New Mexico, USA), Victoria (Australien) und Nerpio (Spanien) 17 Teleskope gegen Gebühr angeboten. Der besonders attraktive Standort in Australien hat allein sieben Teleskope. Die Benutzung ist recht teuer: In einer mondlosen Nacht kostet eine Stunde Beobachtungszeit an einem 500mm-Astrographen über 200$. Sogenannte Startpakete sind viel billiger, allerdings verfügt man dann nur über ein deutlich kleineres Instrument.

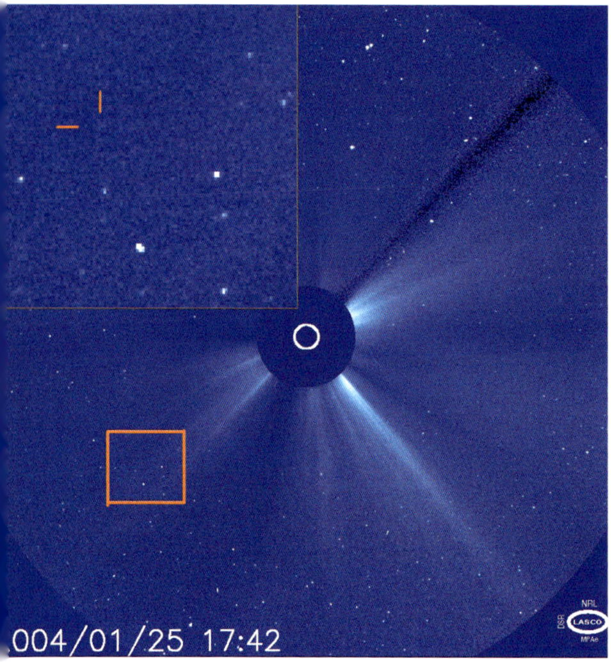

▲ **LASCO-C3-Bild mit einem Kreutz-Kometen:** Erst auf der vergrößerten Darstellung ist der winzige Fleck einigermaßen zu erkennen. Dies gibt einen Eindruck vom Maß an Aufmerksamkeit, welches man für die Entdeckung benötigt, wenn man die Bilder in einer Art Film ablaufen lässt, also von Bild zu Bild durchschaltet.

Entdeckungen bestätigen und melden

Wenn man ein verdächtiges Objekt gefunden hat, sollte man zunächst die genaue Position feststellen und ausschließen, dass es sich um einen Reflex (Geisterbild eines hellen Sternes) oder ein Deep-Sky-Objekt handelt. Vor allem Kugelsternhaufen oder Galaxien sehen schwachen Kometen oft recht ähnlich. Kann man eine scheinbare Bewegung feststellen und wie groß ist diese? Ebenso ausschließen muss man, dass es ein bereits bekannter Komet ist. Es gibt auf den Seiten des Minor Planet Center eine nach Rektaszension sortierte Liste, auf der alle beobachtbaren bekannten Kometen geführt werden. Sollte das entdeckte Objekt noch immer unbekannt sein, kann man versuchen, andere Kometenbeobachter oder -fotografen für eine Beobachtungsbestätigung zu gewinnen oder selbst in der nächsten Nacht eine weitere Beobachtung versuchen. Ist man von einer Entdeckung überzeugt, sollte man das »Central Bureau for Astronomical Telegrams« (CBAT) der Internationalen Astronomischen Union per E-Mail informieren. Folgende Informationen sollte man bereitstellen: Datum und Zeiten (UT) der Beobachtung, Positionen des möglichen Kometen (Rektaszension, Deklination), geschätzte Helligkeit, Aussehen (Komadurchmesser), benutztes Instrument, geographischer Ort, Name und Adresse.

Suche auf Bildern der Sonnensonden

Die wohl am wenigsten aufwendige Methode auch heute noch Kometen zu entdecken, bietet sich über die im Internet frei verfügbaren aktuellen Aufnahmen der Sonnensonden SOHO (Kameras LASCO und SWAN) und STEREO

Wann ist ein beweglicher Punkt eines SOHO-Bildes ein Komet?

- wenn sich der Körper gemeinsam mit den Hintergrundsternen bewegt, ist es ein Stern
- wenn sich der Körper horizontal bewegt, also von links nach rechts oder umgekehrt, ist es höchstwahrscheinlich ein Planet
- ändert der Punkt seine Bewegungsrichtung, ist es kein Komet
- beschleunigt der Körper merklich oder bremst er ab, ist es wahrscheinlich kein Komet
- bewegt sich der Köper wesentlich schneller als 10 Pixel je Stunde in einem 1024×1024-Bild, ist es wahrscheinlich kein Komet

Tipps für SOHO-Kometensucher

Es ist ratsam, am Anfang für einige Wochen nichts einsenden, sondern die Berichte der anderen Kometensucher zu lesen und auf den Bildern nachzuvollziehen. Das gibt ein gutes Gefühl dafür, wie ein Komet aussieht und wie man ihn erkennt.

Die meisten der Entdeckungen sind Kreutz-Kometen, welche in der Sonnenumgebung aus einer bestimmten Richtung erscheinen. Auch dazu gibt es einen Hinweis auf den SOHO-und STEREO-Seiten im Internet. Zum Üben gibt es dort auch Beispielbilder: Die Kometen erst suchen, dann die Auflösung lesen!

an. Der Nachteil dieser Kometensuche ist, dass die gefundenen Objekte praktisch niemals von der Erde aus sichtbar werden und auch nicht den Namen des Entdeckers bekommen. Der Vorteil ist, dass man außer einem Internetanschluss keine Ausrüstung benötigt.

Die allermeisten Kometen werden auf den Bildern des »Large Angle and Spectrometric Coronagraph« (LASCO) entdeckt, und dort besonders die Bildfelder LASCO C2 und C3 (6 bzw. 32 Sonnenradien groß). Bilder dieses Koronographen können von der »Very latest SOHO images«-Seite geladen werden. Man benötigt Bildfolgen von mehreren Stunden, abgelegt wird jede halbe Stunde ein Bild. Diese analysiert man auf feine bewegliche Punkte. Dazu kann ein einfaches Grafikprogramm wie z.B. »Irfan-View« benutzt werden. Ein potenzieller Komet sollte wenigstens auf fünf aufeinanderfolgenden Bildern zu sehen sein. Es darf eine Lücke geben, also Bilder, wo der Körper nicht auftaucht, aber er muss danach wieder erscheinen. Wenn man solch einen Kandidaten gefunden hat, prüft man zunächst, dass es sich wirklich um einen

▼ **Der Komet P/2010 WK (LINEAR)** wurde zunächst als Kleinplanet klassifiziert. Er läuft auf einer langgestreckten Ellipse (e=0,7), welche 11° gegen die Ekliptik geneigt ist. Die Vergrößerung zeigt die Schwierigkeit, die kometare Natur mit mittelgroßen Instrumenten zu belegen. Im 300mm-Teleskop unterscheidet sich der Komet (links oben) nur gering von den beiden etwa gleichhellen Sternen im Bildfeld. Lediglich die Helligkeitszunahme zur Mitte ist bei den Sternen steiler.

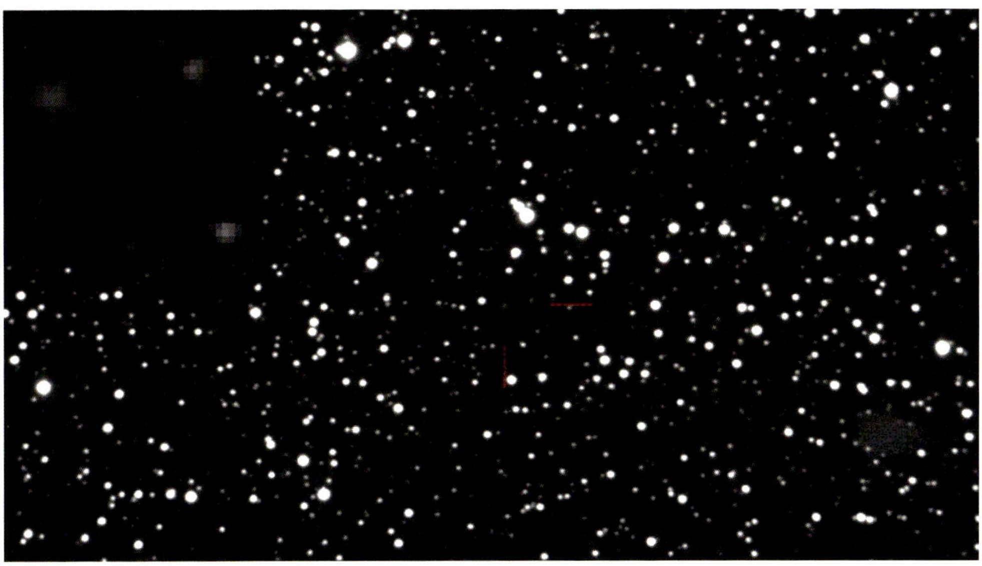

Kometen und nicht etwa um einen Stern oder gar einen Planeten handelt.

Wenn man einen aussichtsreichen Kandidaten gefunden hat, dann muss für jedes Bild, auf dem er zu sehen ist, die Uhrzeit (aus den Bildinformationen) und die Koordinaten x und y in Pixeln angegeben werden. Die meisten Programme zählen hierbei von links oben, es sind aber auch andere Zählrichtungen erlaubt.

Nur wirklich gut geprüfte und zweifelsfreie Kometenkandidaten sollten elektronisch gemeldet werden. Die »SOHO and STEREO Sungrazing Comets«-Seiten bieten hierfür ein Reportformular. Außerdem gibt es hier eine eigene Anleitung für Einsteiger.

Kleinplaneten auf untypischen Bahnen überprüfen

Zahlreiche Kometen werden zunächst als Kleinplanet entdeckt, weil sie auf den Entdeckungsaufnahmen stellar erscheinen. Es ist lohnend, an der Identifizierung von Kometen unter diesen Körpern mitzuwirken. Die Auswahl der zu überprüfenden Körper muss eingeschränkt werden. Dazu sind die Umlaufparameter hilfreich: Kleinplaneten auf untypischen Bahnen sollten genauer untersucht werden. Bahnen, die sehr nahe an einer Parabel liegen oder weit außerhalb der Ekliptikebene verlaufende Bahnen sind ein Indiz für Kleinplaneten. Es werden jedoch auch Kometen identifiziert, die sich »unauffällig« bewegen. Am einfachsten ist eine Auswahl entsprechend dem Tisserand-Parameter. Die Grenze zwischen Kleinplaneten und Kometen verläuft wahrscheinlich nahe $T_J=3$. Es existiert eine internationale Gruppe von Amateuren, die verdächtige Kleinplaneten mit einem entsprechenden Parameter überwacht. Teilnehmer an diesem »T3-Projekt« erhalten monatlich Listen mit lohnenden Beobachtungszielen. Unlängst konnte etwa eine kometare Natur an C/2011 UF305 (LINEAR) erfolgreich bewiesen werden.

Für solche Identifizierungen ist ein Instrument mit etwa 400mm Öffnung die untere Grenze. Die nahezu sternartigen Objekte offenbaren ihre Morphologie erst ab Öffnungen von 500mm genügend sicher.

Bekannte Kometen

1P/Halley

Die Beobachtungsgeschichte des Kometen Halley erstreckt sich über 23 Jahrhunderte. Obwohl über viele seiner Erscheinungen Aufzeichnungen vorlagen, kam in historischer Zeit niemand auf die Idee, dass es sich um ein und denselben Körper handeln könnte.

Edmond Halley studierte Astronomie und Geometrie in Oxford und beschäftigte sich schon 1676 mit Himmelsmechanik. Angeregt durch die Erkenntnisse Newtons widmete er sich ab 1686 intensiv der Berechnung von Kometenbahnen. Beide Wissenschaftler interessierte zunächst die Bahn des Kometen von 1680, wobei Halley erstmals eine elliptische Kometenbahn in Erwägung zog. Um 1695 analysierte er die Bahnen von 24 Kometen, welche zwischen 1337 und 1689 erschienen waren. Dabei bemerkte er die ähnlichen Bahnparameter der Kometen von 1531, 1607 und 1682 und vermutete, dass es sich dabei um einen einzigen, etwa alle 75 Jahre wiederkehrenden Kometen auf einer elliptischen Bahn handeln muss. 1705 gab Halley die erste prognostizierte Wiederkehr eines Kometen für 1759 bekannt.

Nach Halleys Tod 1741 begannen besonders französische Astronomen und Mathematiker die Bahnelemente des Kometen zu verbessern, mit dem Ziel, die Wiederentdeckung mithilfe einer Ephemeride zu ermöglichen. Nach intensiver

▼ **Schweifentwicklung des Kometen Halley** im Jahr 1910, fotografiert von Hawaii aus.

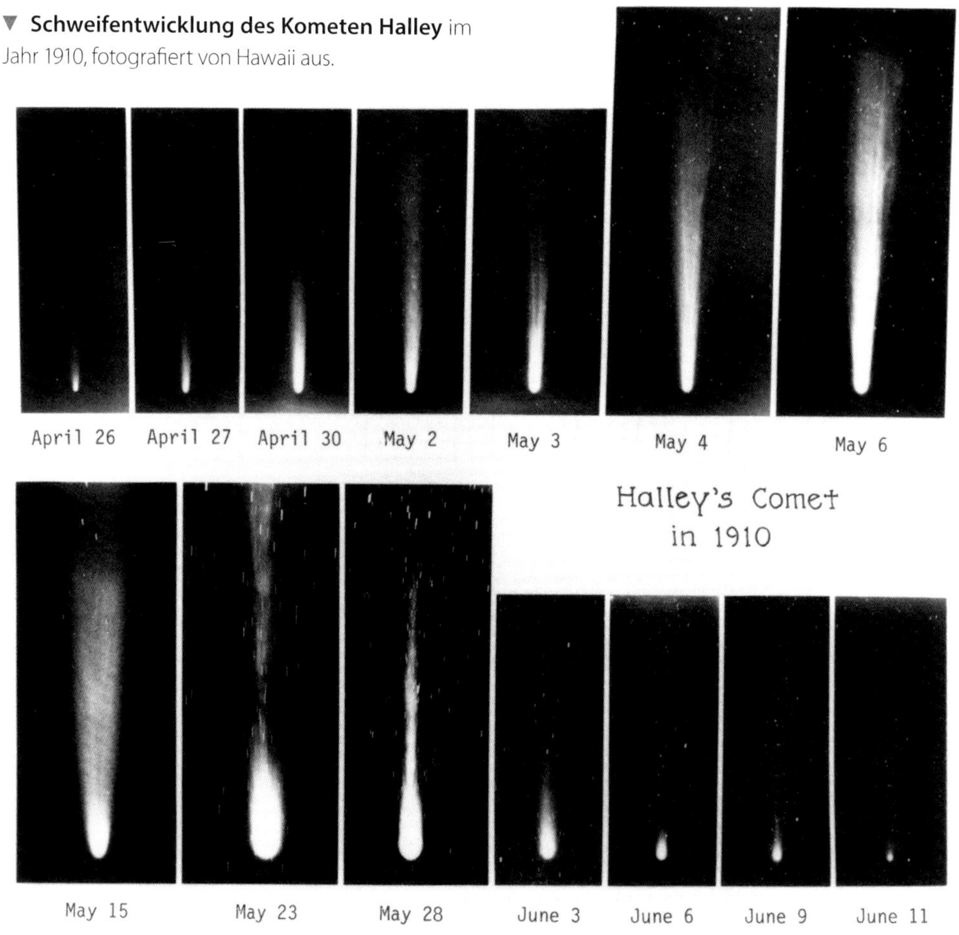

Nichtgravitative Kräfte

Als Ursache der Bahnveränderung nahm man zunächst den Energieverlust durch ein interplanetares Medium (»Äther«) an. Später entdeckte man neben der Veränderung des Perihelzeitpunktes zusätzlich eine Veränderung der Bahnlage, welche sich mit einem bremsenden Medium nicht erklären lässt. Friedrich Wilhelm Bessel schlug angesichts der beim Kometen Halley deutlich sichtbaren Jets die Rückstoßkraft als Ursache vor. Fred Whipple bestätigte diese Annahme in seinem Kometen-Modell 1950 und ergänzte die Theorie um den Einfluss der Rotation des Kometenkernes.

Suche fand Charles Messier den Kometen zwar am 21. Januar 1759, doch der deutsche Amateurastronom Johann Georg Palitzsch hatte ihn bereits am 25. Dezember 1758 wiederentdeckt.

Obwohl die Störungen durch die großen Planeten berücksichtigt worden waren, wiesen die berechneten Ephemeriden eine Abweichung von 32 Tagen zwischen dem tatsächlichen und dem prognostizierten Perihel auf. Dieses Geheimnis wurde gelüftet, als Wilhelm Herschel 1781 den Planeten Uranus entdeckte. Die nächsten Vorhersagen für das Jahr 1835 waren viel genauer, die Differenz betrug nur noch drei Tage.

Nach der Erscheinung von 1835 wurde versucht, weitere Erscheinungen mit dem Kometen Halley zu verbinden. Besondere Verdienste erwarben sich Andrew Crommelin und Philip Cowell vom Königlichen Observatorium in Greenwich. Ihnen ist es zu verdanken, dass alle Erscheinungen bis zurück in das Jahr 12 v. Chr. identifiziert wurden.

Bei der Wiederkehr 1910 begann die Suche nach dem Kometen im Winter 1908/9, erstmals unter Verwendung von fotografischen Aufnahmen. Max Wolf in Heidelberg konnte den Kometen zuerst entdecken – auf einer Aufnahme vom 12. September 1909. Als mehr Beobachtungen vorlagen, wurde eine neue Bahn bestimmt. Trotz aller Sorgfalt ergab sich wiederum eine Abweichung der Perihelzeit von drei Tagen. Dies führte zum Konzept der nichtgravitativen Kräfte.

Die Erscheinung wurde praktisch von jedem Observatorium der Welt aus beobachtet. Der Komet erreichte die 0. Größenklasse und entwickelte einen Schweif von 100° Länge, als er nur 0,15AE von der Erde entfernt war. Die Beobachter konnten Jets feststellen, wie schon im Periheldurchgang

▼ **Im Januar 1986** zeigte der Komet Halley einen imposanten Schweifabriss. Der Plasmaschweif war zu diesem Zeitpunkt dominierend.

▼ **Anfang März 1986** hatte sich ein prominenter Staubschweif entwickelt.

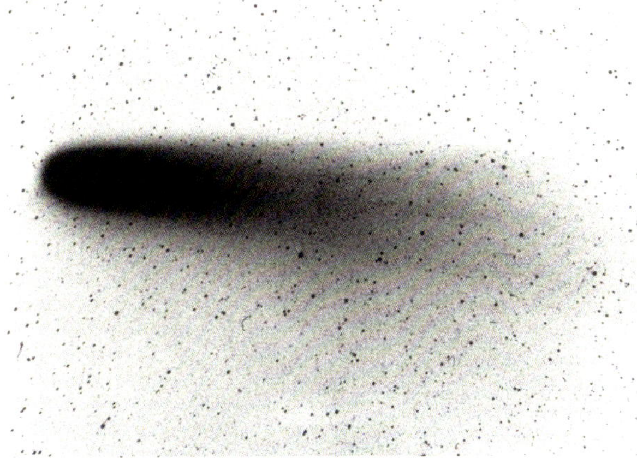

Erscheinungen des Kometen 1P/Halley

Jahr	Perihel	Tage frei sichtbar	Maximal-helligkeit	Schweif-länge	Historische Berichte	Berichte aus Kulturkreis
240 v. Chr.	25.5.	29	unbekannt	unbekannt	»Besenstern«	China
164 v. Chr.	13.11.	30	unbekannt	unbekannt	Konjunktion mit Jupiter	Babylon
87 v. Chr.	6.8.	29	unbekannt	10°		Babylon
12 v. Chr.	11.10.	58	unbekannt	unbekannt	intensiv beobachtet; Erstsichtung 26. August als diffuser Stern nahe des Großen Hundes, zuletzt gesehen im Skorpion	China, Rom
66	26.1.	74	unbekannt	12°	zuerst beobachtet am 31. Januar, zuletzt am 10. April	China, Rom
141	22.3.	ca. 30	unbekannt	10°	»Besenstern« mit einem 9° langen, blassblauen Schweif. Beobachtungszeit 27.März bis Ende April	China
218	18.5.	ca. 40	unbekannt	unbekannt	diffuser Komet im Osten von der Großen Bärin in den Schlangenträger ziehend	China, Korea, Rom
295	20.4.	ca. 25	unbekannt	unbekannt		China
374	16.2.		-3^m	100°		China
451	28.6.	66	-3^m	unbekannt		China, Rom
530	27.9.	29	unbekannt	unbekannt	weißer Schweif	China, Rom
607	15.3.		unbekannt	unbekannt		China
684	3.10.	33	unbekannt	15°		China, Japan
760	21.5.	50	0^m	8°		
837	28.2.	46	-2^m	75°	geteilter Schweif	
912	19.7.	ca. 10	unbekannt	unbekannt		Japan
989	6.9.	40	0^m	lang	bläulich-weißer Schweif	China, Japan, Korea
1066	21.3.	77	-4^m	lang	verzweigter Schweif	China, Japan, Korea, Europa
1145	19.4.	78	-3^m	60°	Schweifstrahlen, 20°	China, Japan, Korea, Europa
1222	29.9.	35	unbekannt	30°	Koma 15', rote Schweifstrahlen 25°	China, Japan, Korea
1301	26.10.	47	0^m	15°		China, Japan, Korea, Europa
1378	11.11.	15	-1^m	15°		China, Japan, Korea, Europa
1456	10.6.	42	0^m	22°		global
1531	26.8.	34	0^m	15°	blau-weißer Schweif	global
1607	28.10.	35	0^m	10°	Positionsmessungen mehrerer Beobachter	global
1682	15.9.	35	0^m	30°		global
1759	13.3.	47	0^m	25°	erste vorhergesagte Wiederkehr	global
1835	16.11.	250	1^m	30°		global
1910	20.4.	80	0^m	90°		global
1986	5.2.	120	$2\overset{m}{,}5$	60°		global
(2061)	28.7.	–	–	–		

▶ **Im April 1986** zog Halley an den Milchstraßenwolken des Skorpions vorbei. Der helle Stern ist η Sco.

zuvor. Völlig neu hingegen war die Sichtung von kurzlebigen Kernfragmenten.

Der erste fotografische Nachweis zur Wiederkehr 1986 gelang David Jewett und Edward Danielson am 16. Oktober 1982 mit einer CCD-Kamera am Hauptinstrument des Mt.-Palomar-Observatoriums. Den ersten visuellen Erfolg verzeichnete James O'Meara am 24. Januar 1985 auch von Hawaii aus. Mit einem 600mm-Instrument konnte er den nur $19{,}^{m}6$ hellen Kometen tatsächlich sehen. Ab Anfang November 1985 waren Sichtungen mit dem freien Auge möglich.

Im Jahr 1986 war die Bahngeometrie ungünstig – zum Perihel im Februar standen Erde und Komet auf entgegengesetzten Seiten der Sonne. Die größte Erdnähe erreichte Halley im April mit 0,42 AE. Der Komet erreichte nur etwa $2{,}^{m}5$, und zwar im März 1986. Der Schweif war zu dieser Zeit etwa 15° lang. Es wurden mehrere Raumsonden zum Kometen entsandt.

▶ **Der Raumsonde Giotto** gelang es 1986, den Kern des Kometen Halley zu fotografieren. Dies ist die erste Aufnahme eines Kometenkerns überhaupt.

2P/Encke

Auch dieser Komet trägt nicht den Namen seines Entdeckers, sondern den Namen des Mannes, der die Bahn als erster richtig bestimmte und mehrere vergangene Kometen als einen einzigen identifizierte.

Die erste gesicherte Beobachtung des Kometen 2P/Encke gelang Pierre Méchain von Paris aus am 17. Januar 1786. Auf der Suche nach Kometen entdeckte er im Sternbild Wassermann ein nebliges Objekt 5. Größe. Ein Schweif war nicht erkennbar. Der Komet konnte nur zwei Tage beobachtet werden, so dass keine Bahn bestimmt wurde. Die nächste Sichtung gelang Karoline Herschel am 7. November 1795 von Slough in England aus. Diesmal konnte der Komet 23

Zeitlinie des Kometen 2P/Encke

17. Januar 1786	Entdeckung durch P. Méchain (Paris)
7. November 1795	Entdeckung durch K. Herschel (Slough/England)
20. Oktober 1805	Entdeckung durch J. L. Pons (Marseille)
Juni 1819	richtige Bahnberechnung durch J. F. Encke
2. Juni 1822	erste Entdeckung nach Vorhersage durch K. Rümker (Paramatta/Australien)
1. September 1913	erste Aphel-Beobachtung durch E. Barnard (Mt.-Wilson-Observatorium/USA)
6. August 2010	letztes Perihel
21. November 2013	nächstes Perihel

▲ **Konrad Horn** dokumentierte am 18. November 2003 die Bewegung des Kometen 2P/Encke.

Tage lang beobachtet werden. Kometen wurden zu dieser Zeit ausschließlich durch Parabelbahnen beschrieben, dies war für diesen Himmelskörper allerdings nicht erfolgreich: Wiederum gab es keine vernünftige Bahn. Am 20. Oktober 1805 entdeckten drei unabhängige Beobachter den Kometen erneut: Jean Louis Pons in Marseille, Johann Sigismund Huth in Frankfurt/Oder und Alexis Bouvard in Paris. Der $5{,}^{m}5$ helle Komet konnte diesmal einen Monat lang verfolgt werden. Mehrere Mathematiker versuchten sich erfolglos an der Bahnbestimmung, wie üblich mit Parabelbahnen. Johann Franz Encke berechnete eine elliptische Umlaufbahn mit etwas über zwölf Jahren Umlaufzeit. Da auch diese Bahn nicht korrekt war, blieb der Komet bei den nächsten drei Periheldurchgängen unentdeckt.

Am 26. November 1818 entdeckte Jean Louis Pons den Kometen erneut. Bei diesem Perihel blieb der Komet viel schwächer, etwa 8. Größe. Er konnte aber 48 Tage lang beobachtet werden. Encke berechnete wiederum eine Bahn, setzte aber ein neues, von Carl Friedrich Gauß entwickeltes Rechenverfahren ein. Er bestimmte eine elliptische Bahn mit etwa 3,3 Jahren Umlaufzeit, und damit die erste korrekte Bahn für diesen Schweifstern. Nun fielen Encke die Bahnähnlichkeiten zu den Kometen von 1786, 1795 und 1805 auf. Nach sechs Wochen Rechenarbeit belegte er die Identität. Daraufhin gab Encke eine Vorhersage für eine Wiederkehr im Mai 1822 ab. Tatsächlich wurde der Schweifstern am 2. Juni 1822 von Karl Rümker in Australien wiederentdeckt. Der Komet war $4{,}^{m}5$ hell und befand sich

Die Tauriden – ein Zerfallsprodukt des Kometen Encke?

Die Tauriden sind der massereichste Meteorstrom im inneren Sonnensystem. Der ausgedehnte Komplex ist in mehrere Abschnitte geteilt und die Aktivität erstreckt sich von Juni/Juli (visuell unbeobachtbar am Taghimmel) bis November/Dezember. Die Bahn der Tauriden-Körper stimmt weitgehend mit dem von 2P/Encke überein. Um die extreme Masse des Stromes zu erklären wird angenommen, dass der Komet Encke und die Meteore gemeinsam aus einem großen Ursprungskörper hervorgingen, welcher vor etwa 5000 Jahren zerfiel. Einige der größeren Fragmente könnten damals auch die Erde erreicht haben und bei ihrem Einschlag Verwüstungen auf der Arabischen Halbinsel hervorgerufen haben. Auch hinter dem Tunguska-Ereignis vom 30. Juni 1908 wird manchmal ein Meteorit der Beta-Tauriden vermutet (Maximum am 29. Juni).

Alle 10 Jahre eine günstige Wiederkehr

Eine Umlaufzeit von 3,3 Jahren hat zur Folge, dass sich die Sichtbarkeitsbedingungen alle 10 Jahre in ähnlicher Form wiederholen. Für Beobachter der Nordhemisphäre waren die Beobachtungsbedingungen im Spätherbst 2003 günstig, daher werden die Voraussetzungen auch im Herbst 2013 wieder gut sein. Auf der Nordhalbkugel kann der Komet stets vor dem Perihel besser gesehen werden, auf der Südhalbkugel nach dem Perihel. Insgesamt sind die Beobachter auf der Südhalbkugel im Nachteil, der Komet wird dort nie freisichtig sichtbar. Der dritte Periheldurchgang des Zyklus ist von beiden Hemisphären aus zu sehen, aber jeweils unter ungünstigen Bedingungen. Dies war zuletzt im Frühjahr 2007 der Fall.

sehr niedrig am Abendhimmel, aber nahe an der von Encke berechneten Position. Seither wurde der nach Encke benannte Schweifstern in jedem Perihel (außer 1944) beobachtet. Mit Großteleskopen kann er sogar während des gesamten Umlaufes nachgewiesen werden: Bereits 1913 konnte mit dem 1,5m-Reflektor des Mt.-Wilson-Observatoriums eine Aphel-Fotografie aufgenommen werden.

Kurzperiodische Kometen werden im inneren Sonnensystem hauptsächlich durch Jupiter eingefangen und auf einer Bahn stabilisiert, deren Aphel in etwa mit der Jupiterbahn übereinstimmt. Komet Encke ist eine Ausnahme, er befindet sich auf einer ungewöhnlichen Bahn. Mit 3,3 Jahren Umlaufzeit ist er der kürzestperiodische Komet überhaupt. Selbst Computersimulationen konnten nicht klären, wie der Körper auf diese Bahn gelangte. Die Bahn scheint zwar stabil zu sein, da er seit über 200 Jahren auf diesem Umlauf beobachtet wird. Gegen eine wirkliche Langzeitstabilität spricht, dass frühere Sichtungen fehlen. Die Helligkeit von 2P/Encke erreichte in der Vergangenheit des öfteren die Sichtbarkeitsgrenze für das freie Auge. Da er sich seit vielen hundert Jahren auf dieser Bahn befindet, müsste es frühere Beobachtungen geben. Ein Erklärungsversuch geht von einem in der Vergangenheit schlafenden Kometen aus, der durch die Verringerung der Periheldistanz aktiv und beobachtbar wurde.

▼ **Im Jahr 2007** waren die Sichtbarkeitsbedingungen nur mäßig. Dennoch zeigte der Komet 2P/Encke einen schmalen, langen Schweif.

▼ **Am 26. Oktober 2003** begegnete der Komet der Andromedagalaxie.

Der Komet wurde inzwischen in etwa 60 Sichtbarkeiten beobachtet. Diese häufigen Periheldurchläufe machen 2P/Encke zu einem Modellkometen: Die Wissenschaftler gehen der Frage nach, wie viel seiner Substanz ein Komet bei einem Periheldurchgang verliert. Dies lässt sich aus der Helligkeitsverminderung ableiten. Wegen der kurzen Umlaufzeit kann diese Frage am Kometen Encke besonders gut studiert werden. Wurden für das 19. Jahrhundert noch maximale Helligkeiten zwischen 3^m und 4^m angegeben, erreichte der Komet im 20. Jahrhundert gerade noch 5^m. In den letzten Jahrzehnten blieb die Helligkeit meist auf ein Maximum von $6{,}^m5$ beschränkt.

Das Perihel im November 2013 ist ein für die Nordhalbkugel günstiges. Die Sichtbarkeitsbedingungen sind für diese Konstellation typisch: Der Komet kann ab September als schwaches Objekt in den Wintersternbildern Perseus und Fuhrmann aufgefunden werden. Zur Erdnähe Mitte Oktober wird er zum Fernglasobjekt. Die besten Beobachtungsbedingungen sind stets am Morgenhimmel.

Der Komet durchläuft sein Perihel in 0,34AE Abstand. Dies führt zu hellen, aber recht sonnennahen Erscheinungen. 2P/Encke wird wahrscheinlich nicht mit dem freien Auge sichtbar, aber in jedem Fall ein schönes Fernglasobjekt. Im Jahr 2003 wurden keine Beobachtungen mit dem freien Auge dokumentiert, die Maximalhelligkeit betrug etwa $6{,}^m5$. Mehrere Beobachter waren von Mitteleuropa aus mit einem 50mm-Fernglas erfolgreich.

2P/Encke neigt zu Ausbrüchen einige Wochen vor dem Perihel. Die Erscheinung 2003 bot ein solches Ereignis: Ende November, vier Wochen vor dem Perihel, wurde der Komet ca. $0{,}^m5$ heller. Wenn Encke einen Schweif entwickelt, dann ist dieser lang und schmal.

17P/Holmes

Zeitlinie des Kometen 17P/Holmes

7. November 1892	Entdeckung durch E. Holmes (London) während eines Helligkeitsausbruchs auf $3{,}^m0$
16. Januar 1893	kleinerer Helligkeitsausbruch auf $5{,}^m0$
16. Juli 1964	Wiederentdeckung durch E. Roemer (Flagstaff Observatorium/USA)
4. Mai 2007	Perihel in 2,05AE Distanz
24. Oktober 2007	extremer Helligkeitsausbruch auf $2{,}^m5$
4. Januar 2009	kleinerer Helligkeitsausbruch auf 13^m
14. November 2010	Aphel in 5,18AE Distanz
27. März 2014	nächstes Perihel

Bei einer Beobachtung der Andromedagalaxie M 31 sah Edwin Holmes am 7. November 1892 ein rundes nebelhaftes Objekt von 5' Durchmesser. Der neu entdeckte Komet konnte bereits in der folgenden Nacht mit bloßem Auge gesehen werden und war heller als M 31. Nachdem in den folgenden Tagen einige Positionsbestimmungen vorlagen, wurde versucht eine Bahn zu berechnen. Die Bestimmung des Perihelzeitpunktes war auf Grund der großen Periheldistanz von über 2AE schwierig – es war die bis dahin größte Periheldistanz eines Kometen. Auf Basis der nur wenigen Beobachtungen wurde zunächst vermutet, es handle sich um den verschollenen Bielaschen Kometen (3D/Biela). Nachdem mehr Ergebnisse vorlagen, wurde klar, dass es sich um einen neuen kurzperiodischen Kometen handelt, der zu Beginn der Beobachtungen sowohl das Perihel als auch die Erdnähe bereits hinter sich gelassen hatte. Unter diesen Umständen hätte man ein rasches Verblassen erwartet, in Wirklichkeit änderte sich die Gesamthelligkeit kaum. Komet Holmes entwickelte einen Schweif von 0,5° Länge. Außerdem wurde fotografisch eine zweite, schwächere zentrale Kondensation festgestellt, die aber einige Tage später wieder verschwand.

▲ **Edward Barnard** wies mit seiner Aufnahme vom 11. November 1892 einen Schweif nach. Der Komet stand nahe der Andromedagalaxie.

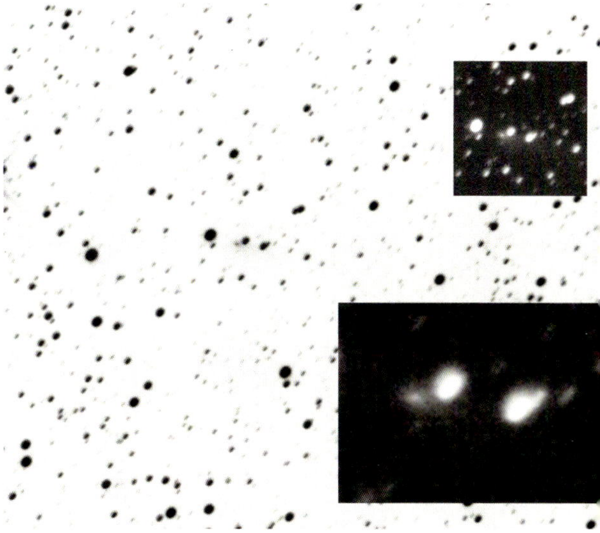

▲ **Kurz vor dem Ausbruch:** Komet Holmes ist Anfang Oktober für Amateure kaum nachweisbar.

Während des Dezembers 1892 verblasste der Schweifstern und hatte Anfang Januar nur noch die 9. Größe. Am 16. Januar beobachtete man einen weiteren Ausbruch auf etwa 5^{m}. Anschließend sank die Helligkeit rasch, die letzte Sichtung stammt vom 6. April 1893.

Komet 17P/Holmes gehört zur Jupiterfamilie, er bewegt sich zwischen Mars- und Jupiterbahn. Die Umlaufzeit beträgt etwa 7 Jahre, die Bahnneigung ist mit 19° moderat. Es kam zu Begegnungen mit Jupiter in den Jahren 1861 (nachträglich berechnet), 1908 und 1968. Die letzte »Begegnung« war mit 1AE Distanz nicht sonderlich nahe. Dennoch verkürzte sie die Umlaufzeit um 4 Monate und verringerte die Periheldistanz um 0,2AE.

Da sich der beobachtete Bahnabschnitt der Jahre 1892/93 über fünf Monate erstreckte, war eine sehr genaue Bahn bekannt. Der nächste Periheldurchgang wurde für den Sommer 1899 berechnet. Charles Perrine gelang am 22. Juni 1899 die Wiederentdeckung sehr nahe an der vorhergesagten Position. 17P/Holmes war nur etwa 16^{m} hell und erreichte im Maximum 14^{m}. Beim nächsten Periheldurchgang 1906 war er ebenfalls schwach, keinesfalls heller als 15^{m}, es gab lediglich fotografische Beobachtungen. Nach diesem Perihel näherte sich der Komet Jupiter auf etwa 0,5AE, was zu einer erheblichen Bahnänderung führte. Diese wurde seinerzeit nicht angemessen modelliert, so dass der Komet 1912 nicht aufgefunden wurde. Als selbst mit einer verbesserten Bahnrechnung eine Wiederentdeckung bis 1950 scheiterte, galt der Komet als verschollen.

▼ **Zwei Tage nach dem Ausbruch** hat sich bereits eine Koma erheblicher Größe entwickelt.

▲ **Der Schweif des Kometen** war nur fotografisch nachweisbar; die Koma wurde durch einen Larson-Sekanina-Filter betont.

▲ **Im Januar 2008** verblasste der Komet zunehmend, die Koma blieb aber weiterhin sehr groß.

Brian Marsden bemühte sich 1963 erneut an einer Positionsanalyse, konnte aber keinen Fehler in den früheren Rechnungen entdecken. Erst zu diesem Zeitpunkt wurde die Erscheinung von 1892 als ein außergewöhnliches Ereignis eines instabilen, zu Ausbrüchen neigenden Kometen erkannt. Eine neue Suche musste sich auf schwache Objekte richten: Holmes war offenbar nicht verschollen im eigentlichen Sinn, sondern einfach nur viel schwächer als erwartet. Mit diesem Wissen gelang Elizabeth Roemer am 16. Juli 1964 die Wiederentdeckung, bei einer Helligkeit von nur $19\overset{m}{.}2$. Seither wurde Holmes bei jedem Perihel aufgefunden.

Am 4. Mai 2007 erreichte 17P/Holmes sein Perihel. Die Helligkeit betrug etwa 15^m, also ein ganz normaler Periheldurchgang. Am 24. Oktober wurde von Juan Antonio Henríquez Santana ein Helligkeitsausbruch gemeldet, der das Objekt von Teneriffa aus sah. Die Helligkeit betrug in dieser Nacht 7^m. Einige Stunden später besaß Holmes bereits 4^m und war mit dem freien Auge zu sehen. Im Verlauf des nächsten Tages erreichte Holmes eine Helligkeit von $2\overset{m}{.}5$. In wenigen Stunden war seine Helligkeit um mehr als das Hunderttausendfache angestiegen. In dieser Nacht wirkte der Komet mit dem freien Auge und in kleinen Instrumenten stellar, der Kondensationsgrad wurde von allen Beobachtern mit DC=9 angegeben.

Einen Tag später hatte sich die Koma ausgedehnt und erreichte einen Durchmesser von mehreren Bogenminuten. In den folgenden Wochen wuchs der Durchmesser stetig und erreichte Ende Oktober 0,5°. Die Helligkeit blieb unverändert bei $2\overset{m}{.}5$.

Anfang November war ein kurzer Schweif deutlich auszumachen, der bis Ende des Monats auf 2° Länge angewachsen war. Da der Schweif fast genau von der Erde weg wies, war er spät erkennbar und relativ kurz.

Im Dezember wuchs die Koma weiter, die äußeren Teile begannen schwer sichtbar zu werden. Dies drückte sich im Rückgang der gemessenen Helligkeiten aus. Die Beobachtungen der Amateure reichen bis Ende April 2008. Die Helligkeit des sehr diffusen Kometen war zu dieser Zeit auf 6^m gesunken.

Ein weiterer Ausbruch konnte im Januar 2009 nachgewiesen werden. Auch im Jahre 2012 gab es einige fotografische Beobachtungen des etwa 20^m schwachen Kometen. Mit Spannung erwartet wird jedoch das nächste Perihel im Frühjahr 2014.

29P/Schwassmann-Wachmann

Zeitlinie des Kometen 29P/Schwassmann-Wachmann

15. November 1927	Entdeckung durch A. Schwassmann und A. Wachmann (Hamburg)
21. Mai 1974	Jupiternähe vergrößert die Periheldistanz von 5,45AE auf 5,77AE
Juli 2004	Perihel in 5,72AE Distanz
Dezember 2011	Aphel in 6,26AE Distanz
Mai 2015	südlichster Bahnpunkt bei –31° 48' Deklination

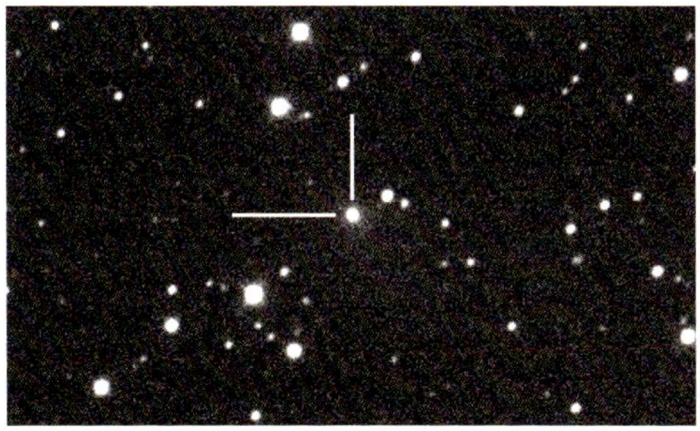

▲ **Zu Beginn des Ausbruchs** ist die zentrale Kondensation sehr hell, bleibt aber stellar.

Der Komet 29P wurde von Arnold Schwassmann und Arno Arthur Wachmann auf Fotoplatten vom 15. November 1927 entdeckt. Das Objekt hatte etwa die 13. Größe und nahm in den darauffolgenden Tagen rasch an Helligkeit ab. Nachdem der Komet etwa die 16. Größe erreicht hatte, stieg seine Helligkeit Mitte Dezember wieder auf 14^m an. Damit wurde schon kurz nach der Entdeckung seine sonderbare Eigenschaft herausgefunden – der Neigung zu Ausbrüchen.

29P/Schwassmann-Wachmann war der erste entdeckte Komet, der sich komplett außerhalb der Jupiterbahn bewegt. Die Exzentrizität betrug zur Entdeckung 0,15. Im Verlaufe der Jahrzehnte hat sich die Bahn stabilisiert, die Exzentrizität sank auf 0,044. Im selben Zuge sank auch die Umlaufzeit von 16,4 auf 14,7 Jahre. Die Helligkeit bewegt sich außerhalb der Ausbrüche zwischen 17^m und 19^m sank in den letzten Jahren aber nur noch selten so weit ab. Der Komet gehört zur Familie der Zentauren, einer Klasse von Kleinplaneten zwischen Jupiter- und Neptunbahn. Zentauren gelten als Übergangsobjekte zwischen Kometen und Kleinplaneten, die wenigsten unter ihnen zeigen kometare Aktivität. 29P ist eine der wenigen Ausnahmen.

Ausbrüche des Kometen sind häufig und prägen den Helligkeitsverlauf viel stärker als die Perihel-Aphel-Variation. Anfangs ging man von etwa einem Ausbruch pro Jahr aus. Seit der Komet mittels elektronischer Kameras überwacht wird, können auch kleinere Ausbrüche nachgewiesen werden. Inzwischen rechnet man mit durchschnittlich sieben Stück pro Jahr – etwa alle 50 Tage. Ein Zusammenhang mit einer ebenso lang dauernden Rotation wird vermutet.

Ein typischer Ausbruch beginnt mit einer Erhöhung der Helligkeit um 5 Größenklassen, und

Gasentwicklung bei großem Sonnenabstand

Normalerweise sind Schweifsterne bei Sonnenentfernungen über 5AE inaktiv. 29P/Schwassmann-Wachmann ist etwa 6AE von der Sonne entfernt, die beobachtete Aktivität ist ungewöhnlich. Mit einer merklichen Wasserproduktion beginnen Kometen bei etwa 3AE, also muss es sich hier um einen anderen Mechanismus handeln. »Frische« Kometen produzieren eine Kohlenmonoxid- und Kohlendioxid-Atmosphäre, solche Kometen verarmen aber rasch an diesen Gasen. 29P/Schwassmann-Wachmann scheint reich an Kohlenstoffoxiden zu sein. Spektroskopische Messungen haben bestätigt, dass die Atmosphäre überwiegend aus diesen Stoffen besteht.

▲ **Nach einem Ausbruch** zerstreut sich das ausgestoßene Material im Raum und bildet eine größer werdende Koma.

zwar innerhalb von Stunden bis wenigen Tagen. Die zentrale Kondensation erscheint zunächst stellar. Das Material des Ausbruchs bildet in den folgenden Tagen eine größer werdende Koma bei gleichbleibender Gesamthelligkeit. Nach einigen Wochen ist die Gasdichte der Koma so gering geworden, dass sie nicht mehr nachweisbar ist.

Bei besonders heftigen Ausbrüchen steigt die Helligkeit um bis zu 9^m an. Der Komet kann dann die 10. Größe erreichen. Dies war zuletzt im Januar 2009 der Fall.

29P/Schwassmann-Wachmann steht 2013 noch relativ günstig im südlichen Bereich des Sternbildes Jungfrau, in den kommenden Jahren wird die Beobachtung schwieriger, da der Komet die südlichen Abschnitte seiner Bahn durchläuft. 2014 erreicht er bei einer Deklination von –30° das Sternbild Skorpion, 2015 hält er sich vorwiegend im Sternbild Schütze auf.

73P/Schwassmann-Wachmann

Zeitlinie des Kometen 73P/Schwassmann-Wachmann

2. Mai 1930	Entdeckung durch A. Schwassmann und A. Wachmann (Hamburg)
31. Mai 1930	Erdnähe in 0,06AE
13. August 1979	Wiederentdeckung durch J. Johnston und M. Buhagiar (Perth Observatorium)
Dezember 1995	Entdeckung von Fragmenten nach mehreren Ausbrüchen
12. Mai 2006	Erdnähe in 0,08AE
16. März 2017	Perihel in 0,97AE

Der Komet 73P wurde am 2. Mai 1930 in der Sternwarte Hamburg-Bergedorf entdeckt. Arnold Schwassmann und Arthur Arno Wachmann fanden ihn auf einer Aufnahme, die mit einem 300mm-Astrographen angefertigt worden war und der Suche nach Kleinplaneten diente. Später wurde er auf zwei früheren Aufnahmen entdeckt, die älteste ist vom 27. April 1930. In diesem Zeitraum war der Komet $9{,}^m5$ hell, der Komadurchmesser betrug 2', ein kurzer Schweif war nachweisbar. Die Helligkeit stieg bis zur Erdnähe Anfang Juni auf 7^m an, der Schweif erreichte eine Länge von 30'. Danach verblasste er allmählich und konnte noch bis in das letzte Augustdrittel beobachtet werden.

73P wurde rasch als kurzperiodischer Komet mit einer Umlaufzeit von 5,5 Jahren erkannt. Die Periheldistanz liegt um 1AE, die Bahnneigung beträgt etwas mehr als 11°. Die Bahnberechnungen mehrerer Astronomen kamen zu leicht unterschiedlichen Resultaten. Der Komet war an sich

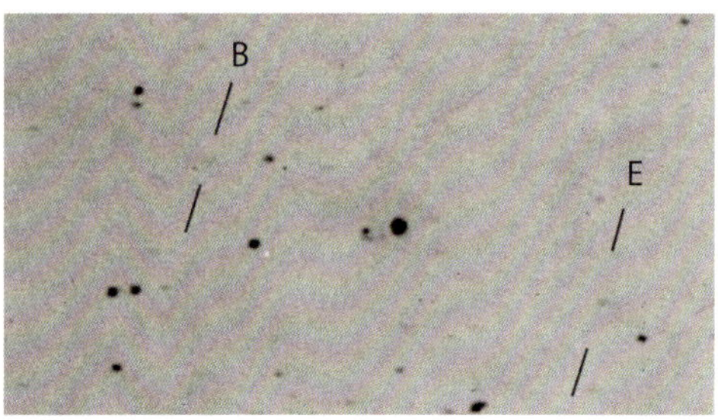

◄ **Die Fragmente B und E** Anfang Dezember 2000.

▲ **Die Komponente G** wurde Mitte April überraschend hell, auch hier konnte ein Schweif belegt werden. Die helle Komponente ist B.

▲ **Während des Perihels im Frühjahr 2006** wurden die Fragmente B und C sehr hell und entwickelten beide einen ausgedehnten Schweif. Sie waren im Fernglas gleichzeitig zu sehen!

recht schwach und wurde nur durch die große Erdnähe gefunden. Das Perihel 1935/36 war viel ungünstiger, der Komet wurde nicht gefunden. Aber auch zur günstigen Wiederkehr 1941 blieb er unauffindbar. Verbesserte Bahnrechnungen Mitte der 1940er-Jahre verbesserten diese Situation nicht. Zwei Begegnungen mit Jupiter in den Jahren 1953 und 1965 veränderten die Bahn zusätzlich. Im August 1979 fand sich er auf einer Platte, die am Perth-Observatorium in Australien wiederum zur Suche nach Kleinplaneten aufgenommen wurde. Der Komet lag 26° abseits der vorhergesagten Position und hatte etwa 13^m. Die Helligkeit stieg in den folgenden Wochen nur gering, er konnte bis Mitte November beobachtet werden. Als tatsächlicher Perihelzeitpunkt wurde der 2. September berechnet.

Obwohl nun eine genaue Bahn vorlag, wurde der Schweifstern auch 1985/86 nicht gefunden. Das Perihel 1990 bot von der Bahngeometrie die besten Beobachtungsergebnisse seit 1930. Im April passierte der Schweifstern die Erde in nur 0,37AE Abstand. Er erreichte zu diesem Zeitpunkt die 9. Größe.

Das Perihel 1995 war ungünstig, die größte Erdnähe betrug 1,7AE. Dennoch wurde der Schweifstern im August als Objekt 13. Größe aufgefunden. Anfang September wurde bei spektroskopischen Messungen eine erhöhte Wasserfreisetzung bemerkt. Zu diesem Zeitpunkt stand der Komet nahe der Sonne und konnte nicht beobachtet werden. Anfang Oktober war dies dann möglich, 73P/Schwassmann-Wachmann hatte die 6. Größe erreicht! Nachdem die Helligkeit um 2 Größenklassen abgefallen war, kam es am 22. Oktober erneut zu einem Ausbruch auf die 6. Größe. Im Dezember schließlich wurden an mehreren Observatorien Fragmente entdeckt, welche mit A, B, C und D bezeichnet wurden. C war das Hauptfragment, also der Rest des ursprünglichen Kometenkerns. Vom Fragment B löste sich später das Fragment E. A und D waren kurzlebig.

Die Wiederkehr zum Perihel im Januar 2001 wurde mit Spannung erwartet. Obwohl von der Bahngeometrie ungünstig, konnten die Fragmente B, C und E beobachtet werden. Im Verlauf dieses Periheldurchgangs fragmentierte der ursprüngliche Kern B weiter und bildete eine Vielzahl von kleineren Bruchstücken.

Der Periheldurchgang im Mai 2006 versprach gute Beobachtungsbedingungen. Auf Aufnahmen des Hubble-Teleskops wurden Dutzende der Fragmente beobachtet und vermessen. Eine neue helle Komponente wurde gefunden und mit G bezeichnet. Die Komponenten B und C erreichten die Freisichtigkeit und entwickelten ausgedehnte Schweife. G erreichte die 12. Größe und war für

◄ **Am 3. Mai begegnete die Komponente B** dem Kugelsternhaufen M 13.

Amateure kein schwieriges Objekt. Die hellsten der schwächeren Fragmente wurden heller als 14^m und waren im gut beobachtbaren Bereich für Fotografen.

Der Periheldurchgang im Oktober 2011 war von der Bahngeometrie wieder ungünstig. Es liegen aber Beobachtungen der Komponente C vor, welche die 11. Größe erreichte.

C/1975 V1 (West)

Zeitlinie des Kometen C/1975 V1 (West)	
24. September 1975	Entdeckungsaufnahme durch G. Pizarro (La Silla/Chile)
5. November 1975	Entdeckung durch R. West (La Silla/Chile)
25. Februar 1976	Perihel in 0,20AE Distanz
25. – 28. Februar 1976	Maximale Helligkeit -3^m und Tagessichtbarkeit
29. Februar 1976	Erdnähe in 0,79AE
Anfang April 1976	Ende der Freisichtigkeit
25. September 1976	letzte Beobachtung

Der Komet C/1975 V1 (West) wurde auf einer Aufnahme entdeckt, welche mit der 1m-Schmidtkamera des Europäischen Südobservatoriums in Chile für einen Himmelsatlas aufgenommen wurde. Richard West fand den ca. 15^m hellen Kometen von 3' Komadurchmesser Anfang November. Er identifizierte ihn dann auf früheren Aufnahmen bis zurück zum 10. August. Aus den davon abgeleiteten Positionen wurde eine Bahn errechnet, auf deren Basis Bestätigungsbilder zwischen dem 8. und 11. November angefertigt wurden. Der Komet war inzwischen merklich heller geworden.

Komet West erreichte das Perihel am 25. Februar 1976. Da die Bahnneigung mit 43° einen positiven Wert aufwies, war die Sichtbarkeit für die Nordhalbkugel erst nach dem Perihel günstig. Komet West entstammt der Oortschen Wolke, darauf weist die große Bahnneigung und die Exzentrizität nahe 1 hin. Die Periheldistanz war geringer als 0,2AE: Ein Hinweis auf einen Großen Kometen: Dass er ein Objekt für das freie Auge werden würde, war im November schon klar.

Die Helligkeit stieg in den folgenden Wochen an, da sich der Komet sowohl der Sonne als auch der Erde näherte. Ab Ende November wurde er visuell beobachtet, zunächst nur von der Südhalbkugel aus. Er stand noch immer nahe der Entdeckungsstelle im Sternbild Mikroskop. Die visuelle Helligkeit betrug etwa 12^m, der Koma-Durchmesser 4', ein Schweif war nicht erkennbar.

Ab Anfang des Jahres 1976 stieg die Helligkeit rasch an. Sie betrug 7^m Mitte Januar und 4^m Mitte Februar. Dies war etwa 1^m heller als die Prognosen des vergangenen Herbstes. Der Komet wanderte nun nahe der Sonne durch das Sternbild Wassermann nach Norden. Ende Februar wurde der Schweifstern schließlich ein wirklich eindrucksvolles Objekt: Nahe dem Perihelzeitpunkt erreichte er -2^m, ein Schweif von 0,5° Länge hatte sich entwickelt. Von mitteleuropäischen Standorten wurde Komet West erst Anfang März sichtbar. In den ersten Tagen des Monats konnte der Komet bei einer Elongation von 12° in der hellen Dämmerung gefunden werden. Einige Beobachter sahen ihn sogar am Taghimmel. Der helle prominente Pseudokern

▲ **Am 2. März 1976** war der Komet West in der hellen Dämmerung sichtbar.

▲ **Bereits am 3. März** hatte sich Komet West so weit von der Sonne entfernt, dass der reich strukturierte Staubschweif deutlich in Erscheinung trat.

erleichterte das Auffinden unter diesen Bedingungen. Wegen der Erdnähe am 29. Februar nahm die Helligkeit nach dem Perihel nur langsam ab, es wurden immer noch negative Magnituden bestimmt. Der Staubschweif war sehr ausgedehnt und reich gegliedert mit zahlreichen Streamern. Seine Länge wurde auf etwa 30° geschätzt.

Am 5. März wurde ein zweiter Pseudokern entdeckt, später fand man weitere Bruchstücke. Einige verblassten rasch, aber die meisten konnten über mehrere Monate verfolgt werden. Bis Anfang April blieb er freisichtig, die letzten visuellen Beobachtungen stammen vom September 1976. Die Helligkeit des Kometen war zu diesem Zeitpunkt auf die 11. Größe zurückgegangen.

C/1975 V1 (West) war einer der spektakulärsten Kometen des 20. Jahrhunderts – dennoch blieb er wenig beobachtet. Nach der Enttäuschung des 1973/74 sichtbaren C/1973 E1 (Kohoutek), welcher den Erwartungen der Öffentlichkeit nicht entsprechen konnte, waren die Medien vorsichtig geworden. Die Berichterstattung blieb aus und der Komet wurde daher vorwiegend ein Objekt für die damit befassten Astronomen. Nur wenige Außenstehende kamen rechtzeitig an Informationen, dazu kam die Sichtbarkeit am Morgenhimmel. Es war der letzte »Große Komet«, von dem es nur wenige Aufnahmen und Beobachtungsberichte gibt.

D/1993 F2 (Shoemaker-Levy)

Zeitlinie des Kometen D/1993 F2 (Shoemaker-Levy)	
7. Juli 1992	Jupiterannäherung auf 120000km
24. März 1993	Entdeckung durch Carolyn und Eugene Shoemaker und David H. Levy (Palomar Observatorium/USA)
16. bis 22. Juli 1994	Einschlag der Kometen-Fragmente auf Jupiter

Am 24. März 1993 entdeckte Carolyn S. Shoemaker auf Aufnahmen, die sie gemeinsam mit ihrem Mann Eugene und David H. Levy mit dem 0,46m-Schmidt-Teleskop am Palomar-Observatorium gemacht hatte, einen neuen Kometen. Schon auf den Entdeckungsaufnahmen war ersichtlich, dass es sich um einen außergewöhnlichen Schweifstern handelte. Der Komet war als 14^m helles, langgestrecktes Objekt mit einem schwachen Schweif abgebildet. Bestätigungsaufnahmen

mit dem Spacewatch-Teleskop wenige Tage später zeigten bereits den zerbrochenen Kometen als eine Kette von Bruchstücken.

Die Bahnberechnung im Mai ergab, dass C/1993 F2 (Shoemaker-Levy) der bislang erste beobachtete Komet war, der um einen Planeten kreiste. Jupiter dürfte den Kometen 20 bis 30 Jahre zuvor in diese Bahn gezwungen haben. Bei einer knappen Passage 25000km über der Wolkenoberfläche des Planeten im Juli 1992 hatte sich der Komet durch die Gezeitenkräfte Jupiters aufzulösen begonnen. Der ursprünglich etwa 9km große Kometenkern bestand nun aus Teilen zwischen 4,5km und 2,5km Durchmesser. Zunächst konnten zwischen 15 und 17 Fragmente identifiziert werden, später stieg die Zahl auf 21. Diese Mini-Kometen wurden alphabetisch mit Großbuchstaben von A bis W (I, O, X, Y und Z wurden ausgelassen) bezeichnet. Bis zum Sommer 1993 war die Bahn so genau bestimmt, dass eine Kollision mit Jupiter für Juli 1994 vorausgesagt werden konnte. Der Einschlag wurde allerdings für die von der Erde abgewandte Seite des Planeten berechnet. Der Zeitpunkt der Einschläge konnte bis auf wenige Minuten genau bestimmt werden.

Mit einer Helligkeit zwischen 14^m und 15^m war der Komet für visuelle Beobachtungen zu schwach. Fotografisch konnte er aber auch von Amateuren verfolgt werden. Dabei war auch das Längerwerden der Kometenkette wahrnehmbar. Die »Komalänge« stieg von Januar bis Juni 1994 von 3' bis 8' an. In Wirklichkeit waren die Fragmente zur Zeit der Entdeckung bereits über eine Länge von 160000km verteilt, bis zum Eintauchen in der Jupiteratmosphäre war diese Distanz bis auf etwa 5 Millionen Kilometer angewachsen.

Die einzige direkte Beobachtungsmöglichkeit hatte die Raumsonde Galileo, die sich zu dieser Zeit auf dem Weg Richtung Jupiter befand. Weitere Weltraumsonden und -teleskope sowie fast alle erdgebundenen Großteleskope wurden in den kommenden Monaten zum Studium dieses bislang einmaligen Ereignisses herangezogen. Neben Galileo kamen die Sonden Ulysses und Voyager 2, welche sich bereits in einer Entfernung von 40AE befand, zum Einsatz. Die Weltraumteleskope Kuiper, ROSAT, EUVE und IUE wurden zur Röntgen- und UV-Beobachtung verwendet. Zahlreiche Beobachtungen wurden auch mit dem neu korrigierten Hubble Space Telescope durchgeführt. Unter den Dutzenden erdgebundenen Teleskopen sind Infrarotbeobachtungen des IRTF auf Hawaii und die Aufnahmen mit dem 5m-Teleskop des Palomar-Observatoriums hervorzuheben. Von den zehn im Einsatz stehenden Teleskopen der ESO wurden

▼ **Der Komet D/1993 F2 (Shoemaker-Levy)** kurz nach seiner Entdeckung am 30. März 1993. Eine Kette von mehr als zehn Bruchstücken ist erkennbar.

▼ **Die einschlagenden Kometen-Stücke** erzeugten Explosionen in der Jupiteratmosphäre und ließen dunkle Flecken in Erdgröße zurück.

allein mit dem 3,6m-Teleskop auf La Silla 120000 Bilder angefertigt.

Die nach den Einschlägen entstandenen dunklen Flecken auf Jupiter konnten Ende Juli und im August auch mit kleinen Teleskopen beobachtet werden. Einige davon erreichten Durchmesser von mehreren Tausend Kilometern.

Die Einschläge von D/1993 F2 (Shoemaker-Levy), die im Zeitraum zwischen 16. Juli und 22. Juli stattfanden, ließen sich im Detail beobachten und umfangreich auswerten. Es entstanden mehr als 300 wissenschaftliche Berichte zu dem Impakt, ein Ereignis, das nach Schätzungen etwa alle 100 Jahre in ähnlicher Form stattfinden dürfte. Auch offene Fragen blieben: Trotz intensiver Versuche konnte am Kometen kein Austreten von Gas und relativ wenig enthaltenes Wasser festgestellt werden. Dennoch war das Objekt ein Komet, aufgrund der sehr unterschiedlichen Impakt-Folgen von relativ inhomogener Zusammensetzung. Manche der größeren Bruchstücke erzeugten weniger Effekte beim Einschlag als ihre kleineren Begleiter. Die festgestellten Emissionslinien von Lithium, Schwefel, Eisen und weiteren Metallen konnten nicht eindeutig dem Kometen oder der Jupiteratmosphäre zugeordnet werden.

Erstmals konnte die Kollision zweier Körper des Sonnensystems direkt beobachtet werden. Enormes Interesse machte den Impakt zu einem der ersten großen Internet-Events, Live-Bilder wurden in millionenfacher Zahl heruntergeladen und die eigens eingerichtete Website des JPL verzeichnete über 7 Millionen Zugriffe. Seit Komet Kohoutek 1973 war es das erste astronomische Ereignis, das einer breiten Masse von Menschen durch massive Medienpräsenz näher gebracht wurde. Viele Observatorien hielten für die Dauer des Impaktes Pressekonferenzen ab.

C/1995 O1 (Hale-Bopp)

Zeitlinie des Kometen C/1995 O1 (Hale-Bopp)	
23. Juli 1995	Entdeckung durch A. Hale und T. Bopp
Ende Mai 1996	Beginn der Freisichtigkeit
22. März 1997	Erdnähe in 1,31AE Distanz
25. März 1997	maximale nördliche Deklination (+45°)
1. April 1997	Perihel in 0,91AE Distanz und maximale Helligkeit von $-0\overset{m}{,}5$
Mitte Mai 1997	Sichtbarkeitsende für Mitteleuropa
7. August 2012	letzte Beobachtung

C/1995 O1 wurde am 23. Juli 1995 von Alan Hale (Cloudcroft, New Mexico, USA) und Thomas Bopp (Stanfield, Arizona, USA) zeitgleich, aber unabhängig voneinander entdeckt. Der Komet war ein diffuses Objekt mit $10\overset{m}{,}5$ im Sternbild Schütze nahe M 70. Beide Amateurastronomen hatten mit ihren 400mm-Teleskopen den Kugelsternhaufen beobachtet, als ihnen der Komet auffiel. Der Komet war noch 7AE von der Sonne entfernt, hätte aber dennoch wesentlich früher entdeckt werden können. Er hielt sich aber lange Zeit relativ weit südlich und in den Regionen der Milchstraße auf. Eine Vor-Entdeckungsaufnahme vom April 1993 zeigt den zu diesem Zeitpunkt 13AE entfernten Kometen als Objekt von 18^m. Zu dieser Zeit waren erst wenige Kometen in ähnlich großer Entfernung gefunden worden – C/1976 D2 (Schuster) und C/1980 E1 (Bowell) sowie 1P/Halley 1982 in 11AE – allerdings war es die erste Entdeckung in solcher Distanz durch Amateure.

Die Bahn des Kometen ist als sehr langgestreckte Ellipse mit einer Bahnneigung von fast genau 90° bestimmt worden. Dennoch ergeben sich, wenn der Komet auf dem Weg zur Sonnennähe ist, nahe Begegnungen mit Jupiter. Eine solche Annäherung im April 1996 verringerte die Umlaufzeit von rund 4200 Jahren auf ca. 2400 Jahre. Das Aphel des Kometen liegt derzeit bei etwa 370AE. Eine Wiederkehr um das Jahr 4400 wäre möglich.

Nach seiner Entdeckung blieb der Komet das ganze restliche Jahr 1995 recht tief stehend im Sternbild Schütze. Im Januar 1996 stand er unbeobachtbar in Konjunktion mit der Sonne. Ab Februar kam er am Morgenhimmel wieder in Sicht und die Helligkeit stieg von 9^{m} bis im April auf 8^{m}. Ende Mai wurde der Komet freisichtig und stand gut beobachtbar im nördlichen Teil des Schützen. Im Sommer durchquerte er die Milchstraße in Richtung Westen, wobei die Helligkeit im Juli und August bei $6\overset{m}{,}0$ stagnierte. Die Sonnendistanz betrug dabei noch immer 3,5AE. Im Herbst erreichte Hale-Bopp das Sternbild Schlangenträger, wo er im Oktober bei einer Helligkeit von $5\overset{m}{,}0$ seine Bahn in Richtung Norden änderte. Im Dezember bei einem Sonnenabstand von immer noch 2AE erfolgte eine weitere Konjunktion mit der Sonne. Der Komet konnte aber von hohen nördlichen Breiten weiterhin beobachtet werden.

Zu Jahresanfang 1997 zog Hale-Bopp durch die Milchstraßen-Sternbilder Adler, Pfeil und Schwan und die Helligkeit nahm von $2\overset{m}{,}0$ auf $0\overset{m}{,}5$ zu. Die Schweiflänge erreichte 5° für den Staubschweif und 10° für den Plasmaschweif, dabei standen die beiden Schweife bis zu einem Winkel von 50° zueinander. Im März erreichte der Komet bei einer Deklination von +45° seine Erdnähe im Sternbild Andromeda. Er war nun $0\overset{m}{,}0$ hell und konnte in Mitteleuropa die ganze Nacht über beobachtet werden. Ende März zog er wenige Grad nördlich der Andromedagalaxie vorbei. Zum Perihel am 1. April in 1,31AE Abstand leuchtete Hale-Bopp mit maximaler Helligkeit von $-0\overset{m}{,}5$ und bildete einen bis zu 25° langen, gekrümmten Staubschweif.

Am Rand der Milchstraße wanderte der Komet weiter durch das Sternbild Perseus und erreichte Ende April das Sternbild Stier. Nun blieb die Beobachtung auf den Abendhimmel beschränkt und die Helligkeit ging wieder auf $0\overset{m}{,}0$ zurück. Mitte Mai verschwand der Komet dann für Mitteleuropa mit $2\overset{m}{,}0$ im Sternbild Orion. Nach der erneuten Sonnenkonjunktion blieb Hale-Bopp nur noch ein Objekt für Beobachter auf der Südhalbkugel. Hier konnte er weiterhin verfolgt werden. Noch im Februar 1998 lag die Helligkeit bei 8^{m}, bis ins Jahr 1999 ging sie auf 12^{m} zurück. 2001 konnte Hale-Bopp noch mit 14^{m} und 2003 mit 16^{m} beobachtet werden. Er hatte bis dahin eine Sonnenentfernung von 17AE erreicht. Der Komet ist mit einer Helligkeit von etwa 21^{m} nach wie vor in Reichweite von Teleskopen und steht unweit des südlichen Himmelspols. Er könnte bis zum Jahr 2020 beobachtbar bleiben. Bis dahin wird er eine Entfernung von 42AE und eine Helligkeit von 30^{m} erreicht haben.

Der Komet wurde von wissenschaftlicher Seite intensiv beobachtet und erforscht. Es gab auch eine eigene internationale Konferenz zum Kometen im Jahre 1998. 150 Teilnehmer diskutierten dabei über ihre Forschungsergebnisse. Eine Fülle von neuen Erkenntnissen konnte durch die Auswertungen gewonnen werden. Es wurden für Kometen neue Moleküle wie Stickstoffsulfid (NS) oder das Edelgas Argon entdeckt. Ebenso wurde

▼ **C/1995 O1 (Hale-Bopp),** wie er Anfang April 1997 auch mit bloßem Auge am Himmel zu sehen war.

Nahaufnahme des Kometen vom 2. April 1997. Es sind zahlreiche Schweifstrukturen dieses extrem aktiven Kometen sichtbar.

erstmals eine neue Art von Schweif – der Natriumschweif – beobachtet.

C/1995 O1 (Hale-Bopp) kann als Großer Komet, wahrscheinlich sogar als Jahrhundertkomet eingestuft werden. Viele Superlative der Kometengeschichte hängen mit ihm zusammen. So ist er der am meisten beobachtete und fotografierte Komet bisher – die Online-Bildersammlung des JPL umfasst über 5100 Fotos. Mit einer Rekorddauer von 18 Monaten von Mai 1996 bis Oktober 1997 ist er auch der am längsten mit bloßem Auge beobachtete Komet. Ebenfalls neue Maßstäbe setzte er in den Massenmedien, er war im Fernsehen und in zahlreichen Printpublikationen vertreten und im noch relativ jungen Internet entstanden viele Webseiten. Viele davon kamen auf millionenfache Zugriffe, insgesamt war der Komet eines der größten wissenschaftlichen Medienereignisse aller Zeiten.

C/1996 B2 (Hyakutake)

Zeitlinie des Kometen C/1996 B2 (Hyakutake)	
30. Januar 1996	Entdeckung durch Y. Hyakutake (Japan)
Anfang März 1996	Beginn der Freisichtigkeit
25. März 1996	Erdnähe in 0,10AE Distanz und maximale Helligkeit von $0\overset{\text{m}}{,}0$
29. April – 6. Mai 1996	Sichtbarkeit auf SOHO-Aufnahmen
1. Mai 1996	Perihel in 0,23AE Distanz
Mitte Mai 1997	Sichtbarkeitsende für Mitteleuropa
24. Oktober 1996	letzte Beobachtung durch G. Garradd (Australien)

C/1996 B2 wurde am Morgen des 30. Januar 1996 von Yuji Hyakutake mit einem 25×150-Großfernglas entdeckt. Der Komet stand im Sternbild Waage, nur 3° von der Stelle entfernt, an der der japanische Amateurastronom gut einen Monat zuvor seinen ersten Schweifstern entdeckt hatte. C/1996 B2 (Hyakutake) war ein diffuses Objekt mit einer Helligkeit von $11\overset{\text{m}}{,}0$ – eine Vorentdeckungs-Aufnahme durch Kesao Takamizawa zeigte ihn am 1. Januar als Objekt 13. Größe.

Schon die erste veröffentlichte Bahn am 3. Februar zeigte für den Kometen ein Perihel in ca. 0,2AE Abstand für Anfang Mai und einen retrograden Umlauf mit rund 120° Bahnneigung. Besonders interessant versprach aber die für Ende April berechnete Erdannäherung bis auf 0,10AE zu werden. Die Bahn wurde durch gravitative Einflüsse der großen Planeten stark verändert und die Umlaufzeit nunmehr von ursprünglich 8000 Jahren auf 70000 bis 100000 Jahre verlängert.

Im Februar war Komet Hyakutake noch tief am Morgenhimmel im Sternbild Waage zu finden, die Helligkeit stieg bis auf $8\overset{\text{m}}{,}0$. Anfang März

▲ **C/1996 B2 (Hyakutake) im Perihel** Anfang April 1996. Aufnahme mit einer Schmidtkamera auf Kodak Farbfilm mit 160 ISO, Belichtungszeit 5 Minuten.

▼ **Der Komet am 7. April im Sternbild Perseus** – der Schweif ist bis auf eine Länge von etwa 20° zu verfolgen. Aufnahme mit 50mm-Objektiv bei einer Belichtungszeit von 15 Minuten.

wanderte der Komet schneller werdend direkt Richtung Norden. Kurz vor der Monatsmitte, nachdem der Mond nicht mehr störte, begann die Freisichtigkeit bei einer Helligkeit von $4{,}^{m}0$ und einem Koma-Durchmesser von 20'. Bedingt durch die abnehmende Erddistanz begann der Komet immer schneller nach Norden zu wandern, am 20. März betrug die Erdentfernung nur noch 0,2AE. Am 22. erreichte Komet Hyakutake das Sternbild Bootes, welches er in nur drei Tagen von Süden nach Norden durchquerte. Zur Erdnähe am 25. war er zirkumpolar bei einer Deklination von +53° und strebte fast direkt auf den Himmelsnordpol zu. Besonders auffällig war der enorm lange Schweif geworden, er konnte auf einer Länge von etwa 50° verfolgt werden. Die Helligkeit hatte ihr Maximum von ca. $0{,}^{m}0$ erreicht und der Komadurchmesser betrug 1,5°. In der Nacht von 26. auf 27. März passierte der Komet den Pol in nur 4° Distanz, der Schweif wurde nun zwischen 60° und 90° lang geschätzt. Einige umstrittene Schätzungen gingen sogar bis über 100° Länge.

Anfang April kam wieder störendes Mondlicht hinzu, dennoch blieb der Komet mit $2{,}^{m}0$ Helligkeit und einem Durchmesser von 30' freisichtig. Auch während einer totalen Mondfinsternis am 4. April konnte der Komet beobachtet werden. Bis zur Monatsmitte gingen Helligkeit und Schweiflänge zurück, am 15. wurde noch einmal eine kurze Helligkeitssteigerung bemerkt. Der Komet hatte jetzt nur noch einen Sonnenabstand von 30° und verschwand im letzten Monatsdrittel in der Abenddämmerung. Rund um die Sonnennähe am 1. Mai war Komet Hyakutake auf Aufnahmen des neuen Sonnenbeobachtungssatelliten SOHO sichtbar. Ab 9. Mai gab es wieder Beobachtungsmeldungen, diesmal von der Südhalbkugel aus. Hier blieb er auch bis Anfang Juni freisichtig und wurde bis in den Herbst hinein – ständig schwächer werdend – beobachtet. Die letzte Aufnahme des Kometen machte Gordon Garradd am 24. Oktober 1996, als der Komet eine Deklination von –64° erreicht hatte und nur noch eine Helligkeit von $16{,}^{m}8$ aufwies.

Während der nahen Annäherung an die Erde konnten am Kometen eine Vielzahl an wissenschaftlich wichtigen Beobachtungen und Untersuchungen durchgeführt werden, dabei war die Vorbereitungszeit der Observatorien hier wesentlich kürzer als beim folgenden Kometen Hale-Bopp. Erstmals wurden an einem Kometen Röntgenstrahlen-Emissionen festgestellt und zwar in einem unerwartet hohen Ausmaß. Zahlreiche für Kometen neue Moleküle wurden nachgewiesen, darunter Cyanwasserstoff (Blausäure), Ethan, Methan, Carbonylsulfid und Acetylen. Radar-Untersuchungen und Aufnahmen mit dem Hubble Space Telescope ermöglichten eine Größenbestimmung des Kernes auf 2km bis 3km Durchmesser. Zu erwähnen sind auch exakte Voraussagen und Beobachtungen von Schweifabriss-Ereignissen. Die Sonnensonde Ulysses konnte noch in einer Entfernung von über 500 Millionen Kilometern die Wirkung des Plasmaschweifes nachweisen, damit wurde ein Rekordwert an Schweiflänge gemessen.

Der auch als der Große Komet von 1996 bezeichnete Hyakutake erlangte wegen der nur etwa einen Monat dauernden Sichtbarkeit in der Öffentlichkeit nicht ganz so viel Beachtung wie Hale-Bopp. Dennoch wurde er von vielen Beobachtern als noch beeindruckender beschrieben. Besonders die enorme Länge des Schweifes, der sich praktisch über den halben Himmel erstreckte und die rasche Bewegung von bis zu 1° pro Stunde zur Erdnähe machten ihn zu einem der spektakulärsten Himmelsobjekte des 20. Jahrhunderts. Die Sammlung der Hyakutake-Webseite des JPL umfasst über 1000 Bilder von Januar bis Mai 1996.

C/2006 P1 (McNaught)

Zeitlinie des Kometen C/2006 P1 (McNaught)

7. August 2006	Entdeckung durch R. McNaught (Australien)
Anfang Januar 2007	Beginn der Freisichtigkeit
12. bis 16. Januar 2007	Sichtbarkeit auf SOHO-Aufnahmen
12. Januar 2007	Perihel in 0,17AE Distanz
13.–14. Januar 2007	maximale Helligkeit ($-5^{m}5$) und Tagessichtbarkeit
15. Januar 2007	Erdnähe in 0,81AE Distanz
Ab 17. Januar 2007	Sichtbarkeitsbeginn Südhalbkugel
Juli 2007	letzte Beobachtungen

C/2006 P1 (McNaught) wurde auf Aufnahmen mit dem 0,5m-Uppsala-Schmidt-Teleskop vom 7. August 2006 entdeckt. Es war die 31. Kometenentdeckung von Robert McNaught, dem erfolgreichsten Kometenentdecker bislang. Der Komet war zu diesem Zeitpunkt $17^{m}3$ hell und stand am Rande der Sommermilchstraße im Sternbild Schlangenträger.

Die erste errechnete Bahn vom 8. August wies ein Perihel im Juni 2007 in 1,55AE Abstand auf. Drei Tage später brachte eine verbesserte Bahn ein wesentlich interessanteres Ergebnis – der Komet sollte am 12. Januar in nur 0,17AE Abstand der Sonne am nächsten kommen. Dabei würde er ein helles Objekt in den Aufnahmen der Sonnensonde SOHO werden, über eine Sichtbarkeit des sonnennahen Kometen von der Erde aus konnte zunächst nur spekuliert werden. Die Wahrscheinlichkeit den Periheldurchgang zu überleben, wurde als gering eingestuft.

Im August und September blieb der Komet zunächst ein lichtschwaches Objekt und bewegte sich langsam im Grenzbereich der Sternbilder Schlangenträger und Skorpion. Ende September wurden erste visuelle Beobachtungen bei einer Helligkeit von 13^{m} gemeldet. Auch im Oktober und November waren Sichtungen des Kometen selten, der Sonnenabstand verringerte sich und mit einer Helligkeit von etwa $9^{m}0$ verschwand McNaught Mitte November in der Abenddämmerung.

Ab dem 26. Dezember gelang eine erneute Beobachtung des inzwischen $4^{m}5$ hellen Kometen. Die Elongation von 15° blieb bis über den Jahreswechsel hinaus konstant, einzelne Beobachter

Vorwärtsstreuung

Die große Helligkeit des Kometen C/2006 P1 (McNaught) rund um den 14. Januar 2007 ergab sich auch durch den Effekt der Vorwärtsstreuung (»forward scattering«). Dabei werden bei entsprechender Bahngeometrie (wenn der Komet zwischen Sonne und Erde steht) feine Staub- und Eispartikel innerhalb der Koma zum Leuchten gebracht und das Sonnenlicht Richtung Erde gestreut. Die Helligkeit kann dadurch um mehrere Magnituden ansteigen. Bei C/2006 P1 wurde die Steigerung von -3^m auf $-5{,}5^m$ darauf zurückgeführt. Weitere Kometen, die dieser Effekt betraf, waren C/1861 J1 (Tebbutt), C/1927 X1 (Skjellerup-Maristany) und C/1975 V1 (West). Auch C/2012 S1 (ISON) könnte seine Helligkeit rund um den 28. November 2013 durch Vorwärtsstreuung steigern.

konnten den Kometen dennoch tief in der hellen Morgendämmerung aufspüren. Nachdem die Helligkeit in den ersten Januartagen auf unter $2{,}^m0$ gestiegen war, wurde die Beobachtung und auch Fotografie des Kometen zunehmend einfacher, Schwierigkeiten bereiteten in Mitteleuropa vor allem die ungünstigen Wetterbedingungen. C/2006 P1 war nun für kurze Zeit sowohl am Morgen- als

▼ **C/2006 P1 (McNaught)** am westlichen Abendhimmel vor dem Perihel.

auch am Abendhimmel zu sehen, weiterhin aber stand er nur knapp über dem Horizont.

Die meisten Beobachtungen gab es zwischen 7. und 10. Januar als der Komet – nun -1^m bis -2^m hell – tief am westlichen Abendhimmel stand. Ein heller Staubschweif mit 1° bis 2° Länge war ebenfalls mit bloßem Auge erkennbar. Weiter an Helligkeit zunehmend, näherte sich Komet McNaught immer mehr der Sonne – für die Beobachter in nördlichen Breiten blieben allerdings nur noch wenige Beobachtungsmöglichkeiten. Am 11. und 12. Januar konnte der -3^m helle Komet zum letzen Mal in der Abenddämmerung gefunden werden. Die Maximal-Helligkeit erreichte er am 13. und 14., als der Komet auch am Taghimmel wenige Grad neben der Sonne gesehen wurde. Nach der Erdnähe am 15. tauchte er für Beobachter der Südhalbkugel am Abendhimmel auf. Spektakuläre Ausmaße erreichte der etwa 40° lange, weit aufgefächerte Staubschweif; selbst von Mitteleuropa aus wurden die Ausläufer um den 20. Januar noch fotografisch nachgewiesen.

C/2006 P1 (McNaught) war der Große Komet von 2007, der hellste Komet seit 40 Jahren. Dennoch blieb er in den Medien relativ unbeachtet. Viele Interessierte erfuhren nicht oder zu spät von dem nur etwa 10 Tage sichtbaren Schweifstern. Es war nicht erwartet worden, dass McNaught diese Helligkeitsentwicklung durchleben würde, die sogar Taghimmel-Beobachtungen möglich machte. Schwierig machte die Prognosen vor allem die Bahn des Kometen, die den ganzen Herbst und Winter 2006 nur wenige Beobachtungen zuließ.

▲ **Der Komet** mit seinem extrem langen, gebogenen Staubschweif, wie sich in der zweiten Januarhälfte 2007 am Südhimmel zeigte. Aufnahme vom 19. Januar am Paranal-Observatorium der ESO.

▼ **Die Staubspur des Kometen** in den Dunkelwolken der südlichsten Milchstraßen-Ausläufer. Eine der letzten Aufnahmen von C/2006 P1 entstand am 18. Juli 2007.

C/2011 L4 (PANSTARRS)

Zeitlinie des Kometen C/2011 L4 (PANSTARRS)	
6. Juni 2011	Entdeckung durch Pan-STARRS Projekt (USA)
5. Februar 2013	maximale südliche Deklination (–45°)
Anfang Februar 2013	Beginn Freisichtigkeit
5. März 2013	Erdnähe in 1,09AE Distanz
8.–12. März 2013	maximale Helligkeit
10. März 2013	Perihel in 0,30AE Distanz
11. März 2013	minimale Elongation in 15°
28. Mai 2013	maximale nördliche Deklination (+85°)

C/2011 L4 (PANSTARRS) wurde am 6. Juni 2011 auf Aufnahmen mit dem 1,8m-Pan-STARRS-Teleskop auf Hawaii entdeckt. Es war erst die zweite Kometenentdeckung für das noch junge Pan-STARRS-Projekt. Inzwischen werden regelmäßig Kometen damit gefunden, in den weiteren Ausbaustufen könnten ein großer Teil aller Neuentdeckungen auf das Konto von Pan-STARRS gehen. C/2011 L4 war zu diesem Zeitpunkt nur $19{,}^{m}5$ hell und befand sich im Sternbild Skorpion. Mehrere Vorentdeckungs-Aufnahmen ab dem 24. Mai zeigten den lichtschwachen Kometen in einer Sonnendistanz von etwa 8AE.

▼ **Aufnahme vom 21. Januar 2013,** als sich der etwa 7^{m} helle C/2011 L4 (PANSTARRS) am Südhimmel befand.

Erste Bahnberechnungen zeigten eine interessante Perihelpassage in einem Sonnenabstand von 0,3AE für das erste Jahresviertel 2013 an. Zunächst wurde ein Periheltermin für Mitte April, dann für Anfang Februar berechnet. Es dauerte einen ganzen Monat, bis die nunmehr für die Beobachter der nördlichen Breiten sehr günstige Bahn feststand. Sie führt den Kometen am 5. März 2013 in Erdnähe (Abstand 1,09AE) und nur fünf Tage später in Sonnennähe (Abstand 0,30AE). Durch die Bahnneigung von 84° zieht der Schweifstern ab Anfang März vom Südhimmel kommend rasch nach Norden und sollte ab Mitte März am Abendhimmel sichtbar werden.

Im Sommer 2011 blieb der Komet wegen seiner geringen Helligkeit ein wenig beobachtetes Objekt. Er wanderte vom Sternbild Skorpion in die Waage und kehrte im November wieder in den Skorpion zurück, wo er in Konjunktion mit der Sonne stand. Anfang 2012 kam der Schweifstern am Morgenhimmel wieder in Sicht. Die Helligkeit war mittlerweile auf etwa 15^{m} angestiegen und erste visuelle Beobachtungen gelangen ab Ende März. Ab April war der Komet wieder im Sternbild Skorpion zu finden, im Mai und Juni wurden bereits zahlreiche Sichtungen des nun etwa $12{,}^{m}5$ hellen Kometen berichtet, der wieder ins Sternbild Waage gewandert war. Bis Ende August 2012 blieb er von der Nordhalbkugel aus sichtbar, im Herbst gab es Beobachtungen nur noch von der Südhalbkugel. Die letzte Sichtung des nun $11{,}^{m}0$ hellen PANSTARRS vor der erneuten Sonnenkonjunktion wurde Anfang November berichtet. Ende Dezember 2012 begann die interessante Phase der Kometen-Sichtbarkeit. Erste Beobachtungen des nun etwa $9{,}^{m}0$

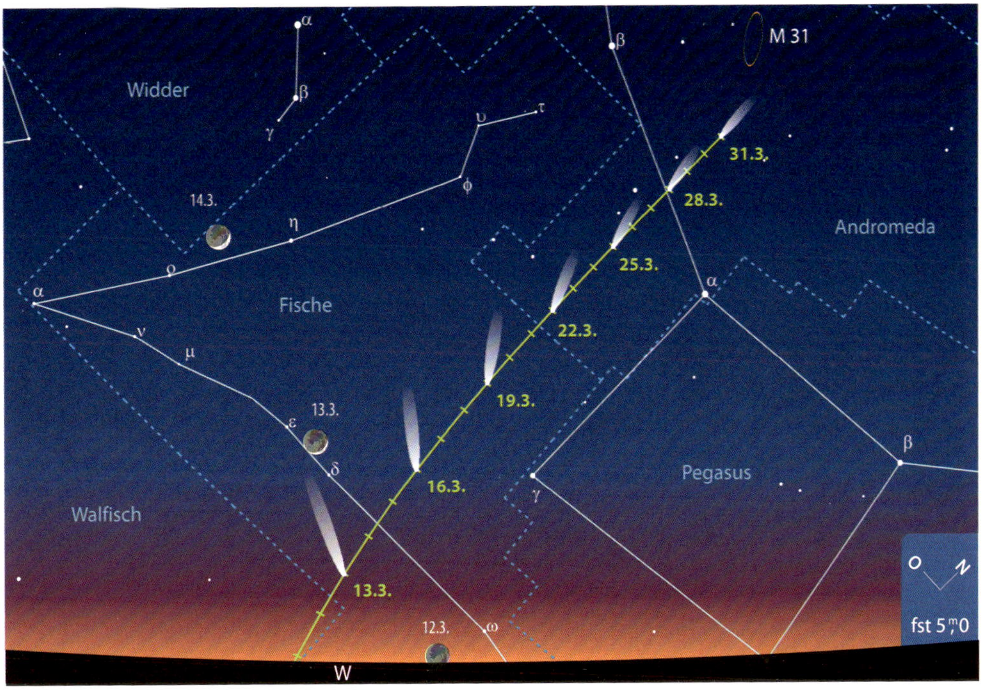

▲ **Aufsuchkarte für C/2011 L4 (PANSTARRS)** am Abendhimmel im März 2013.

hellen Kometen gab es vor Weihnachten von Australien aus. Mitte Januar 2013 verließ der Komet endgültig das Sternbild Skorpion und wechselte in die Südliche Krone, die Helligkeitssteigerung verlangsamte sich in diesen Wochen und die erwartete Maximalhelligkeit für März musste um ein paar Größenklassen reduziert werden, Statt -4^m bis -2^m wurde nun ein Maximum zwischen $+1^m$ und $+2^m$ erwartetet. Anfang Februar erreichte PANSTARRS mit einer Deklination von −45° den südlichsten Punkt seiner Bahn. Im Laufe des Monats wanderte er rasch durch die südlichen Sternbilder Teleskop, Mikroskop, Kranich, Südlicher Fisch und Bildhauer.

Im Sternbild Walfisch beginnt Anfang März schließlich seine steil nordwärts gerichtete Bahn am Himmel und die Sichtbarkeit für Beobachter auf der Nordhemisphäre. Ab etwa 7. März steht der Komet nördlich der Sonne, die Elongation nimmt noch bis zum 11. auf ein Minimum von 15° ab. Danach wächst der Winkelabstand zur Sonne sehr langsam und der Komet bleibt nur horizontnah in der Dämmerung beobachtbar. Erste Chancen auf eine Beobachtung ergeben sich voraussichtlich rund um den 15. März. Bald nach Sonnenuntergang kann mit der Suche knapp über dem westlichen Horizont begonnen werden. Sollte die Helligkeit gegen -2^m oder sogar noch höher ausfallen, könnten der Komet oder Ausläufer des Schweifs auch schon einige Tage früher in der hellen Dämmerung wahrnehmbar sein. Am 12. und 13. März könnte die noch junge Mondsichel zusammen mit einem vielleicht 10° langen Kometenschweif ein eindrucksvolles Fotomotiv ergeben. Die beste Beobachtungszeit wird rund um 19:00 Uhr MEZ liegen.

Nach der Monatsmitte verbessern sich die Sichtbedingungen langsam, der Sonnenabstand wächst bis zum 20. März auf 20° an. Je nach geographischer Breite kann Komet PANSTARRS nun schon etwas länger – am besten zwischen 19:00 und 20:00 Uhr MEZ – über dem nordwestlichen Horizont beobachtet werden Zusätzlich ergibt sich jetzt ein kurzes Beobachtungsfenster kurz vor 6:00 Uhr MEZ am nordöstlichen Morgenhimmel. Am 22. wechselt der Schweifstern auf seiner

Bahn am Himmel vom Sternbild Fische in das Sternbild Andromeda. Die Helligkeit sollte zwar inzwischen leicht zurückgegangen sein, aber der Komet nun bereits für mehrere Stunden sowohl am Abend- als auch am Morgenhimmel gesichtet werden. Am Abend liegt die Beobachtungszeit etwa zwischen 19:00 Uhr und 21:00 Uhr MEZ, am Morgen zwischen 5.00 Uhr und 6:00 Uhr MEZ. Beobachtungsorte in nördlicheren Breiten sind dabei bevorzugt.

C/2012 S1 (ISON)

Zeitlinie des Kometen C/2012 S1 (ISON)

21. September 2012	Entdeckung durch V. Nevski und A. Novichonok
15. Juli 2013	Konjunktion mit der Sonne
Anfang September 2013	Beginn Morgensichtbarkeit
Anfang November 2013	Beginn Freisichtigkeit
26.– 30. November	mögliche Sichtbarkeit am Taghimmel
27.– 30. November	Sichtbarkeit auf SOHO-Aufnahmen
28. November 2013	Perihel in 0,01AE Distanz, maximale Helligkeit und maximale südliche Deklination (–22°)
Anfang Dezember 2013	Beginn Abendsichtbarkeit
27. Dezember 2013	Erdnähe in 0,43AE Distanz
7. Januar 2014	Polpassage und maximale nördliche Deklination (+86°)

▼ **C/2012 S1 (ISON),** aufgenommen 20 Tage nach seiner Entdeckung als 17^m helles Objekt im Sternbild Krebs.

C/2012 S1 (ISON) wurde am 21. September 2012 durch Vitali Nevski und Artyom Novichonok am ISON-Observatorium nahe Kislowodsk (Russland) entdeckt. Auf Aufnahmen mit dem 400mm-Teleskop der Sternwarte machten die beiden Amateure Aufnahmen im Bereich der Sternbilder Zwillinge und Krebs. Ein sich langsam bewegendes Objekt der Helligkeit 18^m wurde im Sternbild Krebs entdeckt und an das Minor Planet Center (MPC) gemeldet. Da die kometare Natur erst einen Tag später festgestellt wurde, kam es zur Namensgebung nach dem Observatorium, ansonsten wäre der Komet »Nevski-Novichonok« getauft worden.

Am 23. September, noch vor der offiziellen Bekanntgabe des Kometen, gab es Bahnrechnungen von M. Meyer, die auf einen Sonnenstreifer hindeuteten. Eine Periheldistanz zwischen 0,01AE und 0,03AE und ein Perihel zwischen Oktober und November ließen auf einen spektakulären Kometen hoffen. Mithilfe von Vorentdeckungs-Aufnahmen vom 28. Dezember 2011 konnte am 24. September 2012 bereits eine sehr genaue offizielle Bahn mit einem Perihel am 28. November 2013 in 0,012AE Abstand bekannt gegeben werden. Die Bahn hat gewisse Ähnlichkeiten mit jener von C/1680 V1 (Kirch), dem Großen Kometen von 1680. Da es nur sehr wenige Kometen dieser Art gibt, welche bei einer Periheldistanz von weniger als 0,05AE nicht zur Kreutz-Familie gehören, wird eine Verbindung in irgendeiner Form vermutet.

Der Komet blieb den ganzen Herbst und Winter 2012 beobachtbar, am 22. November gab es die erste visuelle Sichtung bei einer Helligkeit von $16\overset{m}{,}5$. Mitte Dezember wechselte er in das Sternbild Zwillinge, wo er sich bis Ende Juli 2013 aufhalten wird. Von Juni bis August wird der Komet nicht beobachtbar sein, da er zu sonnennah

Taghimmel-Beobachtung

Nach C/2006 P1 (McNaught) dürfte C/2012 S1 (ISON) der zweite Komet innerhalb von sieben Jahren sein, der auch am Taghimmel zu sehen sein wird. Bei solchen Beobachtungen ist große Vorsicht geboten, niemals darf ein optisches Instrument auf die Sonne gerichtet werden – es drohen schwere Augenschäden! Versucht man den Kometen aufzuspüren, empfiehlt es sich, aus dem Schatten (etwa eines Gebäudes) heraus zu arbeiten. Am 29. November steht der Komet zu Mittag etwa 4° nördlich der Sonne. Dann kann man auch versuchen, die Sonne hinter einem Bergrücken oder Hügel »verschwinden« zu lassen, was eine besonders sichere Variante der Beobachtung darstellt. Für ein Fernglas sollte unbedingt ein Stativ verwendet werden, fokussiert werden kann auf weit entfernte Objekte (z.B. Flugzeuge). Bei entsprechender Helligkeit kann auch das bloße Auge für eine Sichtung ausreichen. Bei der Beobachtung mit Teleskop ist man mit einer Go-to-Montierung im Vorteil, damit kann der Komet automatisch angesteuert werden. Auch hier ist eine richtige Fokussierung wichtig, dazu sollte der nahe der Sonne stehende Planet Merkur genutzt werden. Steht der Komet nur wenige Grad neben der Sonne, ist auch das Streulicht bereits äußerst störend. Es empfiehlt sich, die Sonne mit einer Art künstlichem Koronographen – etwa einem Stück Karton oder Holz, das ein Stück weit vor der Optik angebracht wird – abzudecken.

steht. Im September, wenn C/2012 S1 am Morgenhimmel wieder beobachtbar wird, könnte die Helligkeit bereits zwischen 10^m und 11^m betragen.

Ende September wechselt der Schweifstern vom Sternbild Krebs ins Sternbild Löwe, der Winkelabstand zur Sonne beträgt dann wieder über 50° und die interessante Beobachtungsphase wird eingeläutet. Anfang Oktober steht der nun rasch heller werdende Komet ganz in der Nähe des Planeten Mars, den er den ganzen Monat über begleiten wird. Zur Monatsmitte findet man den nun etwa $8{,}^{m}0$ hellen Kometen unweit von Mars und Regulus am östlichen Morgenhimmel. Ab 6. November ist ISON im Sternbild Jungfrau angelangt und könnte mittlerweile mit bloßem Auge sichtbar sein. Die Entfernung zur Erde sinkt nun auf unter 1 AE und die Bewegung am Himmel wird zunehmend rascher.

Am 18. November passiert der etwa $2{,}^{m}5$ helle Komet den Hauptstern der Jungfrau, Spika. Der Abstand wird dabei nur 20' betragen, die Koma wird den Stern sogar bedecken. Am 22. November erreicht der ca. $1{,}^{m}0$ helle Komet das Sternbild Waage. Am Morgen des 23. und 24. begegnet er noch den Planeten Merkur und Saturn, danach endet die Morgensichtbarkeit. Sollte die Helligkeit den Prognosen entsprechen, wird Komet ISON aber weiterhin auch rund um das Perihel am Taghimmel beobachtbar bleiben. Die maximale Helligkeit könnte am 28. November zwischen -6^m und -10^m erreichen und der Komet wird in nur 2° Abstand an der Sonnenscheibe vorbeiziehen. Durch den Effekt der Vorwärtsstreuung könnte die Helligkeit sogar auf etwa -12^m ansteigen.

Ab dem 29. November ist der Komet nördlich der Sonne und kann wahrscheinlich weiterhin am Taghimmel gesichtet werden. Der Schweifstern wandert jetzt direkt in Richtung Norden und der zu erwartende extrem lange Schweif wird ebenfalls in diese Richtung weisen. Der Winkelabstand und auch die tatsächliche Entfernung zur Sonne vergrößern sich nun, während die Entfernung zur Erde abnimmt. Anfang Dezember sollte der Komet bald nach Sonnenuntergang eine spektakuläre Erscheinung am abendlichen Südwest-Horizont sein. Am 4. Dezember wechselt er vom Sternbild Skorpion kommend in den Schlangenträger, die Helligkeit könnte noch immer im negativen Magnituden-Bereich liegen.

Zwischen 10. und 18. Dezember wandert Komet ISON entlang der Grenzen der Sternbilder Schlange und Herkules nach Norden. Zu Weihnachten wird C/2012 S1 im Sternbild Herkules zirkumpolar und sollte bei einer Helligkeit von

▶ **Aufsuchkarte für C/2012 S1 (ISON)** im November 2013 am Morgenhimmel.

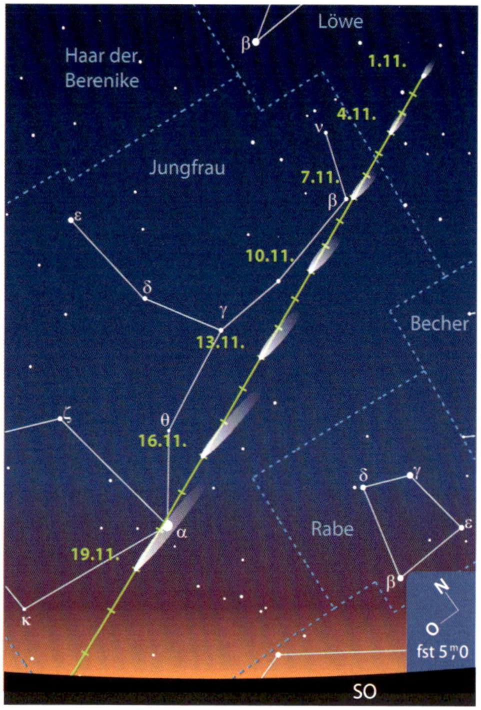

rund $+3^m$ nach wie vor ein prächtiges Objekt darstellen. Bis zum Jahresende durchquert er noch das Sternbild Drache und wird zu Jahresbeginn 2014 nahe des nördlichen Himmelspols die Phase der Freisichtigkeit beenden. Im Januar kann der zunehmend schwächer werdende Schweifstern noch im Fernglas in den Sternbildern Kepheus und Giraffe verfolgt werden. Anfang Februar erreicht er den Perseus und Anfang März den Fuhrmann, wo er schließlich im April langsam außer Sichtweite geraten wird.

Komet C/2012 S1 hat durchaus die Voraussetzungen, der hellste Komet seit Menschengedenken zu werden. Dazu müsste er heller als C/1965 S1 (Ikeya-Seki) werden, der im November 1965 auf -10^m geschätzt wurde.

▼ **Aufsuchkarte für C/2012 S1 (ISON)** im Dezember 2013 am Abendhimmel.

Übersicht heller Kometen seit 1900

Name	Bezeichnung	Periheltermin	Periheldistanz	Erdnähe	Maximale Helligkeit
Lovejoy	C/2011 W3	16.12.2011	0,005AE	0,50AE	$-4{,}^{m}0$
McNaught	C/2006 P1	12.1.2007	0,171AE	0,81AE	$-5{,}^{m}5$
NEAT	C/2002 V1	18.2.2003	0,099AE	0,79AE	$-0{,}^{m}5$
Hale-Bopp	C/1995 O1	1.4.1997	0,914AE	1,31AE	$-1{,}^{m}0$
Hyakutake	C/1996 B2	1.5.1996	0,230AE	0,10AE	$0{,}^{m}0$
IRAS-Araki-Alcock	C/1983 H1	21.5.1983	0,991AE	0,03AE	$+1{,}^{m}7$
West	C/1975 V1	25.2.1976	0,196AE	0,79AE	$-3{,}^{m}0$
Kohoutek	C/1973 E1	28.12.1973	0,142AE	0,80AE	$-0{,}^{m}5$
White-Ortiz-Bolelli	C/1970 K1	14.5.1970	0,009AE	1,00AE	$+1{,}^{m}0$
Bennett	C/1969 Y1	20.3.1970	0,537AE	0,69AE	$0{,}^{m}0$
Ikeya-Seki	C/1965 S1	21.10.1965	0,008AE	0,91AE	$-10{,}^{m}0$
Seki-Lines	C/1962 C1	1.4.1962	0,031AE	0,62AE	$+1{,}^{m}0$
Mrkos	C/1957 P1	1.8.1957	0,355AE	1,07AE	$+1{,}^{m}0$
Arend-Roland	C/1956 R1	8.4.1957	0,316AE	0,57AE	$-0{,}^{m}5$
Finsterniskomet	C/1948 V1	27.10.1948	0,135AE	0,56AE	$-3{,}^{m}0$
Großer Südkomet	C/1947 X1	3.12.1947	0,110AE	0,92AE	$-3{,}^{m}0$
Skjellerup-Maristany	C/1927 X1	18.12.1927	0,176AE	0,75AE	$+1{,}^{m}0$
Beljawsky	C/1911 S3	10.10.1911	0,303AE	0,97AE	$+1{,}^{m}0$
Halley	C/1909 R1	20.4.1910	0,587AE	0,15AE	$-0{,}^{m}5$
Januar-Komet	C/1910 A1	27.1.1910	0,129AE	0,86AE	$-4{,}^{m}0$
Großer Komet	C/1901 G1	24.4.1901	0,245AE	0,83AE	$-2{,}^{m}0$

Anhang

Glossar

Absolute Helligkeit scheinbare Helligkeit eines Körpers in einer angenommenen Distanz von jeweils 1 AE zu Erde und Sonne

Albedo Rückstrahlvermögen, Anteil des Lichtes, welches von einem Körper oder einer Oberfläche zurückgeworfen wird

Aphel der sonnenfernste Punkt einer Umlaufbahn

Argument des Perihel Winkel zwischen dem Perihel und dem Frühlingspunkt. Da sich die Lage des Frühlingspunktes ständig ändert, gilt dieser Wert nur für einen Zeitpunkt und näherungsweise für einen Zeitraum.

Astronomische Einheit abgekürzt AE, Entfernungsmaß im Sonnensystem, entspricht dem mittleren Abstand Sonne-Erde (149,6 Mio. km)

Aufsteigender Knoten Schnittpunkt einer Kometenbahn mit der Ekliptik. Im aufsteigenden Knoten durchläuft der Komet die Ekliptik von Süden nach Norden.

Ausbruch plötzlicher Helligkeitsanstieg eines Kometen

Auto-Guiding Computergestützte und automatisierte Nachführung eines Teleskops auf einen Leitstern

Bahnelemente System von physikalischen Größen, welches die Bahn eines Himmelskörpers beschreibt. Hierbei wird ein Zweikörperproblem angenommen. Die Einflüsse weiterer Körper werden als Störungen angesehen und mathematisch so behandelt.

Bahnneigung Neigung der Bahnebene gegen die Ekliptik

Barlow-Linse Optisches Element, welches die Brennweite eines Instruments verlängert

Beugungsscheibchen Abbild eines Punktes mit einer Optik. Infolge Beugung hat das Bild eine merkliche Ausdehnung.

Blendenzahl Verhältnis zwischen Öffnung und Brennweite

Brennweite Abstand zwischen der optischen Mitte eines Systems und dem Brennpunkt

CCD-Kamera elektronische Kamera, welche Lichtmengen in Ladungen umwandelt

Ekliptik Linie am Himmel, welche die scheinbare Sonnenbahn im Jahreslauf angibt. Die Planeten und der Mond bewegen sich in der Nähe der Ekliptik.

Elongation der Winkel Himmelskörper-Erde-Sonne. Östliche Elongationen bewirken eine Erscheinung östlich der Sonne am Abendhimmel, westliche Elongationen sind am Morgenhimmel zu sehen. 0° Elongation entspricht der Konjunktion, 180° der Opposition.

Enveloppen gebogene helle schalenförmige Strukturen um die zentrale Kondensation eines Kometen, entstanden aus einem rotierenden Jet

Ephemeriden Berechnete Koordinaten eines Himmelskörpers

Exzentrizität Bahnelement, das die Form einer Umlaufbahn angibt. Der Wert 0 kennzeichnet eine Kreisbahn, Werte zwischen 0 und 1 werden von Ellipsenbahnen angenommen, der Wert 1 gehört zur Parabel und Werte größer als 1 kennzeichnen hyperbolische Bahnen.

Gegenschweif ein auf die Sonne gerichteter zweiter Schweif. Der Gegenschweif beruht auf einem Projektionseffekt, in Wirklichkeit ist nur ein Schweif vorhanden.

Gesamthelligkeit integrale Magnitude eines Kometen, einschließlich der gesamten Koma und dem Schweif

Hyperbel Bahn eines Kometen, dessen Energie ausreicht, um das Gravitationsfeld der Sonne zu verlassen.

Öffnungsverhältnis Verhältnis zwischen Brennweite und Öffnung, das inverse der Blendenzahl

Isophote Linie gleicher Helligkeit

Jet Staub-/Gasausstoß, der als heller Bereich in der Koma sichtbar wird

Jupiterfamilie kurzperiodische Kometen mit Umlaufzeiten von weniger als 20 Jahren. Von Jupiter auf ihre Bahnen gelenkt.

Käfigmolekül, Klathrat eine Molekülform, die im Inneren einen Hohlraum enthält, in welchem ein Fremdmolekül Platz findet.

Kernhelligkeit Helligkeit des stellaren Kerns eines Kometen

Kleinkörper Körper des Sonnensystems, deren Gravitation zu schwach ist, um eine Kugelgestalt auszubilden. Kleinplaneten und Kometen sind Kleinkörper.

Kleinplanet kleiner Gesteinskörper im Sonnensystem. Kleinplaneten sind zu klein, um infolge der eigenen Schwerkraft eine runde Form anzunehmen.

Koma die temporäre Gashülle, welche ein Komet bei Annäherung an die Sonne entwickelt. Die Koma kann bis zu 1 Mio. km Durchmesser aufweisen, in Einzelfällen noch mehr.

Komakorrektor Optisches Element, welches den Bildfehler der Koma verringert

Kometenkern von der Erde aus unbeobachtbarer fester Körper im Inneren der gasförmigen Bestandteile Koma und Schweif. Der Kern ist der eigentliche Kometenkörper.

Kreutz-Gruppe Gruppe von sonnenstreifenden Kometen, die einem aus einem zerfallenen größeren Kometen stammen. Entdeckt von Heinrich Kreutz

Kuipergürtel scheibenförmiges Kometen-Reservoir außerhalb der Neptunbahn

Kurzperiodischer Komet Schweifstern mit einer Umlaufzeit von weniger als 200 Jahren.

Lagrange-Punkt (Librationspunkt) Orte bei zwei sich umkreisenden Körpern, wo sich Gravitation und Zentrifugalkraft aufheben

Langperiodischer Komet Schweifstern mit einer Umlaufzeit von mehr als 200 Jahren. Typischerweise können langperiodische Kometen nur ein einziges Mal beobachtet werden.

Lichtkurve gemessene Heiligkeiten, abgetragen über der Zeit oder dem Sonnenabstand

Länge des aufsteigenden Knotens Winkel zwischen der Richtung des Frühlingspunktes und dem aufsteigenden Knoten. Da sich die Lage des Frühlingspunktes ständig ändert, gilt dieser Wert nur für einen Zeitpunkt und näherungsweise für einen Zeitraum.

Magnitude Maß der Helligkeit von Himmelskörpern. Die Magnitude ist ein logarithmisches

Maß, 5^{m} Unterschied bedeuten die 10-fache Intensität. Je kleiner die Zahl, desto heller strahlt der Körper.

Meteor (Sternschnuppe) Leuchterscheinung, die beim Eindringen eines kleinen Körpers in die Erdatmosphäre entsteht

Meteorit Festkörper aus dem Weltall, welcher in die Atmosphäre eintritt und den Erdboden erreicht

Monte-Carlo-Methode numerisches Verfahren, welches auf Zufallsexperimenten beruht

Mutter-Molekül wenig beständiges komplexes Molekül in Kernnähe, das unter Einfluss der Sonnenstrahlung rasch in einfache Tochter-Moleküle gespalten wird

Nichtgravitative Kraft bahnändernder Einfluss bei Kometen, der nicht durch die Massenanziehung bewirkt wird. Ursache dieser Kräfte sind Gasströmungen.

Oortsche Wolke Reservoir von inaktiven Kometen, welches sich an der äußeren Grenze des Sonnensystems im Bereich jenseits von 100000AE befindet.

Parabel Bahn eines Körpers um die Sonne. Parabelbahnen entstehen näherungsweise, wenn Körper aus sehr großen Entfernungen Richtung Sonne gelenkt werden.

Perihel Sonnennächster Punkt einer Umlaufahn

Perihelabstand Abstand eines Körpers von der Sonne, bestimmt am sonnennächsten Punkt

Perihelzeit verbindet die durch die andern Elemente in der Form festgelegte Bahn mit einem Zeitpunkt

Photometrie Messung der Intensität oder Helligkeit. bei Himmelskörpern beruht die Photometrie auf Vergleichen mit Himmelskörpern bekannter Helligkeit.

Plasma teilweise oder vollständig ionisiertes Gas. Plasmen enthalten freie Ladungsträger.

prograd vorwärts gerichtet. Bewegung bei Körpern im Sonnensystem, welche mit der Umlaufrichtung der Erde übereinstimmt

Refraktor Teleskop, dessen abbildende Wirkung auf Lichtbrechung beruht, also ein Linsenfernrohr

Resonanz die Antwort eines schwingenden Systems auf eine äußere Anregung. Diese Antwort findet sich in Bahnen, welche von einem größeren Körper beeinflusst werden. Sie äußert sich in Umlaufzeiten welche mit der des störenden Körpers übereinstimmt oder in einem kleinen ganzzahlig-gebrochenen Verhältnis dazu steht.

retrograd Umlaufrichtung entgegen derjenigen der Erde

Schweif neben der Koma wichtiges Kennzeichen eines Kometen. Das Gas der Koma wird durch die Wirkung der Sonnenstrahlung in den Schweif gedrückt.

Schweifablösung Trennung des Schweifs von der Koma durch die Wirkung des Sonnenmagnetfeldes

Schweifstrahl helle längliche Struktur im Schweif

Shapley-Linse Optisches Element, welches die Brennweite eines Instruments verkürzt.

Sonnenstreifer (sun grazer) Komet, welche der Sonne sehr nahe kommt. Wegen des geringen Sonnenabstandes sind sie von der Erde aus oft sehr schwer oder gar nicht zu beobachten.

Sonnenwind von der Sonne radial ausgehender Fluss geladener Teichen

Starhopping Aufsuchmethode für einen Himmelskörper, bei der man sich schrittweise von einem bekannten Stern mithilfe von Sternmustern vorarbeitet

Strahlungsdruck Kraft, welche Photonen beim Auftreffen auf ein Teilchen auslösen

Sublimation direkter Übergang vom festen in den gasförmigen Aggregatzustand

Trans-Neptun-Objekt (Kuipergürtelobjekt) Himmelskörper mit Umlaufbahnen jenseits von Neptun

Umlaufzeit Zeit, welche ein Himmelskörper für einen Sonnenumlauf benötigt

Vergütung Beschichtung optischer Gläser, welche die störenden Reflexe weitgehend beseitigt

Wasserstoff-Hydroxyl-Wolke unsichtbare Gashülle um die Koma eines Kometen, welche aus Protonen und Hydroxyl-Ionen besteht

Zodiakallicht feines Leuchten, welches sich von der (untergegangenen) Sonne aus entlang der Ekliptik erstreckt. Das Zodiakallicht ist durch interplanetare Partikel gestreutes Sonnenlicht.

Literatur

Bücher

- Brandt J. C., Chapman, R. D.: Rendezvous im Weltraum. Die Erforschung der Kometen, Birkhäuser (1994)
- Brandt J. C., Chapman, R. D.: Introduction to Comets, Cambridge University Press (2004)
- Burnham, R., Levy, D. H.: Great Comets, Cambridge University Press (2000)
- Crovisier J., Encrenaz, T.: Comet Science. The Study of Remnants from the Birth of the Solar System, Cambridge University Press (2000)
- Fernandez, J. A.: Comets: Nature, Dynamics, Origin, and their Cosmogonical Relevance, Springer (2005)
- Kammerer, A., Kretlow, M.: Kometen beobachten: Praktische Anleitung für Amateurbeobachter, Spektrum (2001)
- Kronk, G. W., Meyer, M.: Cometography, Vol. 1-5, Cambridge University (1999–2010)
- Levy, D. H.: David Levy's Guide to Observing and Discovering Comets, Cambridge University Press (2003)
- Lewis, J. S.: Physics and Chemistry of the Solar System, Academic Press (1995)
- Matthews M. S., Wilkening L. L.: Comets, University of Arizona Press (1982)
- Mobberley, M.: Hunting and Imaging Comets, Springer (2010)
- Möhlmann, D.: Kometen, C.H.Beck (1997)
- Schmude, R.: Comets and How to Observe Them, Springer (2010)
- Yeomans, D. K.: Comets, A Chronological History of Observation, Science, Myth, and Folklore, Wiley Science Edition (1991)

Atlanten

- Feiler, M., Schurig, S.: Drehbare Himmelskarte, Oculum (2013)
- Feiler, M., Noack, P.: Deep Sky Reiseatlas, Oculum (2010)
- Tirion, W.: Uranometria 2000 Vol. 1–3, Willmann-Bell (2001)
- Mellinger, A., Stoyan, R.: Fotografischer Sternatlas, Oculum (2010)

Teleskoptechnik

- Ingalls, A. G.: Amateur Telescope Making 1+2, Willmann-Bell (1996)
- Kriege D, Berry R.: The Dobsonian Telescope, Wilmann-Bell (1997)
- Rutten, H., Venrooij, M.: Telescope Optics, Willmann-Bell (1999)
- Stoyan, R.: Fernrohrwahl für Einsteiger in 4 Schritten, Oculum (2007)
- Stoyan, R. Gährken, B.: Kauf-Ratgeber Teleskope, Oculum (2010)
- Suiter H. R.: Star Testing Astronomical Telescopes, Willman-Bell (2009)
- Trittelvitz, M.: Spiegelfernrohre – selbst gebaut, Sterne und Weltraum (2002)

Astrofotografie

- Seip, S.: Himmelsfotografie mit der digitalen Spiegelreflexkamera, Kosmos (2009)
- Seip, S.: Digitale Astro-Bildbearbeitung, Oculum (2012)
- Martin, A., Koch, B.: Digitale Astrofotografie, Oculum (2008)

Links

Informationen zu aktuellen Kometen und Beobachtungen

- Kometenfotos der interstellarum-Leser: www.kometenaktuell.de
- Comets Mailing List: tech.groups.yahoo.com/group/comets-ml
- Comet Observations: tech.groups.yahoo.com/group/CometObs
- Comet Images: tech.groups.yahoo.com/group/Comet-Images
- BAA Comet Section: www.ast.cam.ac.uk/~jds/
- Cometary Science Archive des Harvard Smithsonian Observatoriums: www.csc.eps.harvard.edu/index.html
- Archiv von Messwerten v.a. der spanischen Beobachter: astrosurf.com/cometas-obs
- Cometography von Gary Kronk: www.cometography.com
- Fachgruppe Kometen in der VdS: kometen.fg-vds.de
- IAU, Central Bureau for Astronomical Telegrams: www.cbat.eps.harvard.edu
- ICQ, Recent Magnitude Estimates: www.icq.eps.harvard.edu/CometMags.html
- Comet Orbit Home Page: jcometobs.web.fc2.com
- LIADA Comet Watchers Website: cometas.liada.net
- Kometen-Info: www.kometen.info
- Nakano notes: www.oaa.gr.jp/~oaacs/nk.htm
- Observable Comets: www.minorplanetcenter.org/iau/Ephemerides/Comets/
- Weekly information about Bright Comets: aerith.net/comet/weekly/current.html

Kometen-Software

Beobachtungshilfen und Bahnen

- Comete e Asteroidi:
  www.marcomenichelli.it/infocomet.asp
- Comet (iPhone App):
  itunes.apple.com/app/comet-comet-ephemerides/id455467593
- Comet for Windows:
  www.aerith.net/project/comet.html
- ComeWin:
  www.astrosurf.com/lcorp/comewin.htm
- Eye & Telescope:
  www.eyeandtelescope.com
- FindOrb:
  www.projectpluto.com/find_orb.htm
- GraphDark:
  www.rfleet.clara.net/graphdark/gdkindex.html
- Halley:
  www.ipa.nw.ru/halley/en/
- Orbitas:
  www.astrosurf.com/orodeno/orbitas/index.htm
- OrbitViewer:
  www.astroarts.com/products/orbitviewer/index.html
- PCEpheWin:
  www.andrewulff.de/software.html

Photometrie/Astrometrie

- Astrometrica:
  www.astrometrica.at
- Focas:
  www.astrosurf.com/cometas-obs/ArtSoftUtil/Focas/FocasIng.htm
- ICQFormat (Software):
  kometen.fg-vds.de/Publ/icq_sw.htm

Spektroskopie

- Spektrosoft:
  www.sebastian-hess.eu/software.html
- Visual Spec:
  www.astrosurf.com/vdesnoux/
- Midas:
  www.eso.org/sci/software/esomidas/midas-distrib.html

Bildbearbeitung

- DeepSkyStacker:
  deepskystacker.free.fr/german/index.html
- Fitswork:
  www.fitswork.de
- Fv:
  heasarc.gsfc.nasa.gov/docs/software/ftools/fv/fv_download.html
- IRIS:
  www.astrosurf.com/buil/us/iris/iris.htm

Ferngesteuerte Teleskope

- iTelescope Network:
  www.itelescope.net

Objektverzeichnis

Fette Seitenzahl = Abbildung des Objekts
Kursive Seitenzahl = Objekt in Kasten

Stichwortverzeichnis

Bildnachweis

Alle Abbildungen aus dem Archiv des Autors bzw. des Oculum-Verlags mit Ausnahme von:

Beck, S.: 95 (mitte), 147; **Bender, D.:** 61 (rechts), 94 (oben), 95 (unten), 98 (oben), 115, 119 (unten), 115; **Berberich, W.:** 85; **Boeckel, T.:** 98 (unten), 145 (unten), 158; **Buck, A.:** 83 (unten); **Celnik, W. E.:** 139 (rechts); **Daderot:** 70 (links oben); **Descloux, J.:** 66; **Drummond, J.:** 160; **Emmerich, M.:** 100 (rechts oben); **European Hale-Bopp Team:** 49 (rechts); **ESO:** 37, 44, 48, 55, 152; **ESO/Beletsky, Y.:** 56; **ESO/Heyer, H.:** 159; **Fiedler, M.:** 94 (unten); **Gasparini, F.:** 76 (rechts); **Harder, C.:** 60 (links), 146 (rechts); **Häusler, B.:** 83 (oben), 92 (oben), 133, 135; **Hess, S.:** 123 (alle); **Horn, K.:** 142; **Intercon Spacetec:** 77; **Jäger, M.:** Titelbild, 10, 22, 26, 27, 49 (links), 52 (oben), 58, 60 (rechts), 61 (links), 95 (oben), 96 (links), 97 (oben), 100 (links oben, rechts unten), 110, 118 (rechts), 137, 139 (links), 143, 146 (links), 149 (links), 156 (unten), 160; **Kerner, H.:** 96 (rechts); **Koch, B.:** 141 (oben); **Kolmhofer, E.:** Titelbild; **Linder, J.:** 47, 151 (alle); **Melchert, S.:** 100 (rechts oben); **Mrozek, N.:** 5, 40 (rechts unten), 95 (ganz unten), 98 (mitte), 99 (rechts), 108, 110 (rechts), 118 (links), 149 (rechts), 159 (unten); 162; **Müller, J.:** 54, 95 (ganz oben), 144 (rechts oben), 148 (oben); **Müller, M.:** 39; **NASA:** 9, 14, 15, 16 (links), 28, 32, 40 (links oben, links unten), 45, 52 (unten), 53, 57 (alle), 63, 68, 69 (alle), 70 (rechts oben), 71 (alle), 72, 134, 138, 141 (unten), 152 (oben); **Nguyen M.-L.:** 84 (unten); **Nunes, R.:** 70 (unten); **Palomar Observatorium:** 101; **Raab, H.:** Titelbild; **Rhemann, G.:** 21, 22 (rechts), 42, 97 (links unten), 117 (rechts), 118 (rechts), 149 (links), 154, 156 (oben); **Schlosser, W.:** 139 (rechts); **Schubert, D.:** 93; **Schulz, R.:** 139 (rechts); **Scotti, J.:** 65; **Svejda, P.:** 139 (rechts); **Schlosser, W.:** 139 (rechts); **Skorupa, W.:** 90, 99 (links); **Weissbauer K.:** 139 (rechts); **Zilch, T.:** 131

Impressum

1. Auflage

Oculum-Verlag, Spardorfer Straße 67
91054 Erlangen
www.oculum.de, astronomie@oculum.de

978-3-938469-60-6